DAVID DÖBELE

# NACH GANZ OBEN

DAVID DÖBELE

# NACH GANZ OBEN

Von der Uni in die Chef-Etage

Die Erfolgsgeheimnisse der Wirtschaftselite

FBV

**Bibliografische Information der Deutschen Nationalbibliothek:**
Die Deutsche Nationalbibliothek verzeichnet diese Publikation in der Deutschen Nationalbibliografie. Detaillierte bibliografische Daten sind im Internet über http://dnb.d-nb.de abrufbar.

**Für Fragen und Anregungen:**
info@m-vg.de

**Hinweis:**
Ausschließlich zum Zweck der besseren Lesbarkeit wurde auf eine genderspezifische Schreibweise sowie eine Mehrfachbezeichnung verzichtet. Alle personenbezogenen Bezeichnungen sind somit geschlechtsneutral zu verstehen.

Originalausgabe, 2. Auflage 2023


Türkenstraße 89
80799 München
Tel.: 089 651285-0
Fax: 089 652096



Redaktion: Petra Sparrer
Umschlaggestaltung: Maria Verdorfer
Umschlagabbildung: Fatih Kocak
Satz: Daniel Förster
Druck: CPI books GmbH, Leck
Printed in Germany

ISBN Print 978-3-95972-738-9

*Weitere Informationen zum Verlag finden Sie unter*

**www.finanzbuchverlag.de**

Beachten Sie auch unsere weiteren Verlage unter www.m-vg.de.

# Inhalt

*Vorwort* .................................................. 11

*Dankesbrief einer Mutter eines Studierenden* ............. 15

*Vorwort von Moritz Baier-Lentz:*
*Vom Arbeiterkind zum Wall-Street-Banker und*
*Venture-Capital-Partner im Silicon Valley* ................ 18

*Begriffserklärung und Weiterbildungsmaterialien* .......... 24

Kapitel 1

MEIN WEG IN DIE WELT DER WIRTSCHAFTSELITE 29

Die Anfänge: Mein Traum von der perfekten Wirtschaftskarriere 31

Der Aufstieg: Meine ersten Erfolge im Studium ............... 41

Die Gründung: Meine Karriereberatung für Top-Studenten .... 59

Kapitel 2

WER UNSERE WIRTSCHAFT WIRKLICH LENKT .. 71

Die Wirtschaftslenker im Rampenlicht ....................... 74

*Wirtschaftslenker 1: Politiker und Zentralbanker* ........... 74

*Wirtschaftslenker 2: Top-Manager und Vorstände* ......... 76

*Wirtschaftslenker 3: Gründer und Unternehmer* ............ 79

Die Wirtschaftslenker im Hintergrund ....................... 81

Die Kaderschmieden: Einblick in Strategieberatung, Investment Banking und Private Equity .................................... 85

*Strategieberatungen im Überblick* ........................ 88

*Investment Banking im Überblick* ......................... 99

*Private Equity im Überblick* ............................. 112

Der Traum von der Spitze: Motivationen und Ziele der Elitestudenten ........................................... 121

*Die Motivation* .......................................... 122

*Wer sind die jungen Menschen, die diese Ziele verfolgen?* .. 124

Kapitel 3

DER WEG ZUR SPITZE ................................ 127

Kann es jeder zu den Top-Firmen schaffen? .................. 130

*Nicht genug Plätze an der Spitze* ........................ 130

*Hohe Intransparenz der Anforderungskriterien* ............ 133

*Sehr unterschiedliche Startbedingungen und große Chancenungleichheit* ................................... 134

*Ein Wettlauf gegen die Zeit: der Weg zum perfekten Berufseinstieg* ......................................... 138

Die Anforderungskriterien der Top-Unternehmen ............ 140

*Anforderungskriterium 1: Spitzennoten – der Schlüssel zum Erfolg in Top-Branchen* ................................ 142

*Anforderungskriterium 2: Prestige der Hochschule* ......... 157

*Anforderungskriterium 3: Ehrenämter, Stipendien und Auslandserfahrung: Das i-Tüpfelchen auf der Bewerbung* ... 164

*Anforderungskriterium 4: Praktika – die wahre Währung des Studiums* ........................................... 171

*Anforderungskriterium 5: Bei der Bewerbung trennt sich die Spreu vom Weizen* .................................... 177

*Anforderungskriterium 6: Dein Netzwerk ist dein Ass im Ärmel* ................................................ 194

Beispiele aus meiner Coaching-Erfahrung .................. 205
*Beispiel #1: Sebastian – vom 1er-Abitur zu Bain* ............ 206
*Beispiel #2: Sophie – vom 2,5er-Schnitt zu BCG* ............ 209
*Beispiel #3: Samir – von einer normalen Bank zu Goldman Sachs* .................................................. 212
*Beispiel #4: Tamara – vom dualen Studium zum internationalen Private-Equity-Fonds* .................. 215
*Beispiel #5: Thomas – von der Fachhochschule zur Bank of America* .................................................. 217
*Beispiel #6: Anastasia – als Wirtschaftsingenieurin zu McKinsey* .................................................. 220
*Beispiel #7: Simon – Schritt für Schritt bis zu J.P. Morgan* .... 222
*Fazit und Ausblick* ........................................ 226

Kapitel 4
DIE ERFOLGSPRINZIPIEN DER WIRTSCHAFTSELITE IN DER PRAXIS ............... 229

Erfolgsprinzip 1: Ziele definieren und verfolgen – so früh wie möglich .................................................. 231
*Das Internet als erste Orientierung* .................... 235
*Austausch mit erfahrenen Mentoren* .................... 235
*Systematische Unterstützung durch Coaches* ............ 237
*Zweifler ausblenden* .................................... 237

Erfolgsprinzip 2: Ziele priorisieren ...................... 239
*Nicht auf mehreren Hochzeiten gleichzeitig tanzen* ........ 239
*Richtige Entscheidungen können auch unangenehm sein* ... 242
*Kein Platz für Negativität* .............................. 243

Erfolgsprinzip 3: Offen für Unterstützung bleiben ............ 245
*Alleine schafft es niemand nach ganz oben* ................ 246
*Bodenhaftung behalten* .................................. 250
*Expertise erlangen und nutzen* .......................... 253

Erfolgsprinzip 4: Fokus auf die Maßnahmen mit dem größten Nutzen ........ 256

*Die richtige Priorisierung von Aufgaben* ........ 256

*Relevanz von Selbstvermarktung* ........ 258

*Unkonventionelle Wege zum Ziel* ........ 262

Erfolgsprinzip 5: Langfristig denken – deine Karriere ist ein Marathon, kein Sprint ........ 264

*Erholung und Hobbys* ........ 264

*Langfristige Karrierechance sticht Einstiegsgehalt* ........ 265

*Fokus auf langfristigen Mehrwert* ........ 267

Erfolgsprinzip 6: Zu 100 Prozent an die hohen Ziele glauben .. 268

*Nach den Sternen zu greifen* ........ 268

*Keine Angst vor Rückschlägen* ........ 273

*Leidenschaft ist alles* ........ 275

Nachwort ........ 279

Zusätzliche Informationen ........ 281

*Online-Kurs zum Buch* ........ 281

*Status-Quo-Analyse* ........ 282

# Vorwort

Meine ersten Kontakte zur Wirtschaftselite hatte ich durch die Lektüre von Comic-Heften über den knausrigen Milliardär Dagobert Duck. Schon in der Grundschule faszinierte mich, wie er seinen Reichtum mithilfe seiner Entscheidungen und dem Zinseszins-Effekt immer weiter mehrte. Dass ich die gleichen Initialen habe wie er, trug ebenso dazu bei, dass er eines meiner ersten Vorbilder wurde. Das ging sogar so weit, dass ich mir, als ich von meinen Großeltern zum ersten Mal einen 10-Euro-Schein zum Geburtstag bekam, die gesamte Seriennummer auf meinen Arm schrieb und sie auswendig lernte. Denn auch Dagobert Duck kannte die Seriennummer jedes einzelnen seiner Geldscheine.

Dass ich weniger als zwei Jahrzehnte später aus erster Hand Einblicke in eine Welt bekommen sollte, in der es Personen gibt, die auf sehr vielen Ebenen – insbesondere auf der finanziellen – verblüffende Ähnlichkeiten mit Dagobert Duck haben, hätte ich damals nie gedacht. Ich ahnte nicht, dass ich einmal in einer Welt landen würde, in der es normal ist, dass 21-Jährige als Investment Banker bereits sechsstellige Jahresgehälter verdienen, in der sich CEOs großer Konzerne von frischgebackenen Hochschulabsolventen beraten lassen und in der man realistische Aussichten hat, als Investor mit Ende 30 schon ein Multimillionär zu sein und Spitzenpolitiker auf der Durchwahltaste seines Smartphones zu haben.

Wollte ich schon als Teenager selbst eine so vielversprechende Karriere beginnen, fand ich am Ende meines Studiums noch größeren Gefallen an der Herausforderung des Unternehmertums. So gründete ich gemeinsam mit meinem Co-Gründer Jonas Stegh Anfang 2020 die

Karriereberatung pumpkincareers, die ambitionierte Studierende mit Insider-Wissen dabei unterstützt, nach ihrem Studium einen Berufseinstieg bei führenden Unternehmen unserer Wirtschaft wie Strategieberatungen, Investment Banken, Milliardenkonzernen und großen Vermögensverwaltern zu finden und auf diese Weise *nach ganz oben* zu kommen.

In diesem Bereich sind wir heute der führende Anbieter in Deutschland – wir betreuen über 1000 Studierende aktiv mit einem unserer Coaching-Programme, beschäftigen an unserem Firmensitz in Frankfurt rund 20 Mitarbeiter und haben über 50 verschiedene Firmenpartner, darunter Beratungen, Banken, Wirtschaftsprüfungen, Business Schools und andere Organisationen. Auf Social Media folgen mir weit über 100.000 an Wirtschaft interessierte junge Menschen und ich konnte in vielen von ihnen die Motivation entfachen, sich in ihrem Studium ins Zeug zu legen, um später einmal ihren Fußabdruck in der Wirtschaft zu hinterlassen.

Durch meine Arbeit bin ich in den vergangenen Jahren mit einer großen Anzahl inspirierender Persönlichkeiten in persönlichen Kontakt gekommen, von Vorständen großer Banken oder Industriekonzerne über Manager führender Beratungshäuser und Banken bis hin zu milliardenschweren Seriengründern, Starinvestoren und Wirtschaftspolitikern.

So unterschiedlich sie und ihre Werdegänge auch sind: In ihrem Studium und in den ersten Jahren ihrer Karriere gibt es bei verblüffend vielen von ihnen einige große Gemeinsamkeiten. Als hätten sie alle Zugang zu einem geheimen Wissen gehabt, welche Schritte sie gehen müssen, die ihnen den Weg bis *nach ganz oben* massiv erleichtern.

Genau darum, wie sich die Wirtschaftselite bereits während des Studiums auf eine Top-Karriere vorbereitet, soll es in diesem Buch gehen. Vieles, das ich in diesem Buch anspreche, ist in der breiten Öffentlichkeit nur sehr wenig bekannt. Insbesondere in Deutschland wird beruflicher Erfolg nicht gerne öffentlich zur Schau gestellt – und auch die Wirtschaftseliten präsentieren typischerweise nicht viele Einblicke in ihren Werdegang. Man distanziert sich oft vom Begriff »Elite«, obwohl in der Realität genau diese Elitenbildung an führenden Wirtschaftshochschulen und bei einigen der Top-Arbeitgeber stattfindet.

Meiner Meinung nach ist es jedoch essentiell, dass mehr junge Menschen über die Möglichkeiten informiert sind, die ihnen ein solcher Weg bieten kann. Nur so können die wichtigsten Schlüsselpositionen in unserer Wirtschaft von Personen besetzt werden, die dafür am besten geeignet sind und die dort auch den größten Mehrwert bringen können. Ansonsten schaffen es in erster Linie immer nur jene *nach ganz oben*, die durch ihre Familie oder zufällige Begegnungen schon lange auf so einen Weg vorbereitet werden. Ob wir damit das Optimum für unsere Gesellschaft erreichen, erachte ich als sehr fraglich.

Ich möchte mit diesem Buch also zeigen, wie du als junger, ambitionierter Mensch mit Fleiß und Disziplin eines Tages ebenfalls zur Wirtschaftselite unseres Landes gehören kannst – unabhängig davon, welchen Beruf deine Eltern ausgeübt haben und aus welcher sozialen Schicht du stammst. Du wirst lernen, welche Firmen als die Kaderschmieden der Wirtschaftslenker von morgen gelten, wie deren Anforderungskriterien an Hochschulabsolventen aussehen und wie du in deinem Studium vorgehen kannst, um sie zu erfüllen.

Falls du für dich selbst beim Lesen dieses Buchs erkennen solltest, dass dieser Weg für dich nichts ist, weil er dir a) zu anstrengend ist, du b) bereits einen anderen Karrierepfad eingeschlagen hast oder du c) an diesen Berufsfeldern schlichtweg nicht interessiert bist, dann wirst du dennoch viel von den Erfolgstechniken der Wirtschaftselite auch auf dein persönliches Leben anwenden können. Ich möchte dir Mut machen, dir hohe Ziele zu setzen, an sie zu glauben und systematisch vorzugehen, um sie zu erreichen. Denn eines habe ich in den vergangenen Jahren gelernt:

Unabhängig von deiner Ausgangslage kannst du immer versuchen, das Maximum aus deinem Potenzial herauszuholen, und wenn du dich wirklich anstrengst, kannst du viel mehr erreichen, als du dir heute zutraust.

Zu guter Letzt möchte ich mit diesem Buch auch Licht auf die wirklichen Lenker unserer Wirtschaft werfen und mit vielen negativen Vorurteilen aufräumen, mit denen Banker, Unternehmensberater und Finanzinvestoren häufig konfrontiert werden. In unserem aktuellen Wirtschaftssystem steht diesen Berufsgruppen eine viel zu hohe Bedeutung zu, als dass wir sie pauschal verteufeln oder in der öffentlichen Diskussion unbeachtet lassen sollten.

Viele Wirtschaftslenker haben ihre »Karriere« von jungen Jahren an geplant und viele Strapazen auf sich genommen, um eines Tages eine verantwortungsvolle Position in der Wirtschaft zu bekommen, viel Geld zu verdienen und ihr Potenzial in ihrem Job voll ausschöpfen zu können. Diese Erkenntnis hilft dir, mit diesen Personen im beruflichen oder privaten Alltag besser zurechtzukommen und ihre Art zu denken nachzuvollziehen.

Wenn du also nach der Lektüre nicht auch selbst gerne zur Wirtschaftselite gehören oder dir von ihren Erfolgstechniken zumindest eine Scheibe abschneiden willst, so wird es für dich garantiert interessant sein, nachvollziehen zu können, wie sie geworden sind, was sie heute sind.

Eines vergiss nie: Auch CEOs großer Unternehmen, milliardenschwere Finanzinvestoren, Wirtschaftspolitiker, Seriengründer sowie Investment Banker und Unternehmensberater sind am Ende des Tages nur ganz normale Menschen wie du und ich.

Was sie erreicht haben, kannst daher auch du erreichen.

# Dankesbrief einer Mutter eines Studierenden

*Dieser Brief der Mutter eines Studenten, den wir seit knapp drei Jahren in unseren Coaching-Programmen begleiten, hat mich vor kurzem erreicht.*

Lieber David,

ich möchte dir gerne einmal DANKE sagen für die ganze Unterstützung und den Input, den du meinem Sohn mit auf seinen Weg gegeben hast. Ohne dich wäre er sehr wahrscheinlich noch nicht da angekommen, wo er aktuell steht.

Als er sich nach seinem Abitur im September 2019 zu einem sechsmonatigen Aufenthalt an einer Sprachschule in Oxford entschieden hat, war sicherlich schon klar, dass er sein Englisch auf ein Niveau bringen möchte, um später weltweit bei ausgewählten Firmen arbeiten zu können. Bis zu diesem Zeitpunkt gab es weder für ihn noch für uns als Familie große Berührungspunkte mit der Welt der Wirtschaft. Natürlich kannten wir vom Hören Firmennamen wie »UBS«, »Morgan Stanley«, »Roland Berger« oder »J.P. Morgan«. Aber bei Begriffen wie »IB«, »Private Equity«, »Venture Capital« oder »Consulting« war zumindest bei mir der Hintergrund, was und wie hier gearbeitet wird, nicht eindeutig klar. Was genau macht ein Investment Banker? Und um Himmels willen, warum liegt das Arbeitspensum hier bei über 80 Wochenstunden bis tief in die Nacht hinein? Soll das sein Weg sein? Möchte ich diese Belastung für meinen Sohn? Diese Frage habe ich mir mehr als einmal gestellt!

Für ihn dagegen war sehr schnell klar, dass er sein Ziel erreichen möchte. Er wollte der Erste in der Familie sein, der studiert. Ohne Wenn und Aber! Ein »normaler« Beruf, wie seine Eltern ihn ausüben, kam für ihn nicht in Frage. Engagiert und fokussiert hat er also nach relevanten Universitäten außerhalb seines gewohnten Umfeldes gesucht und ist auf die Frankfurt School of Finance & Management aufmerksam geworden. Diese Privatuni mit mittleren fünfstelligen Studiengebühren im Bachelor sollte ihm die richtigen Weichen für seine weiteren beruflichen Ziele stellen. So sein Plan! Für meinen Mann und mich galt es jetzt zu klären, wie wir ihm diese Chance ermöglichen können, ohne »Vitamin B« und ohne konkrete Beziehungen. Wir führten viele Gespräche, zu zweit, zu dritt oder ich auch mal gedanklich alleine nur mit mir selbst. Fest stand aber immer: Wir werden eine Lösung finden und diesen Weg mit ihm gehen. Er kann sich darauf verlassen, dass wir ihn unterstützen, wo wir können, und an seiner Seite sind. In unserem Fall haben wir uns letztendlich für den »umgekehrten Generationenvertrag« entschieden. Hier bietet die Frankfurt School im Rahmen des Brain-Capital-Förderkonzepts zur Studienförderung eine Möglichkeit der Finanzierung an. Für uns war das die beste Option.

Good Luck, im September 2020 startete er also sein BWL-Studium und erzielte bereits zu Beginn sehr gute Erfolge. Nur genauso schnell wurde ihm bewusst, dass gute Noten alleine bei diesem Niveau an der Uni heutzutage nicht mehr ausreichen, um aus der Masse herauszustechen und sich positiv hervorzuheben. Dieser Weg ging nur über relevante Praktika, die sich im CV oft als Game Changer erweisen.

Und hier, lieber David, konntest du mit deinem Team von pumpkincareers ihm die Hilfestellung geben, die er zu diesem Zeitpunkt benötigte. Durch das Elite-Coaching konnte er die nächste Karrierestufe erreichen und Praktika absolvieren, die ihm wieder neue Erfahrungswerte eingebracht haben. Nicht immer positive, aber den anderen oft einen Schritt voraus. Als er dann im September 2022, noch vor Beginn seines Auslandssemesters in den USA, dank euch die Zusage für ein Stipendium der Friedrich-Naumann-Stiftung für die Freiheit erhalten hat, war für meinen Sohn – und natürlich auch für mich – die Freude groß. Bedeutete dies doch eine weitere Anerkennung seiner bisherigen Leistungen und eine finanzielle monatliche Entlastung für Kosten, die neben dem Studium eben noch so anfallen. Auch die Finanzierung seines Masters kann dadurch sichergestellt werden, was natürlich ein beruhigendes Gefühl für uns ist. Wäre er ohne dich und dein Elite-Coaching-Programm alleine auch so weit gekommen? Wir bezweifeln es beide.

Mittlerweile ist er nun in seinem vorletzten Semester und hat vor wenigen Tagen ein Praktikum als Summer Analyst bei Morgan Stanley in London begonnen. Dafür gab es im Vorfeld mehr als 15.000 Bewerbungen, über 2500 Interviews, 720 Assessments in den Acs und nur 237 Interns am Ende. Das ist eine Annahmequote von 1,5 Prozent und somit weniger als in Harvard, Yale, Oxford oder Cambridge. Wie stolz kann man als Mutter sein? Ich kann das schwer in Worte fassen! HARD WORK ALWAYS BEATS TALENT, dieser Grundsatz zeigt deutlich, dass jeder Mensch sein persönliches Potenzial ausschöpfen muss/soll/kann!

Mittelmäßigkeit reicht nicht aus, wenn du *nach ganz oben* kommen willst. Du musst bereit sein, die Extrameile zu gehen, und an dich und deine Fähigkeiten glauben. Immer wieder an dir zu arbeiten, jeden Tag aufs Neue. Denn wie schon John F. Kennedy sagte: »Es gibt nur eins, was auf Dauer teurer ist als Bildung: keine Bildung.« Wenn ich mir diesen Brief an dich nun so durchlese, hoffe ich, lieber David, dass meine Gedanken und meine Sichtweise eine Inspiration für die Leser:innen deines Buches sein werden.

Denn ich möchte jedem einzelnen jungen Erwachsenen mit auf den Weg geben, bleibt ambitioniert und fokussiert, kümmert euch frühzeitig um eure berufliche und persönliche Weiterentwicklung. Bleibt auf eurem Weg nicht stehen und lasst euch nicht von euren Zielen abbringen, egal wie steinig der Weg manchmal auch erscheint.

Und euch, liebe Eltern oder nahestehende Personen, lege ich ans Herz, bleibt stets in Kontakt zu euren Kindern, sucht das Gespräch, hört zu und lasst euch erklären, warum dieser Weg möglicherweise gerade der richtige für sie ist. Auch wenn es nicht euer Weg ist. Sucht immer die offene Kommunikation und bietet eure Hilfe und Unterstützung an, ganz wertfrei, ganz unvoreingenommen! Denn am Ende sind wir doch alle stolz, unsere Kinder NACH GANZ OBEN begleitet zu haben, und dass sie einen anderen Blickwinkel auf die Welt von heute besitzen.

Mit den besten Grüßen und dem herzlichsten Dank an David und natürlich an meinen Sohn :)

Susanne

# Vorwort von Moritz Baier-Lentz: Vom Arbeiterkind zum Wall-Street-Banker und Venture-Capital-Partner im Silicon Valley

Ich möchte dir in diesem Vorwort die Perspektive von jemandem aufzeigen, der erfolgreich viele der Schritte gegangen ist, über die David in diesem Buch spricht.

Und das ohne irgendeinen unfairen Vorteil: Als Erster in meiner Familie mit Abitur hatte ich in meiner Jugend keinen Bezug zur Elite; nicht mal zu Akademikern im erweiterten Familienumfeld. Eine Gymnasialempfehlung für die Studienstiftung lehnten meine Mutter und ich ab, weil wir ein Stipendium für kostenpflichtig und »zu teuer« hielten. Wie du siehst, lief bei mir also sicherlich nicht alles perfekt, aber mit 37 lebe ich heute mein persönliches Traumleben mit finanzieller Freiheit und spannenden Projekten.

Angefangen hat alles relativ bescheiden, in einem kleinen Dorf in der Nähe von Hannover mit mehr Milchkühen als Einwohnern. Als wir endlich im Jahr 2000, in meinem Fall mit 14 Jahren, den DSL-Festnetzanschluss bekamen, war ich fasziniert von Online-Videospielen – eine Möglichkeit, sich virtuell auszuprobieren und unabhängig von sozialer Herkunft und Standort auf globaler Ebene zu beweisen. Unter anderem weil aus meinem Elternhaus nie Leistungsdruck aufgebaut wurde, verbrachte ich meine Teenagerjahre fast jeden Tag mit circa acht bis zehn Stunden von Blizzards Diablo II: eine Entscheidung, die mir 2003 und 2004 ein weltweites #1-Ranking und ein stattliches Nebeneinkommen durch den Verkauf von digitalen Items bescherte.

Nach meinem Abitur war ich zunächst sehr orientierungslos und entschloss mich nach einer »Extrarunde Zivildienst« zu einem dualen Studium mit IBM in Berlin. Meine Bewerbung schickte ich am letzten Tag der Bewerbungsfrist vom Dunkin-Donuts-Internetcafé am Berliner Zoo ab. Meinen ersten digitalen Lebenslauf und das Bewerbungsschreiben hatte ich noch am selben Morgen erstellt.

Bei IBM begann meine Karriere langsam Fahrt aufzunehmen. Ich arbeitete nach meinem Berufseinstieg hart und wurde kurze Zeit später – auf mehrfache Anfrage meinerseits – in die USA versetzt, weil mir Beförderungen in Deutschland einfach zu langsam voranschritten.

Umgeben von Kollegen mit beeindruckenden Lebensläufen und um meine Karriere auf ein ähnliches Level zu bringen, entschloss ich mich zu einem MBA-Studium an der U.S.-Elite-Universität Stanford. Für die Bewerbung nahm ich mir ein ganzes Jahr Zeit: von den standardisierten Tests (GMAT, TOEFL) zu den Bewerbungsaufsätzen und Empfehlungsschreiben. Wo es mir an Qualifikationen mangelte – zum Beispiel einem prestigeträchtigen Bachelorabschluss an einer renommierten deutschen Universität –, machte ich dies durch Ehrgeiz und Arbeitsaufwand wett.

Und das erfolgreich. In Stanford wurde ich durch Stipendien mit einem Wert von über 130.000 US-Dollar gefördert (diesmal hatte ich keine Ehrfurcht vor der Studienstiftung) und konnte Aufenthalte in Harvard, Oxford und Cambridge einbauen. Doch noch vor dem Stipendium hatte ich einen Kredit von über 200.000 US-Dollar aufgenommen (und das, obwohl IBM eine komplette Kostenübernahme für eine zweijährige Verpflichtung anbot), denn zu diesem Zeitpunkt war mir klar: Ich wollte hoch hinaus.

Die Rechnung ging auf. Nachdem ich während dem MBA Praktika bei McKinsey & Company, Goldman Sachs und im Weißen Haus absolvierte, stieg ich im Investment Banking bei Goldman Sachs in New York ein. Hier arbeitete ich für fünf Jahre an Deals mit über 300 Milliarden US-Dollar Transaktionsvolumen und war bei Meetings mit

Top-CEOs wie Elon Musk (Tesla, SpaceX), Michael Dell (Dell) oder Ginni Rometty (IBM) hautnah dabei.

Heute bin ich Partner bei Lightspeed Venture Partners, einem weltweit führenden Risikokapitalgeber mit Sitz im Silicon Valley und knapp 30 Milliarden US-Dollar unter Management. Ich lebe mit meiner Frau, unserem Hund (und hoffentlich baldigem Nachwuchs) in einem Haus direkt am Strand in Malibu und wache jeden Morgen mit riesiger Freude auf den kommenden Tag auf. Meine Zeit kann ich mir selbst einteilen, ich verdiene ein siebenstelliges Jahresgehalt und kann bei erfolgreich abgeschlossenen Projekten noch ein Vielfaches davon als Bonuskomponente erhalten.

Parallel dazu bleibt noch genug Zeit, um Sport zu machen (zum Beispiel für verrückte Abenteuer wie den Ironman, Marathon des Sables oder die World Marathon Challenge), mich mit Freunden zu treffen und global zu reisen.

Ich wurde ausgezeichnet von Forbes 30 Under 30 (USA), Capital 40 Under 40 (Deutschland), bin Young Global Leader im Weltwirtschaftsforum, Young Leader in der Atlantik-Brücke und Mitglied von Peter Thiels »geheimem« Dialog.

Ziemlich verrückt, oder? Das hätte ich alles vor nur ein paar Jahren auch selbst noch für unmöglich erklärt. Ich möchte dir also insbesondere ans Herz legen, die Prinzipien aus diesem Buch umzusetzen und nach den Sternen zu greifen, selbst wenn du dir diesen Weg gerade noch nicht ganz zutraust. Egal, wo du herkommst, der Weg nach ganz oben ist machbar. Der Schlüssel zum Erfolg sind die richtigen Denkanstöße und Methoden; viele von den Einsichten und Prinzipien, die mir geholfen haben, wirst du auch in diesem Buch kennenlernen.

David beschreibt die Grundbausteine, die auch für mich das Herzstück für verschiedene Erfolge in meinem Studium, meiner Karriere und diversen anderen Lebensbereichen darstellten. Aus meiner Sicht waren die wichtigsten Denk- und Verhaltensmuster für meinen Erfolg:

1. Verfolge globale, nicht lokale Optima (es spielt keine Rolle, was »normal« ist).
2. Umgib dich mit den Besten der Welt (Studierende, Kollegen, Freunde, Mentoren).
3. Priorisiere kreative, schriftliche Zielsetzung.
4. Entwickle ein System für die kompromisslose Zielsetzung.
5. Kenne und spiele deine Stärken.
6. Sei jederzeit offen für Feedback.
7. Trau dich (zum Beispiel, jemanden um Rat zu bitten – oder dich zu bewerben).

Ein häufiger Karriereratschlag, insbesondere im U.S.-amerikanischen Raum, ist »Follow your passion«. Superwichtig meiner Meinung nach, denn wie soll man jemals Weltbeste oder Weltbester in irgendetwas werden, ohne eine Leidenschaft für den Wirkungsbereich zu haben. Besser noch ist das japanische »ikigai«: »Do what (1) you love, (2) you're good at, (3) the world needs, and (4) you can get paid for.«

Allerdings würde ich aus meiner Erfahrung – und basierend auf dem Werdegang von Hunderten anderen erfolgreichen Menschen aus Deutschland und Amerika – behaupten, dass es extrem schwierig ist, eine bessere Pauschalempfehlung für den ersten Karriereschritt (ca. 5–10 Jahre Vollzeit) als Unternehmensberatung, Investment Banking oder Private Equity (inklusive Risikokapital) zu geben. Die Möglichkeit, von den weltbesten Beratern (und Kunden, nämlich weltführenden Unternehmen) zu lernen und die sieben Schritte nach oben in den eigenen Lehrjahren zu meistern, ist unschlagbar.

Genau aus diesem Grund wird dir David später in diesem Buch noch genauer erklären, was sich eigentlich wirklich hinter diesen Berufsfeldern verbirgt, wie dir dort ein erfolgreicher Berufseinstieg gelingen kann und welche Möglichkeiten so eine Karriere mit sich bringt.

Mit zunehmender Kompetenz folgt dann nämlich meistens automatisch auch die Möglichkeit, die eigene Karriere und den Erfolg auszugestalten. Bei mir kam zum Beispiel 2016 bei Goldman Sachs –

sieben Jahre nach meinem Bachelorabschluss – ganz organisch der Sprung zurück zu meiner ursprünglichen Passion »Gaming«, als mir auffiel, dass niemand von uns global verantwortlich für den Videospielsektor war. Damals ca. eine 150-Milliarden-Dollar-Industrie und heute mit über 200 Milliarden US-Dollar Umsatz der weltweit größte Mediasektor – und größer als Musik, Film und Video Streaming zusammen. Hier baute ich erst bei Goldman Sachs diesen Bereich auf und bin heute bei Lightspeed Venture Partner Leiter für unsere Investitionen in Videospiele und angrenzende Themenbereiche wie Virtual Reality und Künstliche Intelligenz. So habe ich das, was mich als Teenager immer begeistert hat, zum Mittelpunkt meiner Karriere machen können.

Ich wünsche jedem von euch, dass ihr eines Tages auch voller Stolz auf euren Werdegang zurückblicken könnt – und dabei ist dieses Buch eine große Hilfe. Viele der jungen Menschen, die ich in den letzten Jahre bei ihren Karrieren als Mentor begleiten durfte, sind heute selber in Stanford oder Harvard, arbeiten in den größten Beratungen, Investment Banken oder als Investoren. Diese Prinzipien sind also definitiv übertragbar.

Dazu kommt: Die Welt ist heute so meritokratisch und durchlässig wie nie zuvor. Es gibt also eigentlich gar keine Ausreden dafür, nicht zu versuchen, nach ganz oben zu kommen. Mit Glück hat es jedenfalls, zumindest meiner Erfahrung nach, nicht viel zu tun. Ich bin gespannt, wie viele junge Menschen wir mit diesem Buch (und vielleicht auch diesem Vorwort) begeistern konnten – und welche Geschichten ihr schreiben werdet. In der Zwischenzeit schreibt mir gerne, zum Beispiel auf www.linkedin.com/in/moritzbaierlentz.

Jetzt seid ihr dran!

Moritz

# Begriffserklärung und Weiterbildungsmaterialien

Im folgenden Text wird häufig über Berufsmöglichkeiten in der Strategieberatung, im Investment Banking und im Private Equity gesprochen, da viele der heutigen Wirtschaftslenker dort ihre Karriere begonnen haben. Diese Branchen werden im zweiten Kapitel ausführlich erklärt, doch da sie bereits im ersten Kapitel vorkommen, möchte ich sie dir hier in Kurzform erklären.

## Strategieberatung

Die Strategieberatung ist eine spezielle Art der Unternehmensberatung. Firmen wie McKinsey, Boston Consulting Group (BCG), Bain oder Roland Berger beraten in erster Linie große Konzerne, aber auch Mittelständler, Start-ups, NGOs, politische Behörden und viele weitere Organisationen bei wichtigen strategischen Fragestellungen. Ansprechpartner sind oft Vorstandsmitglieder oder andere Top-Manager. Als Berufseinsteiger in der Strategieberatung profitiert man von einer sehr steilen Lernkurve, rasanten Gehalts- und Karrieremöglichkeiten sowie einem spannenden und abwechslungsreichen Arbeitsumfeld. Die wöchentliche Arbeitszeit beträgt typischerweise 60 bis 70 Stunden und wird mit Einstiegsgehältern von 60.000 bis 90.000 Euro vergolten. Bereits nach wenigen Jahren Berufserfahrung übernimmt man mehr Verantwortung und kann bei den Top-Firmen mit zehn Jahren Berufserfahrung Gehälter von über 500.000 Euro pro Jahr verdienen. Wer nicht in der Strategieberatung bleiben möchte, ist auf dem Arbeitsmarkt sehr gefragt. Vor allem große Konzerne, aber auch schnell wachsende Start-ups oder Private-Equity-Firmen stellen gerne Ex-Strategieberater in leitenden Positionen ein.

## Investment Banking

Investment Banking ist ein spezialisiertes Segment des Finanzsektors, in dem große Finanzinstitutionen wie Goldman Sachs, J.P. Morgan, Morgan Stanley oder die Deutsche Bank eine Vielzahl von Dienstleistungen anbieten. Sie reichen von Unternehmensberatung bei Fusionen und Übernahmen (englisch: Mergers & Acquisitions) über Eigenkapital- und Schuldenfinanzierung bis hin zur Vermögensverwaltung. Der relevanteste Bereich des Investment Banking ist Mergers & Acquisitions (M&A) und ist meist gemeint, wenn man über Investment Banking spricht. Zu den Kunden zählen große Konzerne, staatliche Einrichtungen, Hedgefonds, Private-Equity-Firmen und vermögende Privatpersonen. Als Einsteiger profitiert man im Investment Banking von einer steilen Lernkurve, hohen Verdienstmöglichkeiten und beeindruckenden Karriereperspektiven. Das Arbeitsumfeld ist dynamisch und abwechslungsreich, jedoch auch arbeitsintensiv, mit typischen Wochenarbeitszeiten von 70 bis 90 Stunden. Einstiegsgehälter liegen üblicherweise zwischen 70.000 und 100.000 Euro, können aber mit Boni deutlich höher ausfallen. Mit wachsender Erfahrung übernimmt man zunehmend Verantwortung und kann nach zehn Jahren in einer Top-Firma Gehälter von über einer Million Euro pro Jahr erreichen. Wer sich dazu entscheidet, das Investment Banking zu verlassen, ist auf dem Arbeitsmarkt sehr gefragt – insbesondere bei anderen Firmen in der Finanzindustrie, aber auch in den Finanzabteilungen von großen Unternehmen und schnell wachsenden Start-ups sind ehemalige Investment Banker gefragte Kandidaten.

## Private Equity

Private Equity (PE) ist ein spezialisiertes Segment der Finanzbranche, in dem Investmentfirmen wie Blackstone, KKR, Carlyle oder CVC durch den Einsatz von Eigenkapital oder Schulden Anteile an privaten, nicht an der Börse gelisteten Unternehmen aufkaufen, die sie für einige Jahre halten, um sie dann gewinnbringend weiterzuveräußern. Dafür üben die Investmentfirmen meistens direkten Einfluss auf das Management des Unternehmens aus, um das Unternehmen profitabler aufzustellen oder zu neuem Wachstum zu führen. Man unterscheidet zwischen klassischem Private Equity für etablierte Unternehmen, Growth Equity für schnell wachsende Unternehmen und Venture Capital (VC) für Start-ups. Ein Einstieg in die Private-Equity-Branche bringt eine steile Lernkurve, hohe Verdienstmöglichkeiten und attraktive Karriereaussichten mit sich. Die Arbeitsumgebung ist dynamisch und mit typischen Wochenarbeitszeiten von 60 bis 70 Stunden eine Herausforderung. Die Einstiegsgehälter variieren je nach Firma und Standort, liegen aber oft zwischen 80.000 und 120.000 Euro. Mit steigender Erfahrung übernehmen Mitarbeiter mehr Verantwortung und können innerhalb von zehn Jahren Gehälter im hohen sechsstelligen bis zum siebenstelligen Bereich erzielen. Nach einigen Jahren Berufserfahrung kann man auch Teile seines eigenen Vermögens investieren und leitende Positionen im Aufsichtsrat oder im Management der Portfolio-Unternehmen übernehmen und sich somit zunehmend mit der Rolle eines Unternehmers vertraut machen.

Interessant? Dann bleib dran! Über diese drei Branchen wirst du in diesem Buch noch viel lernen. Im ersten Kapitel erzähle ich dir, wie ich in meinem Studium zum ersten Mal von diesen Möglichkeiten gehört habe und was ich alles versucht habe, um dort einen Job zu bekommen. Im zweiten Kapitel erfährst du, wer unsere Wirtschaft zu großen Teilen wirklich lenkt, warum viele dieser Führungskräfte nach ihrem Studium zuerst in der Strategieberatung, im Investment Banking und im Private Equity eingestiegen sind und was man in diesen Branchen genau macht. Im dritten Kapitel erkläre ich, wie ambitionierte Studierende vorgehen, um in diesen Branchen nach ihrem Studium einen Berufseinstieg bei führenden Unternehmen zu finden. Im vierten Kapitel fasse ich die Erfolgsgeheimnisse zusammen, die wir alle von den Werdegängen der Wirtschaftselite lernen können und die auch du in deinem Studium anwenden kannst.

## Weiterbildungsmaterialien

Für all diejenigen, die dieses Buch lesen und noch mehr Informationen zu den hier behandelten Themen bekommen möchten, habe ich parallel zu diesem Buch einen kostenfreien Online-Kurs erstellt. In diesem Online-Kurs bekommst du im Rahmen von mehrstündigen Videolektionen einen intensiven Einblick in den Arbeitsalltag in Strategieberatung, Investment Banking und Private Equity und erhältst von Experten wertvolle Tipps dazu, wie du vorgehen musst, um in diese Branchen hineinzugelangen. Außerdem beinhaltet der Online-Kurs zahlreiche Selbsttests, Download-Materialien und Reports, die den Rahmen dieses Buches gesprengt hätten. An einigen Stellen im Buch werde ich daher auf diese Materialien verweisen. Du erhältst deinen exklusiven und kostenfreien Zugang zum Kurs unter https://nach-ganz-oben.de/online-kurs/ oder über den QR-Code.

Viel Spaß mit diesem Buch.
Dein David

KAPITEL 1

# MEIN WEG IN DIE WELT DER WIRTSCHAFTSELITE

# DIE ANFÄNGE: MEIN TRAUM VON DER PERFEKTEN WIRTSCHAFTSKARRIERE

Bis zu meinem 18. Lebensjahr hatte ich nicht einmal ansatzweise Kontakt zu der Welt, in der ich mich heute befinde. Aufgewachsen als Einzelkind in Gerlingen, einer kleinen Stadt in der Nähe von Stuttgart, hatte ich in meiner frühen Jugend keinen wirklichen Grund zur Sorge. Meine Eltern hatten beide Bürojobs und nahmen sich genug Zeit für die Familie. Wir verbrachten jedes Jahr einen schönen gemeinsamen Urlaub und machten oft Ausflüge in die Natur oder zu Verwandten. Zwar hat es mir in meiner Jugend nie an etwas gefehlt, aber meine Eltern erzogen mich mit der Einstellung, im Leben bekomme man nichts geschenkt und seinen eigenen Weg müsse sich jeder hart erarbeiten.

Insbesondere mein Vater, der als jüngstes von fünf Kindern auf einem schwäbischen Bauernhof aufwuchs, achtete stets darauf, dass ich nicht zu arg verhätschelt wurde. Während andere Kinder auf meiner Schule ein »bedingungsloses« Taschengeld erhielten, gab es in unserem Haushalt eine Tabelle mit vielen verschiedenen Aufgaben, durch deren Erledigung ich mir mein Taschengeld verdienen konnte: Müll rausbringen = 15 Cent, Meerschweinchenkäfig säubern = 50 Cent, Waschmaschine befüllen = 30 Cent, Rasen mähen = 1 Euro und so weiter. Im Nachhinein war das eine sehr sinnvolle Methode, sowohl für meine Eltern, für die ich eine günstige Haushaltshilfe war, als auch für mich, da ich schon früh erkannte, dass man durch faules Herumliegen im Leben nichts bekommt.

Einmal im Jahr, am Weltspartag, brachte ich all die klimpernden Münzen, die sich über das gesamte Jahr in meinem Sparschweinchen gesammelt hatten, zur Volksbank, um sie auf mein Sparkonto einzuzahlen und stolz auf dem Kontoauszug zu bewundern, wie viele Zinsen mir meine bisherigen Bemühungen schon eingebracht hatten. Ähnlich wie mein großes Vorbild Dagobert Duck ging ich extrem sparsam mit meinen Ausgaben um und kann die Male, an denen ich mir als Kind im Spielzeugladen, beim Süßwarenstand oder bei der Bäckerei etwas gekauft habe, an einer Hand abzählen.

Mit der Zeit ebbte mein Interesse an Dagobert Duck ab und ich ging den Interessen eines heranwachsenden Jugendlichen nach: Fußball und Computer spielen, Zeit mit den besten Freunden verbringen. In der Schule kam ich immer gut mit und versuchte, meine Eltern durch sehr gute Noten stolz auf mich zu machen, was mir zum Glück auch meistens gelang. Vor allem Mathematik, aber auch Deutsch, Geschichte, Politik und Wirtschaft bereiteten mir viel Freude und ich begann, jüngeren Schülern Nachhilfeunterricht zu geben.

Mit zwölf Jahren trug ich einmal pro Woche das »Gerlinger Wochenblatt« aus, mein erster richtiger Job. Bei Wind und Wetter klapperte ich für mehrere Stunden Hunderte Briefkästen ab und holte mir regelmäßig an der einen oder anderen scharfen Metallkante blutige Finger. Ich erinnere mich noch gut an den Moment, als mein erstes Gehalt auf meinem Konto war. Es machte mich stolz und zufrieden, mein eigenes Geld zu verdienen. Gern übernahm ich die Schichten anderer Zeitungsausträger, wenn sie krank wurden.

Die heile Welt meiner Kindheit wurde jäh unterbrochen, als ich mit 15 Jahren den plötzlichen Verlust meines Vaters erleben musste. Eine unerwartete Hirnblutung riss ihn ins Koma, aus dem er wenige Tage später verstarb. Von einem Tag auf den anderen war unser Leben nicht mehr dasselbe. An die Wochen nach seinem Tod kann ich mich nur noch vage erinnern und im Gegensatz zu meiner Mutter, die sich bei der Verarbeitung dieses Schicksalsschlags therapeutisch unterstützen ließ, gestand ich mir als halbstarker Teenager meine Trauer zum damaligen Zeitpunkt nicht richtig ein. Mein Notendurchschnitt in der Schule sank stark und ohne das gute Verhältnis zu meiner Mutter und meinen Freunden wäre ich vermutlich in ein tiefes Loch gefallen und nicht mehr herausgekommen.

Doch die Zeit heilte meine Trauer und es gelang mir, mich mit der neuen Realität abzufinden. Zum ersten Mal erkannte ich, wie privilegiert, behütet und sorgenfrei ich aufgewachsen war. Da nun das Einkommen meines Vaters wegfiel, mussten meine Mutter und ich uns zum ersten Mal wirklich Gedanken um Geld machen. Wir zogen in eine günstigere Wohnung und ich gab mir Mühe, meiner Mutter nicht zur Last zu fallen und mein eigenes Geld zu verdienen. Zusätzlich zu meinen bisherigen Nebenjobs arbeitete ich in den Sommerferien in einer Fabrik, die Klimaanlagen herstellte. Dabei verdiente ich innerhalb weniger Wochen so viel wie zuvor in einem ganzen Jahr, aber meine Arbeit war so anstrengend und eintönig, wie ich noch nie zuvor etwas erlebt hatte.

In dieser Zeit wurde mir bewusst, dass ich selbst für mein eigenes Glück und mein eigenes Leben verantwortlich bin. Bis dahin machte ich viele Dinge, um es anderen Leuten – insbesondere meinen Eltern – recht zu machen. Mit dem Tod meines Vaters erkannte ich, dass das Leben schneller vorbei sein kann, als man denkt, und man daher nicht hoffen sollte, dass sich »irgendwann« schon alles gut fügen wird, sondern man selbst dafür sorgen muss, das Leben zu leben, das man gerne leben will.

Diese Erkenntnis entfachte in mir eine neue Flamme und ich beschäftigte mich im Internet viel mit Persönlichkeitsentwicklung, Selbstoptimierung und Fitnesstraining. Der Gedanke, dass ich durch meine eigenen Entscheidungen meine Lebenssituation verbessern konnte, faszinierte mich enorm. Ich fing an, meine Ernährung umzustellen, zu meditieren und regelmäßig Kraft- und Ausdauersport zu machen. Auch in der Schule ging es wieder nach oben. Mein früherer

Ansporn, etwas Neues zu lernen und zu den Besten zu gehören, war wieder da.

Hatte ich meine Leidenschaft für die Finanz- und Wirtschaftswelt seit der Dagobert-Duck-Phase in meiner Kindheit etwas aus den Augen verloren, interessierten mich nun auf einmal Aktienkurse und wirtschaftspolitische Talkshows. Ich stürzte mich in Bücher wie *The Intelligent Investor* von Benjamin Graham oder *The Wealth of Nations* von Adam Smith und las auch Populistischeres wie *Crashkurs* von Dirk Müller, das ich heute deutlich kritischer bewerten würde. Schnell begann ich in meinem jugendlichen Übermut, mein Verständnis der Wirtschaftswelt gnadenlos zu überschätzen, und meinte jedem erklären zu können, was in unserem Finanzsystem alles schiefläuft und was ich ändern würde, wenn ich später mal eine bedeutende Position innehaben würde.

Auch im Gemeinschaftskundeunterricht trieb ich meine Lehrerin mit meinen spitzen, gerne auch kritischen Fragen und Kommentaren regelmäßig zur Weißglut, was dazu führte, dass ich oft nur eine durchschnittliche Note bekam, obwohl es mein Lieblingsfach war. Durch das Lesen, Recherchieren und Schreiben über Wirtschaftsthemen vertiefte ich mein Wissen und festigte auch meine Überzeugung, dass meine Zukunft in diesem Feld lag.

Als Höhepunkt meiner letzten Schuljahre reiste ich mit meiner Mutter mit 17 Jahren nach New York. Die gewaltigen Wolkenkratzer, die belebte Wall Street und das pulsierende Leben zogen mich vollkommen in den Bann. Die gigantischen Gebäude standen wie Monolithen der Macht und des Reichtums in der Landschaft und symbolisierten für mich die Quintessenz des finanziellen Erfolgs. Das hektische Treiben an der Börse, die Menschen in schicken Anzügen, die sich schnell von einem Ort zum anderen bewegten, die riesigen Bildschirme, die die aktuellen Börsenkurse anzeigten – das alles wirkte auf mich wie ein riesiges Theater der Finanzwelt, in dem ich eines Tages eine Rolle spielen wollte. Die Energie und Dynamik der Stadt waren elektrisierend und ansteckend.

Gleichzeitig erkannte ich den starken Kontrast zwischen meinem eigenen Leben und meiner damaligen Traumvorstellung. Meine Mutter und ich hatten lange für diesen Urlaub gespart und konnten uns trotzdem nur ein stickiges Hotelzimmer in einem älteren, heruntergekommenen Gebäude leisten, wo wir uns das Bad mit anderen Hotelgästen teilen mussten. Bei jeder Attraktion überlegte ich lange, ob sich die Ausgabe dafür wirklich lohnte und was man alternativ mit dem Geld machen könnte. So redete ich meiner Mutter einen Helikopterflug über New York sowie den Besuch einer Broadway-Vorstellung für jeweils mehrere hundert Euro aus und argumentierte, wir könnten für dieses Geld viel mehr spannende, andere Erfahrungen sammeln.

Während ich die Straßenschluchten entlanglief und die schicken Läden und Restaurants beobachtete, festigte sich in mir immer weiter der Entschluss: Ich möchte eines Tages ein Leben leben, in dem all das dazugehört. Ich kann mich noch genau erinnern, wie ich mit meiner Mutter die Brooklyn-Heights-Promenade entlangspazierte, von der man einen gigantischen Blick auf den Financial District hat. Ich zeigte auf eine der Penthouse-Wohnungen direkt am Wasser und sagte: »Eines Tages werde ich in so einer Wohnung wohnen.« Diese zehntägige Reise nach New York bestärkte mich in meinem Ehrgeiz und weckte eine noch tiefere Leidenschaft für die Finanzwelt in mir.

Nach meiner Rückkehr nach Gerlingen hatte ich ein klares Ziel: einen Platz in der Finanzbranche. Mein Problem war allerdings: Ich hatte absolut keine Ahnung, wie ich denn dieses Ziel erreichen sollte. In meinem persönlichen Umfeld kannte ich niemanden, der in der Finanzbranche arbeitete. Also begann ich, über das Internet zu recherchieren. Schnell wurde mir klar, dass ich vermutlich nicht um ein Studium herumkommen würde. Ich durchforstete Foreneinträge und las Hochschul-Rankings über wirtschaftswissenschaftliche Studiengänge.

Eine Fachhochschule in meiner Nähe bot einen Kurs in »Internationalem Finanzmanagement« an, was ja genau das war, was ich machen wollte. Da auch auf der Website stand, die Absolventen dieses Studiengangs könnten später bedeutende Positionen im Finanzsystem, beispielsweise bei Hedgefonds oder Investment Banken, übernehmen, wurde dieser Studiengang schnell mein Favorit. Während des Uni-Schnuppertages in meinem letzten Schuljahr besuchte ich die Hochschule. Ich setzte mich in ein paar Vorlesungen in die letzte Reihe, doch die magische Atmosphäre und Energie aus New York fand ich hier ganz und gar nicht wieder. Die Studenten vor Ort kamen teilweise in Jogginghose in die Vorlesungen und machten größtenteils einen sehr unmotivierten und gelangweilten Eindruck. Als in einem Mathekurs niemand die Berechnungen durchführen konnte, die der Dozent als Aufgabe mit einem altmodischen Tageslichtprojektor an die Wand warf, obwohl mir die Lösung vollkommen klar war, war diese Hochschule für mich keine Option mehr.

Da ich mich damals vor allem für volkswirtschaftliche Fragestellungen wie die Zinspolitik der Zentralbanken oder die Entstehung von Wechselkursen interessiert hatte, orientierte ich mich bei der Wahl meiner Wunsch-Uni vor allem an Hochschul-Rankings für Volkswirtschaftslehre. Dass man auch mit einem BWL-Studium mindestens genauso gut einen Job in der Finanzbranche bekommen kann und man Hochschul-Rankings nicht zu viel Beachtung schenken sollte, wenn man später einen Top-0,1%-Job bekommen will, wusste ich zum damaligen Zeitpunkt noch nicht.

In vielen der VWL-Rankings fiel mir die Goethe-Universität in Frankfurt am Main positiv auf. Zum einen konnte man mit dem Studiengang Wirtschaftswissenschaften ein großes Spektrum an Vertiefungen wählen und somit selbst entscheiden, ob man das Studium eher in die volkswirtschaftliche oder in die betriebswirtschaftliche Richtung entwickeln wollte. Zum anderen sprach mich Frankfurt am Main als größte Finanzmetropole auf dem europäischen Festland extrem an. Auch wenn Frankfurt nicht ansatzweise den Glamour von New York bietet, zog es mich mehr an als die kleine schwäbische Stadt, in der die Fachhochschule lag, die ich zuvor besichtigt hatte. Außerdem studierte die große Schwester einer Klassenkameradin an der Goethe-Uni in Frankfurt Wirtschaftswissenschaften. Sie erzählte mir, einer ihrer besten Freunde mache ein Investment-Banking-Praktikum bei Rothschild. Das überzeugte mich, auch wenn ich damals noch keine Ahnung hatte, was genau Investment Banking oder Rothschild bedeutet.

Während meiner Recherche war ich auch auf Privat-Unis wie die WHU in Vallendar und Unis im Ausland wie die HSG in St. Gallen in der Schweiz gestoßen. Ein Studium an diesen hochgelobten Business Schools war für mich wegen der Kosten in mittlerer fünfstelliger Höhe jedoch völlig undenkbar. Somit war meine Suche auf staatliche Hochschulen in Deutschland beschränkt.

An der Uni Frankfurt würde ich mit einem voraussichtlichen 1er-Abiturschnitt mit einer sehr hohen Wahrscheinlichkeit einen Studienplatz bekommen. Auch diese Uni besuchte ich an einem Tag der offenen Tür. Sie erfüllte meine Erwartungen und erwies sich als der Ort, an dem ich meine Karriere beginnen wollte. Die moderne Architektur der Gebäude, die Energie unter den Studierenden und die anspruchsvollen Vorlesungen, in denen ich still in der letzten Reihe zuhörte – all das war so, wie ich es mir vorgestellt hatte. Als ich danach durch die Frankfurter Innenstadt schlenderte und an den Hochhäusern emporblickte, fühlte ich mich fast wieder wie in New York. Hier würde ich den Grundstein legen und alles dafür geben, mehr über die Finanzwelt zu lernen und mir in der Branche einen Namen zu machen.

Jetzt hatte ich ein klares Ziel für die Zeit nach meinem Abitur, aber ich wollte mein bisher gesammeltes Wissen über die Wirtschaft sofort anwenden. Über YouTube stieß ich auf Daytrading, eine sehr kurzfristige Art des Börsenhandels, bei der es darum geht, durch die Analysen der historischen Kursentwicklung, der sogenannten Chartanalyse, künftige Kursentwicklungen vorherzusagen, um entsprechend Kauf- oder Verkaufsbefehle an den Börsen zu platzieren. Ich war sofort fasziniert, denn hier hatte ich eine reale Möglichkeit, mein Wirtschaftsverständnis in der Realität anzuwenden und dabei möglicherweise auch noch Geld zu verdienen.

Ich fing an, über Facebook, YouTube und weitere Webseiten die Techniken erfolgreicher Daytrader nachzuahmen, die ihr Wissen und den dadurch manifestierten finanziellen Erfolg gern durch schnelle Autos und teure Uhren präsentierten. Am Anfang erstellte ich mir ein Demo-Konto bei einer großen Plattform für CFD-Trading, wie es in dieser Szene üblich ist. Beim CFD-Trading kauft oder verkauft man keine realen Börsenwerte, sondern handelt ausschließlich mit Derivaten, die schon mit geringen Investitionssummen Börsenspekulationen ermöglichen. Später im Studium lernte ich, wie solche Derivate zusammengesetzt sind und wie sich ihre Bepreisung berechnen lässt, doch als Abiturient war mir das noch völlig egal. Ich witterte das schnelle Geld, und als ich mit meinen Wetten auf dem Demo-Konto tatsächlich eine sehr gute Rendite erwirtschaftete, überredete ich meine Mutter, ein Echtgeldkonto bei diesem Anbieter zu eröffnen. Ich war noch nicht volljährig und durfte selbst noch nicht so ein Konto haben.

Jeden Tag verbrachte ich nach der Schule mehrere Stunden hinter meinen Computermonitoren, wo zahlreiche Kurse von Börsenindizes, Währungen und Rohstoffpreisen aufpoppten. Aus mir damals völlig unerklärlichen Gründen funktionierte meine amateurhafte Handelsstrategie mit meinem echten Geld leider bei Weitem nicht so gut wie mit meinem Demo-Konto. Hin und wieder verdiente ich mit meinen Trades zwar auch eine gute Stange Geld, doch innerhalb von wenigen Wochen waren die 300 Euro, die ich von meinen Ersparnissen eingezahlt hatte, auf ein paar wenige Euro zusammengeschrumpft. Nach und nach dämmerte mir, dass ich wohl doch noch nicht so viel von der Börse und den Finanzmärkten wusste, wie ich anfangs gedacht hatte, und der Weg bis zu einem Penthouse mit Skyline-Blick in New York wohl noch recht lang sein würde. Obwohl es mir viel Spaß gemacht hatte, mich in die Chart-Analyse-Techniken des Daytradings einzuarbeiten, und ich ein tolles Gefühl hatte, wenn ich meinen Einsatz mit einem einzigen Trade verzehnfacht habe, gelang es mir dennoch, mir mein Scheitern noch vor dem Abi einzugestehen, und ich schloss das Trading-Konto.

Trotz dieser Rückschläge blieb ich in der Schule auf Kurs, strengte mich bei den Abiprüfungen an und konnte mein Abitur mit einem Notenschnitt von 1,5 abschließen, mit besonders guten Noten in Mathematik, Deutsch, Biologie und Religion. Voller Vorfreude auf das Studium in Frankfurt und den neuen Lebensabschnitt schrieb ich mich an der Goethe-Universität für Wirtschaftswissenschaften ein und machte mich auf die Wohnungssuche.

Der Tag, an dem ich nach Frankfurt zog, ist mir lebhaft in Erinnerung. Meine Sachen waren in Kisten verpackt, und ich trug, als wäre ich seit Jahren ein waschechter Vollblut-BWLer, ein frisch gebügeltes Hemd von Ralph Lauren aus dem Outlet in Metzingen. Es war ein Gefühl des Aufbruchs, voller Aufregung und Ungewissheit. Ein neues Kapitel meines Lebens begann, der Beginn eines Wegs, der mich meinem Traum näherbringen sollte. Mein Studentenzimmer war im neunten Stock eines etwas in die Jahre gekommenen Studentenwohnheims und war mit einer Warmmiete von knapp 250 Euro für zwölf Quadratmeter ein echtes Schnäppchen für Frankfurter Verhältnisse. Das Wohnheim war auch als der »Todesturm« bekannt, da sich in der Vergangenheit mehrmals depressive Studierende vom Dach des Hochhauses in den Tod gestürzt hatten. Auf mich wirkte das Wohnheim nicht bedrohlich oder deprimierend. Es motivierte mich, mich im Studium richtig ins Zeug zu legen, um mir nie wieder Sorgen um meine Finanzen machen zu müssen.

Die erste Woche an der Universität war eine ganz eigene Erfahrung. Ich war auf einmal umgeben von Menschen, die dieselben Träume und Ambitionen hatten wie ich. Wir sprachen von der Zukunft, sahen uns als künftige Manager im Finanzwesen, obwohl uns noch gar nicht klar war, was das eigentlich bedeutete. Doch das spielte keine Rolle. Die Atmosphäre war elektrisierend, die Neugier und der Ehrgeiz waren fast greifbar. In den Hörsälen, Cafés und Bibliotheken der Universität pulsierte das Leben und alle hatten Lust auf den Beginn des Studiums. Das Gefühl, endlich auf dem richtigen Weg zu sein, umgeben von unzähligen Möglichkeiten, war berauschend und ich fand schon in dieser ersten Woche an der Uni viele Freunde, mit denen ich viel erlebte und die ich bis heute habe.

Aber ich erkannte auch schnell, dass ich noch meilenweit davon entfernt war, in der Finanzwelt erfolgreich zu sein und es bis *nach ganz oben* zu schaffen. Es gab viele Kommilitonen, die mehr Erfahrung hatten und mehr wussten als ich und die mich daran erinnerten, dass ich eben doch nur aus einer ganz normalen, mittelständischen Familie kam und noch nie etwas Herausragendes geleistet hatte. Ich lernte gleichaltrige Studenten kennen, die schon während ihrer Schulzeit Praktika bei renommierten Banken, Vermögensverwaltern oder Unternehmensberatungen gemacht hatten, da ihre Eltern erfolgreiche Finanzmanager oder Unternehmer waren und ihnen von Anfang an gesagt hatten, wie sie vorgehen müssen, um ebenfalls so einen Job zu bekommen. Andere Studenten waren schlichtweg deutlich schlauer und engagierter als ich – sie schienen den Stoff der Vorlesungen direkt zu verstehen, während ich mir die Inhalte mühsam mit vielen Wiederholungen beibringen musste.

Als Schüler hatte ich mir immer eingeredet, ich könne theoretisch einer der Jahrgangsbesten sein, wenn ich mich nur genug anstrengte. Als ich nun jedoch all diese anderen, mindestens genauso ambitionierten Studenten sah, war ich mir nicht mehr so sicher, ob mir das auch im Studium gelingen könnte. Doch das schreckte mich nicht ab, es spornte mich an. Ich war bereit, hart zu arbeiten und alles zu geben, um meinen Traum zu verwirklichen.

# DER AUFSTIEG: MEINE ERSTEN ERFOLGE IM STUDIUM

Parallel zum Studienstart hatte ich, angespornt von meiner Umgebung an der Goethe-Uni, direkt mit einer »Optimierung meines Lebenslaufs« begonnen, wie man als BWLer sagen würde. So übernahm ich eine ehrenamtliche Rolle bei AIESEC, wo ich zehn Stunden wöchentlich damit verbrachte, internationale Praktikanten zu vermitteln und an Netzwerk-Meetings teilzunehmen. Schnell realisierte ich, dass relevante Praktika neben guten Noten eine wichtige Einstellungsvoraussetzung renommierter Firmen sind, was mich auch dazu motivierte, nach einem ersten Praktikum zu suchen.

Erste Bewerbungstipps sammelte ich bei Karriereveranstaltungen an der Uni, die oft von Unternehmen gesponsert wurden. Die Ratschläge waren jedoch meist allgemein und unzureichend, sodass ich weiterrecherchieren musste. Ich suchte online und kaufte Bewerbungsratgeber, um mein Bewerbungsmaterial zu optimieren und mich auf Vorstellungsgespräche vorzubereiten.

Daraufhin bewarb ich mich auf verschiedene Praktikumsstellen in der Region. Eine Empfehlung führte mich zur Deutschen Leasing, wo ich zu einem Vorstellungsgespräch eingeladen wurde. Mit klopfendem Herzen und schwitzenden Händen stand ich in meinem für den Abiball gekauften schwarzen Anzug im Empfangsraum des schicken Bürogebäudes und wurde von einem Personalreferenten abgeholt. Das anschließende Gespräch hätte nicht besser verlaufen können und wenige Tage später bekam ich die Zusage für mein erstes Praktikum in den Ferien direkt nach meinem ersten Semester.

Doch trotz dieses Erfolgs merkte ich nach der Hälfte meines ersten Semesters während der Weihnachtsferien, dass ich weniger gut mitkam als gedacht. Bei der Vorbereitung auf die bevorstehenden Prüfungen in zwei Monaten realisierte ich, dass ich bereits viel von dem gelernten Stoff vergessen hatte und auch die Bearbeitung der Übungsaufgaben mir Rätsel aufgab.

Damit war ich enorm unzufrieden. Ich hatte mir schließlich vorgenommen, in meinem Studium zu den Besten zu gehören und zu zeigen, was in mir steckt, wenn ich mich zu 100 Prozent auf etwas fokussiere. So setzte ich mich die letzten zwei Monate bis zu den Prüfungen hin und lernte Tag und Nacht. Erst in dieser intensiven Phase wurde mir klar, wie sehr sich das Studium von der Schule unterschied. Für meine Abiturprüfungen hatte ich zwei Wochen lang maximal sechs Stunden pro Tag gelernt, was im Vergleich zu meinen Vorbereitungen für die Uni-Prüfungen geradezu lächerlich erschien. Nun saß ich von morgens bis abends, sieben Tage die Woche in der Bibliothek, erstellte unzählige Karteikarten, lernte Hunderte von Seiten Vorlesungsskripte auswendig und arbeitete alle Übungsaufgaben durch, die ich finden konnte.

Eines Abends, wenige Wochen vor den Klausuren, las ich nach einem anstrengenden Lerntag einen spannenden Artikel mit dem Titel »Die Besten der Besten« im renommierten Magazin ZEIT CAMPUS. Der Artikel handelte von Elitestudenten, die in einem Assessment-Center auf einem Schloss in Brandenburg um ein Stipendium von einer Wirtschaftsstiftung kämpfen. Das klang nach genau der Richtung, die auch ich einschlagen wollte, und so recherchierte ich mehr über die Stiftung der Deutschen Wirtschaft. Kurze Zeit später begann die einmonatige Bewerbungsphase und ich beschloss, nach meiner Klausurenphase ohne große Erwartungshaltung meine Bewerbung einzureichen.

Am Tag der ersten Klausur herrschte spürbare Anspannung. Wir hatten wochenlang gelernt und waren nun nervös. Als ich die ersten Seiten der Klausur durchblätterte, fiel mir ein Stein vom Herzen – es kamen genau die Aufgaben dran, auf die ich mich vorbereitet hatte. Nach dem erfolgreichen Abschluss aller Klausuren feierten wir das Semesterende. Schließlich hatten wir einen bedeutenden Schritt in Richtung unserer Ziele getan.

Am Montag der folgenden Woche hatte ich meinen ersten Praktikumstag. Ich erschien überpünktlich in einem neuen, marineblauen Anzug und einer perfekt gebundenen Krawatte, stellte aber schnell fest, dass ich vollkommen overdressed war. Während des Praktikums unterstützte ich das Vertriebs- und das Finance-Team, half bei der Organisation von Veranstaltungen und begleitete Mitarbeiter zu Kundenterminen. Da ich nach dem Wintersemester an der Goethe-Uni nur fünf Wochen Semesterferien hatte und das Praktikum für acht Wochen angesetzt war, stellte ich mich bereits darauf ein, dass das kommende Sommersemester, von dem ich die ersten drei Wochen verpasste, kein Zuckerschlecken würde.

In meiner dritten Praktikumswoche las ich mit klopfendem Herzen die ersehnte Nachricht in unserer Whatsapp-Gruppe: »Die Mathe-Klausurergebnisse sind online!« Mit zittrigen Fingern loggte ich mich in meinen Goethe-Uni-Account ein. Als ich mein Ergebnis sah, musste ich erst einmal schlucken: Nur eine 2,3. Das war für mich eine herbe Enttäuschung, hatte ich doch ein echt gutes Gefühl gehabt und auf eine 1,0 oder zumindest eine 1,3 gehofft. Doch da stand es, schwarz auf weiß, und meine Träume, im Studium zu den Besten zu gehören, lösten sich in Luft auf. Ich war wie gelähmt und fürchtete nun die weiteren Ergebnisse. Meine Kommilitonen hatten durchweg bessere Noten, nur ein Freund teilte mein Schicksal. Wir meldeten uns für den Einsichtstermin an, um zu prüfen, was wir falsch gemacht hatten.

Zum Glück hatte ich wenigstens in Rechnungswesen eine 1,3 und in Statistik sogar eine 1,0, was meine Stimmung etwas hob. Insgesamt erreichte ich einen Schnitt von 1,48 – ein Ergebnis, mit dem ich eigentlich zufrieden sein konnte, auch wenn es nicht ganz das war, was ich mir eigentlich vorgenommen hatte. Ich wusste, ich hatte mehr Potenzial, und war von meiner Leistung enttäuscht.

Bei der Klausureinsicht suchte ich nach Fehlern, fand aber nur einen kleinen Rechenfehler, der mir drei Punkte gekostet hatte. Wie konnte es sein, dass ich eine 2,3 bekommen hatte? Konnte es etwa sein, dass die Gesamtbewertung, die vorne auf meinem Deckblatt stand, falsch berechnet und eine gesamte Seite vergessen worden war? Ich konnte es gar nicht glauben und wedelte hektisch mit meinem ausgestreckten Arm, um einen der Prüfer auf mich aufmerksam zu machen. Einer kam an meinen Platz und ich zeigte ihm das Ergebnis meiner Detektivarbeit. Er schaute sich meine Klausur in Ruhe durch, zuckte mit den Schultern und sagte: »Nun – herzlichen Glückwunsch. Dann hast du wohl doch eine 1,0.« Ich konnte mein Glück kaum fassen. Bestätigt durch die anderen Prüfer verließ ich den Raum mit einem breiten Grinsen. Mein Selbstbewusstsein war wiederhergestellt. Mit einem Schnitt von 1,05 im ersten Semester wusste ich: Wenn ich ein Ziel habe, erreiche ich es auch.

Mit gestärktem Selbstbewusstsein stürzte ich mich voller Enthusiasmus in die Bewerbungsphase für mein Praktikum nach dem zweiten Semester. »Private Equity« schien das anvisierte Ziel vieler ambitionierter Top-Studenten zu sein. Dadurch angetrieben durchsuchte ich Online-Jobbörsen nach Private-Equity-Praktika und bewarb mich bei diversen Unternehmen aller Größen. Gleichzeitig schickte ich Bewerbungen an Unternehmensberatungen und Wirtschaftsprüfungsgesellschaften, deren Stellenausschreibungen oft von »wichtigen strategischen Projekten« und der Suche nach Studenten mit »exzellenten akademischen Leistungen« handelten. Außerdem machte ich meine Bewerbung für das Stipendium der Stiftung der Deutschen Wirtschaft fertig, mit dem ich bereits einige Wochen zuvor geliebäugelt hatte.

Trotz meiner hohen Erwartungen lief die Bewerbungsphase nicht so erfolgreich ab, wie ich gehofft hatte: Ich erhielt nur eine Einladung zu einem Vorstellungsgespräch. Es war allerdings für ein Praktikum im Private-Equity-Bereich, was mich durchaus begeisterte. Obwohl die Firma ihren Sitz in Frankfurt am Main hatte, wurde ich für das Interview zu einer Videokonferenz eingeladen, was ich etwas merkwürdig fand. Im Vorstellungsgespräch merkte man mir sichtlich an, dass ich erst am Beginn meines zweiten Semesters war und noch keinerlei wirkliche Ahnung davon hatte, was Private Equity eigentlich bedeutet. Dennoch bekam ich wenige Tage später eine Zusage für das Praktikum, womit ich nicht gerechnet hatte. All diese Faktoren stimmten mich nachdenklich und ich bat vor der Vertragsunterzeichnung um ein persönliches Kennenlernen in den Büroräumen des Unternehmens.

Mein erster Eindruck von der Firma war wenig überzeugend. Das Büro befand sich nicht in einem beeindruckenden Hochhaus, sondern in einem eher bescheidenen Mehrfamilienhaus in Frankfurt. Dennoch bestätigte das Klingelschild die Richtigkeit der Adresse. Das »Büro« stellte sich als Privatwohnung meines Interviewers heraus, dem einzigen Mitarbeiter der Firma. Obwohl die Beschreibung seiner Vision interessant klang, war das Praktikum weit entfernt von dem Glanz und Glamour, den ich mir erhofft hatte. Ich bekam 300 Euro pro Monat, weniger als die Hälfte meines vorherigen Praktikumsgehalts. Meine Aufgaben bestanden hauptsächlich darin, die Kontaktdaten Tausender Geschäftsführer zu finden, Briefe an sie zu schreiben und sie zu versenden, in der Hoffnung, dass sich einer von ihnen bereit erklären würde, seine Firma an meinen Chef zu verkaufen.

Wenig begeistert verließ ich eine knappe Stunde später das »Büro« und ärgerte mich darüber, dass ich nur diese eine Interview-Einladung erhalten hatte. Um aber immerhin irgendein Praktikum zu haben, sagte ich kurze Zeit später zu.

Mein Semester nach dem Praktikum bei der Deutschen Leasin war intensiver als das vorherige: Fünf Kurse standen an und We nachtsferien zum Wiederholen des Lernstoffs gab es nicht. Denn begann ich frühzeitig mit hoher Motivation, den Vorlesungsstoff lernen und Übungen zu bewältigen. Allerdings machte sich der stress langsam bemerkbar, den meine hoch gesteckten Ziele mir seit Monaten bereiteten. Mit schwindender Lernlust und zunehmend gereizt, bekam ich regelmäßig Ohrenschmerzen und Erkältungen, aber wollte keine Pause einlegen, um mich einmal gründlich zu erholen. Ich kämpfte mich Woche für Woche durch, ohne zu erkennen, dass ich meinem körperlichen und geistigen Limit immer näher kam.

Obwohl alles nicht ganz so lief, wie ich es mir vorgestellt hatte, und meine Laune an den meisten Tagen wirklich bescheiden war, gab es auch Lichtblicke. So war ich überrascht und erfreut über die Einladung zu einem Erstauswahlgespräch der Stiftung der Deutschen Wirtschaft. Mit einem Freund, der ebenfalls eine Einladung bekommen hatte, bereitete ich mich mit Erfolg auf das Gespräch vor. Wir wurden beide im Anschluss zum Assessment-Center im Herbst in einem Schloss in Brandenburg eingeladen.

Ein weiterer Erfolg während dieses intensiven Semesters war meine Einladung zur Dean's-List-Feier der Goethe-Universität. Diese Auszeichnung für die besten 5 Prozent der Studierenden eines jeden Jahrgangs war wenige Semester zuvor ins Leben gerufen worden, um einen besonderen Ansporn für die Studenten zu schaffen und gleichzeitig eine spannende Recruiting-Möglichkeit für Unternehmenspartner der Universität zu bieten. Neben den Dean's-List-Urkunden erhielt man auf der Feier Champagner und Fingerfood sowie die Möglichkeit, vertrauliche Gespräche mit den Recruitern und weiteren Mitarbeitern der Traum-Arbeitgeber fast aller ambitionierten Wirtschaftsstudenten zu führen. Ich witterte meine Chance, mir doch noch ein besseres Praktikum für den Sommer sichern zu können, und fieberte mit hoher Erwartungshaltung auf das Event hin.

Im Sommersemester beschäftigte ich mich darüber hinaus immer intensiver mit Persönlichkeitsentwicklung und suchte nach Vorbildern. Eins war der YouTuber Joe Trenk, ein ehemaliges Problemkind mit einem 3,8er-Schnitt in der Schule, das sich zum erfolgreichen Lern-Coach mit 1,0er-Abitur gewandelt hatte. Unsere Interessen überschnitten sich, wir tauschten uns über soziale Medien aus und planten gemeinsame Treffen. Als Joe eine Online-Akademie zur Abiturvorbereitung gründete, sah ich meine Chance, dort mitzuwirken.

Von meinen intensiven Bewerbungsprozessen hatte ich einiges gelernt, was Schüler für ihren beruflichen Einstieg nutzen können. Meine eigene Schulbildung hatte mir kaum praktische Bewerbungstipps geliefert und die gängigen Ratgeber waren auf berufserfahrene Kandidaten ausgerichtet. Ich war überzeugt, dass eine gezielte Bewerbungsstrategie für Praktika, Ausbildungen oder duale Studiengänge viel bewirken konnte. Schließlich hatte sie mir ein frühes Praktikum und eine Einladung zur finalen Auswahlrunde der Stiftung der Deutschen Wirtschaft eingebracht.

Als ich Joe meine Idee vorstellte, Schülern zu helfen, nach dem Abitur renommierte Stellen zu erlangen, war er begeistert. Mit großer Vorfreude überlegte ich, wie ich ein auf die Bedürfnisse junger Bewerber zugeschnittenes Bewerbungs-Coaching-Programm konzipieren könnte.

Etwa nach der Hälfte meines Sommersemesters fand die Dean's-List-Feier statt. Da mir das Event nur einige Visitenkarten einbrachte, kehrte ich etwas enttäuscht nach Hause zurück und öffnete meinen Laptop, um am Abend noch ein wenig für die Uni zu lernen. Überraschenderweise wartete eine Einladung zu einem Vorstellungsgespräch in meinem E-Mail-Postfach – und zwar von der Schweizer Großbank UBS. Ich erinnerte mich, dass ich mich vor Monaten für ein Praktikum im Stab des Vorstandsvorsitzenden beworben hatte, nachdem in den Anforderungskriterien ausnahmsweise nicht explizit stand, dass man dafür bereits mindestens die Hälfte seines Studiums abgeschlossen haben sollte. In dieser Stellenbeschreibung hieß es, man würde direkt an strategischen Projekten und Aufgaben für den Vorstand mitarbeiten und eigenverantwortlich konzernweite Prozessoptimierungen durchführen. Das klang für mich nach genau der Art von Stelle, die mir einen rasanten Aufstieg an die Spitze der Finanzwelt ermöglichen würde. Eigentlich hatte ich damit gerechnet, für ein solches Praktikum noch so offensichtlich unqualifiziert zu sein, dass sich die

UBS nicht einmal die Mühe gemacht hatte, mir eine Absage zu schicken. Dass ich nun tatsächlich eine Einladung zu einem Vorstellungsgespräch erhielt, war für mich fast zu schön, um wahr zu sein.

Als ich meinen Freunden am nächsten Tag davon erzählte, hielten sie es zuerst für einen Scherz, bis ich ihnen die E-Mail zeigte. Mit nur fünf Tagen bis zum Interview gab es für mich keine höhere Priorität, als alles Wissenswerte über die UBS herauszufinden. Ich versank in Geschäftsberichten und versuchte, die spezifischen Aspekte der UBS-Strategie und -Kultur zu verstehen. Dafür erstellte ich ein Dossier, das meine gesamten Recherchen enthielt, von der Unternehmensgeschichte bis zu den neuesten Branchennachrichten. Mit meinen Freunden übte ich bei Rollenspielen. Sie spielten UBS-Vorstandsmitglieder, die mich zu den Details meines Dossiers befragten. Weiterhin prüfte ich meine Bewerbungsunterlagen und bereitete Antworten auf mögliche Fragen vor. Trotz der Aufregung und Nervosität in der Nacht vor dem großen Tag wusste ich: Ich war gut vorbereitet. Ich brauchte nur Selbstvertrauen und die Überzeugung, dass ich diese Chance verdient hatte.

Das Vorstellungsgespräch sollte im Opernturm stattfinden, wo die Hauptzentrale der UBS in Deutschland ansässig war. Der 170 Meter hohe, marmorfarbene Wolkenkratzer trug gut sichtbar das USB-Logo – den roten Schriftzug neben drei schwarzen, gekreuzten Schlüsseln. Bei meiner Vorbereitung hatte ich gelernt: UBS steht als Akronym für Union de Banques Suisses sowie für United Bank of Switzerland.

Die 18 Meter hohe Eingangshalle bildete einen extremen Kontrast zu der kleinen Privatwohnung, in der mein eigentliches Sommerpraktikum stattfinden sollte. Der Mitarbeiterempfang war über mein Eintreffen bereits informiert und lächelte mich freundlich an. Er begleitete mich zum Aufzug, der mich in die 40. Etage brachte. Als sich die Türen öffneten, überraschte mich ein atemberaubender Ausblick auf die Skyline Frankfurts durch eine riesige, verglaste Fensterfront. Eine elegant gekleidete junge Frau führte mich zum hochwertig eingerichteten Interviewraum und bot mir etwas zu trinken an, während ich auf meine Gesprächspartner wartete. Mit dem Blick auf die beeindruckende Hochhauskulisse fühlte ich mich, als hätte ich schon alles erreicht. Allerdings fehlte noch die Zusage für dieses Praktikum. Ich wandte meinen Blick von der Skyline ab und wiederholte in Gedanken meine vorbereiteten Antworten.

Wenig später betrat meine erste Gesprächspartnerin, eine führende Mitarbeiterin aus dem Human-Resources-Team, verantwortlich für das Praktikanten-Recruiting bei UBS Deutschland, den Raum. Das 45-minütige Gespräch mit ihr verging wie im Flug. Danach trafen zwei erfahrene Mitarbeiterinnen aus dem Vorstandsstab ein, die meine fachliche Eignung überprüfen sollten. Meine intensive Vorbereitung zahlte sich aus: Ich konnte auf alle Fragen überzeugende Antworten liefern und sie mit meinen Ideen beeindrucken. Nach etwa zwei Stunden wurde ich zum Aufzug begleitet und mit der Zusage verabschiedet, dass man mir innerhalb der nächsten Woche Feedback geben würde.

In den Tagen nach dem Interview war ich nervös und unkonzentriert. Jedes Mal, wenn ich versuchte, mich auf mein Studium zu konzentrieren, kreisten meine Gedanken um das Gespräch und um mögliche Verbesserungen meiner Antworten. Eine Woche verging, bis endlich der ersehnte Anruf von der UBS kam. Die Mitarbeiterin aus dem HR-Team informierte mich, dass ich alle Gesprächspartner beeindruckt hatte und sie sich freuen würden, wenn ich sie als Praktikant unterstützen würde. Ich konnte es kaum glauben – ich hatte es tatsächlich geschafft! Doch meine Freude wurde schnell gedämpft. Allerdings, so meine Interviewerin, seien sie zur Überzeugung gekommen, dass ich für dieses Praktikum im Moment noch etwas zu jung und unerfahren sei. Sie hatten sich für den Sommer für eine andere Person entschieden, freuten sich jedoch darauf, wenn ich in ein bis zwei Jahren erneut für ein Praktikum nachfragen würde.

Blitzartige Ernüchterung: Das war meine erste Absage nach einem Vorstellungsgespräch. Trotz meiner Enttäuschung bedankte ich mich für die angenehmen Gespräche und versprach, mich in der Zukunft erneut zu bewerben.

Mit der Aussicht auf ein Sommerpraktikum in der Privatwohnung einer Ein-Mann-Private-Equity-Firma begann ich mich fleißig, allerdings mit deutlich geringerer Motivation auf die kommende Prüfungsphase vorzubereiten. Ich fand alle meine Kurse durchaus interessant, doch fehlte mir die letzte Entschlossenheit, um immer auch noch die eine notwendige zusätzliche Lernstunde zu investieren, während meine Kommilitonen bereits ihren Feierabend einläuteten und das schöne Wetter genossen. Im ersten Semester hatte ich diesen zusätzlichen Aufwand noch gerne in Kauf genommen, doch nun zweifelte ich an dem Nutzen meiner exzellenten Noten für meine Praktikumssuche. Dass ich direkt nach den nächsten Klausuren in ein Praktikum starten würde, auf das ich eigentlich keine Lust hatte, minderte meine Motivation zusätzlich. Besonders schmerzhaft war dabei der Gedanke, wie nahe ich meinem Traumpraktikum bei der UBS gekommen war.

Meine beiden engsten Freunde an der Uni, darunter Jonas, mein künftiger Mitgründer, planten eine mehrwöchige Rucksackreise durch Südostasien. Sie freuten sich schon sehr auf die Zeit nach den Prüfungen. Im Gegensatz dazu nahm meine Motivation von Tag zu Tag mehr ab und die latenten gesundheitlichen Probleme, die ich seit Wochen ignoriert hatte, machten sich wieder bemerkbar. Neben meinen Ohren- und Halsschmerzen, die einfach nicht verschwinden wollten, entwickelte ich während sommerlicher Temperaturen einen juckenden Ausschlag an meinem Rücken, der mich zusätzlich vom Lernen ablenkte. Ich fühlte mich elend und von der Euphorie, die mein Leben noch vor Kurzem bestimmt hatte, war kaum noch etwas übrig.

Doch wenige Wochen vor der ersten Prüfung erhielt ich während meiner Lernsession in der Bibliothek einen Anruf von einer mir unbekannten Nummer. Kurz darauf entdeckte ich eine E-Mail von einer der Interviewerinnen aus dem Vorstandsstab der UBS. Sie hatte versucht, mich anzurufen, und bat um einen Rückruf. Skeptisch rief ich zurück – wollten sie mir etwa erneut meine mangelnde Erfahrung vorhalten?

Nach der Begrüßung und einigen einleitenden Worten sagte sie: »Wissen Sie, Herr Döbele, manchmal ändern sich die Dinge schneller, als man denkt. Wenn Sie immer noch Interesse haben und Ihr anderes Praktikum absagen können, würden wir Ihnen gerne doch ein Praktikum für den Sommer anbieten.«

War das ein Scherz? Ohne weiter nachzufragen, bekundete ich sofort mein starkes Interesse, das Praktikum bei der UBS in Anspruch zu nehmen. Für das andere Praktikum würde ich eine Lösung finden. Sie zeigte sich erfreut über meine Zusage und versicherte, dass ihre Kollegin aus der Personalabteilung sich zeitnah bei mir melden würde, um alles Weitere zu klären.

Ein paar Minuten lang zweifelte ich, ob ich mir das alles nur eingebildet hatte, doch dann klingelte mein Telefon erneut. Diesmal war es die Mitarbeiterin aus der Personalabteilung, die mir ein paar Wochen zuvor die Absage erteilt hatte. Sie gratulierte mir, dass es nun doch geklappt hatte, und versprach, mir in Kürze den Vertrag sowie einige Fragebögen und Verschwiegenheitserklärungen zuzusenden, die ich bitte schnellstmöglich ausfüllen und zurücksenden sollte.

Als ich wenige Tage später meinen Vertrag erhielt, war ich verblüfft: ein monatliches Gehalt von knapp 1.500 Euro für vier Monate. Noch nie hatte ich so viel Geld verdient. Aber noch mehr als das Gehalt reizte mich, was mich inhaltlich erwarten würde. Die Aussicht, direkt für die Vorstände an strategisch relevanten Projekten mitzuarbeiten, und das in einem der schönsten Hochhäuser Frankfurts, war einfach überwältigend. Ich rief meine Mutter an. Sie freute sich sehr über meine Begeisterung, fragte mich aber sogleich, warum ich mich bei einem Paketzustellungsunternehmen beworben hätte. Nachdem ich ihr den Unterschied zwischen UBS und UPS erklärt hatte, gratulierte sie mir. Sie ermahnte mich, nicht zu hart zu arbeiten und das Studentenleben nicht aus den Augen zu verlieren.

Nach Unterzeichnung des Praktikumsvertrags sagte ich das bevorstehende Private-Equity-Praktikum ab. Nun kehrte die Begeisterung wieder in mein Leben zurück. Ich fühlte mich, als wäre ich auf dem perfekten Weg, all meine ambitionierten Ziele zu erreichen. Mit einem herausragenden Praktikum in Aussicht war ich zuversichtlich, auch in diesem Semester wieder hervorragende Prüfungsergebnisse zu erzielen. Doch kurz vor den Klausuren machte mir meine angegriffene Gesundheit einen Strich durch die Rechnung. Wegen immer stärkerer Ohrenschmerzen konnte ich mich während der finalen Lernphase nur schwer konzentrieren. Trotz zweier HNO-Arztbesuche blieben die Ursachen für meine Schmerzen unklar, was sich in meinen Prüfungsergebnissen bemerkbar machte. Ich leistete mir einige Flüchtigkeitsfehler, die ich bei voller Konzentration wahrscheinlich nicht gemacht hätte. Doch ich ärgerte mich nicht so sehr, denn ich wusste, dass künftige Arbeitgeber weniger auf die Noten meines zweiten Semesters achten würden, wenn sie sahen, wo ich mein Sommerpraktikum absolviert hatte.

Am Freitagmittag schrieb ich meine letzte Klausur und feierte mit meinen Freunden das Ende des zweiten Semesters. Bereits am folgenden Montagmorgen begann mein Praktikum. Bevor es losging, hatte ich einen Großteil meines zukünftigen Praktikumsgehalts in zwei Designeranzüge, diverse Hemden, eine hochwertige Aktentasche, bequeme Anzugschuhe und neue Krawatten investiert. »Kleider machen Leute«, sagte ich mir. Ich wollte neben einem Bankvorstand, der ein Millionengehalt kassierte, nicht zu sehr als der mittellose Student wirken, der ich eigentlich war. Daher stand ich wieder elegant gekleidet in der riesigen Empfangshalle des Opernturms und wartete darauf, von meinen Ansprechpartnern begrüßt zu werden. Kurz darauf wurde ich abgeholt und in die 37. Etage geführt, in der sich auch die Büros der Vorstände befanden. Ich konnte kaum glauben, dass all das wirklich in der Realität passierte: Mein Schreibtisch befand sich nur wenige Meter vom Eckbüro des Vorstandsvorsitzenden entfernt. Ich wurde herzlich von meinen neuen Kollegen empfangen und die andere Praktikantin im Team, die schon einige Wochen im Praktikum war, nahm sich Zeit, mir alles zu zeigen und mir bei der Einrichtung meines Arbeitsplatzes zu helfen.

Als sie mich ein bisschen über mein Studium und meine bisherigen Praktika ausfragte, zog sie überrascht die Augenbrauen hoch, als ich ihr erzählte, dass ich mit 19 Jahren gerade erst mein erstes Studienjahr hinter mich gebracht und nur ein einziges Praktikum absolviert hatte. »Wie hast du es denn geschafft, hier ein Praktikum zu bekommen?«, fragte sie mich verwundert. Sie selbst war mitten in ihrem Masterstudium und hatte schon mehrere Praktika bei renommierten Unternehmen in der Finanz- und Beratungsbranche absolviert. Sie gab mir viele wertvolle Tipps, die ihr in ihren vorherigen Praktika geholfen hatten, ihre Vorgesetzten zu beeindrucken. Ich saugte ihren Erfahrungsschatz begierig auf. Schließlich hatte ich noch nie in einer solch anspruchsvollen Umgebung gearbeitet.

Schon am ersten Tag begegnete ich einem der Vorstände, verantwortlich für Tausende UBS-Mitarbeiter in Europa. Er stellte sich mir ganz lässig mit Vornamen vor, während wir am Drucker warteten. Es war für mich ein vollkommen surreales Gefühl, von jemandem, der mehr beruflichen Erfolg hatte als jeder, den ich bis dato kannte, so freundlich und auf Augenhöhe behandelt zu werden. Vielleicht war genau das sein Erfolgsgeheimnis. Auch mit einigen anderen Vorstandsmitgliedern durfte ich in den kommenden Monaten Zeit verbringen und lernte: Auch sie sind ganz normale Menschen aus Fleisch und Blut, die genau wie alle anderen ihre Stärken und Schwächen haben.

Die vier Monate Praktikum waren eine intensive, lehrreiche und anstrengende Zeit. Von Beginn an übernahm ich die Verantwortung für eigene Projekte, die ich eigenständig vorantrieb und über deren Fortschritt ich mich mit meinen Vorgesetzten regelmäßig kurz austauschte. Eine meiner Aufgaben war die Organisation des UBS Health Day in Deutschland, eine weltweite Mitarbeiterveranstaltung zur Förderung der Gesundheit. Das klingt zwar nicht sonderlich glamourös, doch die Organisation für über 700 Mitarbeiter, mit vielfältigen Angeboten wie Yoga-Kursen und Ernährungs-Workshops, erforderte mehr, als es auf den ersten Blick scheint, besonders für jemanden wie mich, der nie mehr als eine kleine Geburtstagsfeier organisiert hatte.

Zusätzlich zu meinen eigenen Projekten unterstützte ich erfahrene Projektmanager in meinem Team bei strategischen Fragen. Während meines Praktikums befand sich die UBS in Deutschland in einer Transformationsphase. Nach mehreren Jahren mit roten Zahlen war es unter der neuen Leitung des Vorstandsvorsitzenden das Ziel, die UBS wieder auf Wachstumskurs zu bringen. Die Bedeutung der UBS in Deutschland wuchs in dieser Zeit ebenfalls auf konzernweiter Ebene – am Tag nach Beendigung meines Praktikums, am 1.12.2016, wurde die UBS Deutschland AG zur UBS Europe SE und integrierte alle europäischen UBS-Standorte außerhalb der Schweiz als offizielle »Niederlassungen«. Dies war ein wichtiger strategischer Schritt zur Vorbereitung auf den Brexit und wir im Stab des Vorstandsvorsitzenden waren in den Monaten zuvor alle damit beschäftigt, diesen bedeutenden Wandel sorgfältig zu planen.

Auch wenn die Arbeit inhaltlich extrem spannend war und ich meine Kollegen und auch den Zusammenhalt innerhalb der Firma sehr zu schätzen wusste, erlebte ich während des Praktikums die zweitschlimmste Zeit meines Lebens, nur getoppt von den Wochen nach dem Tod meines Vaters vier Jahre zuvor. Der Grund dafür war, dass sich all der Stress bemerkbar machte, der sich über das gesamte erste Jahr meines Studiums aufgebaut hatte und dessen Warnzeichen ich den Sommer über verdrängt hatte. Es begann damit, dass meine Ohrenschmerzen so unbeschreiblich stark wurden, dass ich eines Abends im Bett lag und ernsthaft dachte, mein Kopf würde gleich explodieren. Da ich es einfach nicht mehr aushielt und die Schmerzen von Minute zu Minute stärker wurden, setzte ich mich in die U-Bahn und fuhr in die Notaufnahme im Universitätsklinikum. Ähnlich wie die HNO-Ärzte, die ich schon wenige Wochen zuvor aufgesucht hatte, konnte der Arzt in meinen Ohren nichts Verdächtiges erkennen, stellte mir aber eine Frage, die mir zuvor noch niemand gestellt hatte: »Knirschen Sie mit Ihren Zähnen?« Da ich mich erinnerte, dass mein Zahnarzt das hin und wieder festgestellt hatte, bejahte ich und er riet mir, so schnell wie möglich einen Kieferorthopäden aufzusuchen. Zahlreiche Nervenbahnen aus den Ohren verlaufen über die Kiefermuskeln, und da diese bei mir ziemlich verspannt waren, könne dies die Ursache für meine Ohrenschmerzen sein. Am nächsten Tag bestätigte der Kieferorthopäde den Verdacht und sagte, ihm sei selten jemand mit einer derart verspannten Kiefermuskulatur untergekommen. Als er mich fragte, ob ich in meinem Alltag auch so »verbissen« sei, musste ich schief grinsen – das war eine sehr akkurate Beschreibung für das vergangene Jahr meines Lebens. Er verschrieb mir Schmerztabletten, Physiotherapie und Entspannungsübungen für meine Kiefermuskulatur und fertigte mir eine Schiene an, die ich nachts tragen sollte. Nach wenigen Tagen waren die Ohrenschmerzen passé und ich fühlte mich wie neu.

Leider währte dieses Gefühl der Erleichterung nicht lange. Aufgrund ungewohnter, stundenlanger Arbeit im engen Hemd und in gebeugter Haltung, während ich in den ersten Wochen des Praktikums kaum Sport trieb, entwickelte ich starke Verspannungen im gesamten Oberkörper. Schmerzen beim Atmen und Schwierigkeiten bei Kopfbewegungen – ich fühlte mich eher wie ein 79-jähriger Rentner als wie ein 19-jähriger Student. Zwar gelang es mir, diese Probleme durch regelmäßige Massagen und chiropraktische Behandlungen in den Griff zu bekommen, doch sie beeinträchtigten mein Praktikumserlebnis erheblich.

Die Schwierigkeiten setzten sich fort, als ich eines Morgens mit einem ausgeprägten Gerstenkorn an meinem unteren linken Augenlid erwachte. Trotz der von der Apotheke empfohlenen Salbe verschlechterte sich der Zustand des Auges eher. Eine Woche später stellte der Augenarzt einen bakteriellen Infekt fest und verschrieb antibiotische Augentropfen. Leider trat keine Besserung ein, was mir während meiner Arbeitszeit, in der ich viel auf den Bildschirm schaute, enorme Probleme bereitete, da meine Augen ständig tränten und der Bildschirm verschwamm. Nachdem die maximale Behandlungsdauer ohne jegliche Verbesserung überschritten war, empfahl der Arzt, das Medikament abzusetzen, und ich bekam langsam Angst, mein Auge würde sich nicht mehr erholen. Einzig Spaziergänge an der frischen Luft und mein Auge geschlossen zu halten verschaffte mir Linderung, aber beides konnte ich im stressigen Arbeitsalltag im Stab des Vorstandsvorsitzenden nicht machen. Ich dachte kurzzeitig daran, mein Praktikum vorzeitig zu beenden, doch dann wäre all die harte Arbeit des vergangenen Jahres umsonst gewesen. Ich beschloss, das Praktikum durchzuziehen. Koste es, was es wolle. Ich verbrachte jede freie Minute nach Feierabend damit, mein Auge zu schonen, und widmete meine Wochenenden langen Spaziergängen und Mittagsschläfchen. Die Vorstellung, das Praktikum würde nur vier Monate dauern und ich hätte danach genug Zeit zur Erholung, gab mir die nötige Kraft.

Meine gesundheitlichen Herausforderungen hatten einen erheblichen Einfluss auf mein Bewerbungs-Coaching-Projekt für die Online-Akademie von Joe Trenk. Eigentlich wollte ich meine Wochenenden im Praktikum nutzen, dieses Projekt voranzutreiben. Angesichts meiner Augenprobleme musste ich dieses Projekt jedoch auf unbestimmte Zeit verschieben, da ich jede Minute hinter einem Bildschirm vermeiden wollte.

Zu allem Übel fand genau während meiner schwersten Augenschmerzphase das mehrtägige Assessment-Center der Stiftung der Deutschen Wirtschaft statt. Trotz meiner Beschwerden nutzte ich zwei meiner Urlaubstage, um daran teilzunehmen. Mit meinem Uni-Kumpel, der ebenfalls für die Endauswahl qualifiziert war, fuhr ich nach Brandenburg in ein schlossartiges Hotel. Die Willkommensrede, Gruppendiskussionen, Präsentationen und Einzelinterviews nahmen uns über 24 Stunden voll in Anspruch. Auf der Rückreise nach Frankfurt hatte ich gemischte Gefühle. Zum einen fand ich, dass ich mich trotz meiner angeschlagenen körperlichen Verfassung ziemlich überzeugend verkauft hatte. Zum anderen hatte ich Bedenken, dass ich im Vergleich zu den anderen potenziellen Stipendiaten bisher zu wenig für die Allgemeinheit geleistet hatte. Fast alle, mit denen ich bei dem Event gesprochen hatte, waren bereits seit Jahren in vielen verschiedenen Ehrenämtern aktiv, hatten Spendenläufe organisiert, Trinkwasserbrunnen in Afrika gebaut oder ein jugendpolitisches Amt bekleidet. Bei mir sah es in dieser Hinsicht eher mau aus: Ich war nur in der Schule Mitglied des Schulsanitätsdiensts gewesen und war nun an der Uni Mitglied bei der Studenten-Initiative AIESEC. Da die Stiftung der Deutschen Wirtschaft eine arbeitgebernahe Stiftung ist und Unternehmertum fördert, hoffte ich, die Auswahlkommission mit der Unternehmensgründungsidee meines Bewerbungs-Coachings überzeugen zu können. Ansonsten rechnete ich mir eher geringe Erfolgswahrscheinlichkeiten aus.

Zurück in Frankfurt neigte sich mein Praktikum dem Ende zu. Ich freundete mich schnell mit dem neuen Praktikanten in meiner Abteilung an, der kurz vor dem Beginn seines Masters an der London School of Economics stand. Ähnlich wie seine Vorgängerin hatte er bereits zahlreiche Vorpraktika absolviert, darunter eins bei der UBS in Zürich. Während das Praktikum für mich noch total aufregend war und ich jede Aufgabe, war sie noch so klein und unbedeutend, mit größtem Elan bearbeitete, war er deutlich abgebrühter und bemängelte regelmäßig, wenn ihm Aufgaben zu langweilig waren und er sich nicht genug gefordert fühlte.

An meinem letzten Tag feierte ich meinen Ausstand und brachte einen selbst gebackenen Kuchen und einen frisch zubereiteten Obstsalat mit. Wie es der Zufall wollte, fand am gleichen Tag wieder eine Dean's-List-Feier statt, welche einmal im Semester veranstaltet wurde. Eigentlich war ich nicht sofort auf der Suche nach einem neuen Praktikum, da ich jedoch wenige Tage zuvor bei einem Team-Event in leicht angetrunkenem Zustand mit meinem Chef und einer Mitarbeiterin über diese Feier gesprochen hatte und wir zusammen hingehen wollten, fanden wir uns am späten Abend auf dem Campus der Goethe-Uni ein. Von der Dean's-List-Feier war nicht mehr viel zu sehen. Nur noch vereinzelt standen ein paar Studenten um die letzten Firmenvertreter herum. Wir bedienten uns an den noch recht üppig vorhandenen Häppchen und Champagnergläsern, als sich auf einmal herausstellte, dass mein Chef, der selbst jahrelang in der Unternehmensberatung gearbeitet hatte, eine der Beratungsfirmen auf der Feier sehr gut kannte, die er für ein Projekt für die UBS beauftragt hatte. So kamen wir direkt mit den Partnern der Beratungsfirma ins Gespräch und meine beiden UBS-Kollegen schwärmten in den höchsten Tönen von mir. Ich wusste gar nicht, wie mir geschah, nahm die Visitenkarten der Berater dankend entgegen und versprach, mich zeitnah bei ihnen zu melden. Tief im Innersten hatte ich jedoch mit weiteren Praktika erst einmal abgeschlossen. Mein primärer Fokus lag darauf, wieder komplett gesund zu werden, und danach wollte ich mein Bewerbungs-Coaching-Projekt endlich durchziehen. An diesem Abend fiel ich zufrieden ins Bett: Ich hatte das Praktikum erfolgreich hinter mich gebracht. Ab jetzt konnte es wieder bergauf gehen.

# DIE GRÜNDUNG: MEINE KARRIEREBERATUNG FÜR TOP-STUDENTEN

Als ich mich nach wenigen Wochen wieder vollkommen erholt hatte und mein Auge nicht mehr konstant schmerzte, begann ich mit der Planung meines Bewerbungs-Coachings für die Online-Akademie von Joe Trenk. Der hatte inzwischen auf YouTube eine ziemlich beachtliche Community von einigen Zehntausend Abonnenten aufgebaut und verdiente mit seiner Online-Akademie für Abiturienten sehr gutes Geld. Mir brannte es in den Fingern, mit ihm gleichzuziehen und mein Wissen und meine Erfahrungen weiterzugeben. Ich hatte damals bei Weitem noch nicht das Ziel, damit eine Karriereberatung aufzubauen, die 20 Mitarbeiter beschäftigt und über 1000 aktive Klienten betreut, sondern träumte vom »passiven Einkommen« während meines Studiums, das mir auf unkompliziertem Weg finanzielle Sicherheit für meine Zukunft ermöglichen sollte. Da ich einen sehr perfektionistischen Anspruch an meine Arbeit hatte und mich um die inhaltliche Konzeption und um Marketing-Maßnahmen wie die Erstellung meiner Website und die Planung meiner ersten YouTube-Videos selbst kümmerte, nahm dieser Prozess extrem viel Zeit in Anspruch. Ich beschloss, ein Urlaubssemester zu beantragen, um mich voll und ganz auf den Start meiner unternehmerischen Karriere fokussieren zu können. Inzwischen hatte ich zu meiner großen Überraschung und Freude tatsächlich eine Zusage für das Stipendium der

Stiftung der Deutschen Wirtschaft und bekam eine monatliche Förderung von etwa 500 Euro, was für mich eine wichtige finanzielle Stütze darstellte. Mit der Gewissheit, dass ich mich künftig aufgrund meines Stipendiums, meiner sehr guten Noten und des UBS-Praktikums mit Leichtigkeit auf weitere Praktika bewerben könnte, blickte ich meiner Selbstständigkeit sorglos entgegen. Ich hatte mit einem »normalen« Karriereweg einen sehr attraktiven Plan B, falls das mit der Online-Akademie nicht klappen sollte.

Im Nachhinein gesehen verschwendete ich in den kommenden Monaten extrem viel Zeit, da ich mich wochenlang mit E-Mail-Marketing oder der Erstellung von SEO-optimierten Blogartikeln beschäftigte, die mir am Ende des Tages absolut keinen Mehrwert bringen sollten. Dennoch war ich auf mein finales Endergebnis sehr stolz – ich hatte einen ca. 20-stündigen Videokurs mit dem Namen »Bewerbungs-Masterplan« erstellt, angelehnt an Joe Trenks Online-Kurs »Einser-Abi-Masterplan«. Den Kurs konnte ich über ein aufwändig angelegtes Netz an E-Mail-Newslettern, Webinaren, kostenlosen PDF-Checklisten und mehreren vorproduzierten YouTube-Videos vermarkten. Als Joe und ich begannen, den Bewerbungs-Masterplan über ein gemeinsames YouTube-Video auf seinem Kanal zu vermarkten, war ich gerade im Auslandssemester in Bangkok, Thailand. Ich fühlte mich, als müsste ich in meinem Leben keinen einzigen Tag mehr richtig arbeiten, als ich in der schwülen Hitze am Pool auf mein Handy schaute und mich zahlreiche Benachrichtigungen meines Zahlungsabwicklers darüber in Kenntnis setzten, wie oft sich mein Online-Kurs verkauft hatte. Schnell fing ich an, hochzurechnen, wie viel Jahresumsatz ich erwirtschaften würde, wenn jeder Tag so laufen würde wie der erste Tag unserer Promo-Phase, und meine Augen wurden groß.

Doch leider hielt der initiale Hype nicht lange an. Nachdem ich durch Joes beachtliche Reichweite einen ersten Push bekommen hatte, lud ich auf meinem YouTube-Kanal fleißig neue Videos mit Bewerbungstipps hoch. Die erzielten allerdings alle nur extrem wenige Aufrufe, und nachdem ich meinen Online-Kurs innerhalb der ersten zwei

Wochen über 50-mal verkauft hatte, dauerte es nicht lange, bis sich nur noch alle paar Tage jemand auf meine Webseite verirrte und den Kurs bestellte. In den kommenden Monaten probierte ich sehr viel aus: Von bezahlten Werbeanzeigen auf Instagram, Facebook, Google oder YouTube über weitere Marketing-Maßnahmen mit der Reichweite von Joe – nichts schien so richtig zu funktionieren. Zwar waren die Kunden, die sich meinen Bewerbungskurs bestellt hatten, von den Inhalten überzeugt und ich erhielt regelmäßig Nachrichten von Kursteilnehmern, die sich durch meine Hilfe einen Platz bei ihrer Traumfirma sichern konnten, doch mit all dem Aufwand nur ein paar wenige hundert Euro im Monat zu verdienen und einen YouTube-Kanal mit einer Handvoll Abonnenten zu bespielen, war nicht unbedingt das, was ich mir unter meiner erfolgreichen Selbstständigkeit vorgestellt hatte. Irgendwie gelang es mir im Gegenteil zu Joe nicht, eine Community auf Social Media zu formen und einen Hype um meinen Online-Kurs zu kreieren – im Nachhinein verstehe ich, was das Problem war. Niemand interessierte sich Woche für Woche dafür, auf ein Neues zu lernen, wie man die perfekte Bewerbung schreibt oder welche Schwächen man auf keinen Fall im Vorstellungsgespräch nennen sollte. Die meisten Leute setzen sich vermutlich nur einmal im Leben mit dem Thema Bewerbung auseinander, nämlich dann, wenn sie ihren ersten Job suchen. Doch damals kam ich nicht auf diesen Gedanken und versuchte weiterhin, wenn auch immer halbherziger, doch noch auf einen grünen Zweig zu kommen. Erst nach und nach gestand ich mir ein, dass ich mein Ziel gnadenlos verfehlt hatte.

Immerhin lief es ab meinem Auslandssemester, das ich aufgrund meines Urlaubssemesters und des sehr langen UBS-Praktikums ziemlich genau nach der Hälfte meines Studiums absolvierte, akademisch hervorragend. In den folgenden Semestern bestand ich jede Klausur bis auf vier Ausnahmen mit einer 1,0 – und die vier Ausnahmen verteilten sich auf drei 1,3er und eine 1,7. Mein Erfolgsgeheimnis war eine sehr disziplinierte Semesterplanung, Ich erstellte sie am Anfang eines jeden Semesters und hielt mich strikt daran. Hier entkoppelte ich meinen Lernfortschritt von den Vorlesungen, auf deren Besuch ich größtenteils verzichtete, und brachte mir die Vorlesungsskripte im Selbststudium bei. Dadurch kam ich deutlich schneller voran und konnte früher mit der Wiederholung und Klausurvorbereitung beginnen. Im Gegensatz zu den meisten meiner Kommilitonen und Freunde, die auch sehr gute Noten schrieben, musste ich so auf das gesamte Semester gesehen insgesamt weniger für die Uni lernen und hatte vor allem in der Klausurenphase einen deutlich entspannteren Tagesablauf als die anderen, die versuchten, in kürzester Zeit nochmals den gesamten Stoff zu wiederholen. Da ich nun auch regelmäßig von meinen Freunden gefragt wurde, wie genau ich diese Lernphasen denn strukturiere, kam ich auf die Idee, vielleicht auch einmal YouTube-Videos über mein BWL-Studium zu machen, statt nur Bewerbungstipps zu geben.

Mit dieser Idee kam dann auch endlich mein lang ersehnter Durchbruch auf YouTube. Mein erstes Video zum Thema »BWL-Studium: Was ich gerne davor gewusst hätte!« ist bis heute eines meiner am meisten aufgerufenen Videos und hatte einen beachtlichen Anteil daran, dass mein Kanal innerhalb eines Jahres von etwa 1000 Abonnenten bis zum Ende meines Studiums auf etwa 10.000 Abonnenten wuchs. Aus meiner neu gebildeten Community erreichten mich zahlreiche Video-Wünsche: zum Aufbau des Studiums, zu den idealen Lerntechniken und zu den Berufsmöglichkeiten, die man damit hatte. Ich fand Gefallen daran, über all diese Themen zu sprechen, da es genau die Themen waren, die ich mir selbst zum Beginn meines Studiums gewünscht hätte. Ich führte Interviews mit Personen aus meinem privaten Netzwerk, die im Investment Banking oder in der Unternehmensberatung arbeiteten, und ermöglichte meiner Community dadurch nie zuvor vorhandene Einblicke. Hin und wieder wurde ich mittlerweile an meiner Uni von Kommilitonen auf meinen Kanal angesprochen, die begonnen hatten, mit meiner Lerntechnik zu lernen, was mich enorm stolz machte.

Einige Wochen, nachdem ich nicht mehr über generelle Bewerbungstipps, sondern spezifisch über das Wirtschaftsstudium sprach, erhielt ich die erste Anfrage von einem Abonnenten, der mich als Mentor für sein Studium buchen wollte, das in wenigen Monaten beginne. Er würde gerne von Anfang an alles richtig machen und hatte durch meine Videos den Eindruck gewonnen, ich könne ihn vor vielen unnötigen Fehlern bewahren und dass er seine hohen Ziele mit mir an seiner Seite deutlich schneller erreichen könnte. So begann ich im letzten Jahr meines Bachelorstudiums, persönliche Mentoring-Calls mit (angehenden) Wirtschaftsstudenten zu führen, und half ihnen, ihr Studium richtig zu strukturieren und sich erfolgreich auf Praktika und Stipendien zu bewerben. Diese Arbeit machte mir viel Spaß, da ich mich in jedem einzelnen meiner Klienten auch zu einem gewissen Teil selbst wiedererkennen konnte und sie alle sehr dankbar für meine Unterstützung waren. Im Gegensatz zu jenen, die meine Bewerbungskurse zuvor nur gekauft hatten, weil sie seit Monaten verzweifelt auf Jobsuche waren, hatten meine »neuen« Kunden eine sehr hohe Auffassungsgabe und konnten selbst sehr gut mitdenken. So musste ich ihnen nicht in jedem Meeting alles von vorne erklären, sondern konnte mich darauf verlassen, dass sie selbst mitarbeiteten und sich auch in Eigeninitiative darum kümmerten, ihre Karriere und ihr Studium voranzutreiben. Ich bekam langsam, aber sicher das Gefühl, dass sich all die Hunderte von Stunden, die ich in den vergangenen zwei Jahren in meine Selbstständigkeit investiert hatte, jetzt vielleicht doch auszahlen würden.

Mit einem meiner besten Uni-Freunde, Jonas Stegh, führte ich mehrere Interviews auf meinem YouTube-Kanal. Als ich nach dem zweiten Semester mein UBS-Praktikum machte, war er als Rucksacktourist in Südostasien, da es mit den Praktika bei ihm nicht so gut geklappt hatte. Nach seinem dritten Semester platzte dann allerdings auch für ihn der Knoten und er legte einen beeindruckenden Werdegang hin, der aus unserem Jahrgang an der Goethe-Uni so niemand anderem gelang. Nachdem er ein Praktikum bei einer kleinen M&A-Beratung absolviert hatte, führte es ihn anschließend in die Strategieabteilung des Bertelsmann-Konzerns, wo er mit einem Team aus Ex-Beratern wichtige strategische Projekte für den Vorstand umsetzte. Als

Nächstes absolvierte er zwei Praktika bei den beiden Top-Strategieberatungen Roland Berger und BCG, was so ziemlich das absolute Maß aller Dinge für besonders ambitionierte Wirtschaftsstudenten ist. Danach bekam er noch ein Praktikum bei der Private-Equity-Firma Triton Partners, die zu den größten europäischen Private-Equity-Firmen zählt und bereits zahlreiche Multi-Millionen-Unternehmen übernommen hat. Auch mich hätte es sehr gereizt, solche Praktika zu absolvieren, doch hatte ich mich nach meinem UBS-Praktikum bewusst dazu entschieden, diesen »konventionellen« Weg nicht weiter zu verfolgen, sondern mich stattdessen auf meine Selbstständigkeit zu konzentrieren. Jonas konnte meiner Community also sehr wertvolle Einblicke geben, wie es ist, den Weg eines besonders ambitionierten Elitestudenten bis *nach ganz oben* zu gehen und Praktika bei den Top-Firmen der Wirtschaftswelt zu absolvieren. Nachdem sich während der Interviews für meinen YouTube-Kanal herausstellte, dass er selbst – genau wie ich – ebenfalls vieles anders machen würde, wenn er nochmal mit den gleichen Zielen mit einem Studium beginnen würde, keimte in uns der Gedanke auf, dass wir uns möglicherweise sehr gut ergänzen und ein gemeinsames Projekt angehen könnten.

Ich hatte mir eine sehr hohe Expertise im Bereich der schriftlichen Bewerbung angeeignet. Für meine eigenen Bewerbungen sowie meine Bewerbungstrainings, mit denen ich schon etlichen anderen Bewerbern dabei geholfen hatte, Anschreiben und Lebensläufe zu erstellen, die von Personalern regelmäßig das Feedback erhielten, dass sie noch nie so gute Bewerbungen gesehen hatten. Zudem wusste ich, wie man im Studium lernen muss, um sehr gute Klausurergebnisse zu erzielen, und kannte mich mit den Bewerbungsprozessen für Stipendien sehr gut aus, da ich in der Zwischenzeit neben dem Stipendium der Stiftung der Deutschen Wirtschaft auch noch andere Stipendien wie beispielsweise das Deutschlandstipendium der Goethe-Uni erhalten hatte.

Jonas auf der anderen Seite hatte zwar nicht ganz so gute Noten wie ich und auch keine Stipendien, doch dafür kannte er sich viel besser in der Vorbereitung auf anspruchsvolle Interviews in der Strategieberatung, im Investment Banking und im Private Equity aus. Davon hatte ich zugegebenermaßen so gut wie keine Ahnung, da ich mich nie damit beschäftigen musste. Jonas hatte durch seine zahlreichen Praktika und sein beeindruckendes Netzwerk einen viel besseren Überblick über die Karrierewege und Firmen, die für besonders ambitionierte Wirtschaftsstudenten interessant waren. Auch konnte er deutlich authentischer über den Arbeitsalltag in Jobs wie Investment Banking oder Strategieberatung berichten.

Wir erkannten schnell, dass unsere Fähigkeiten und Interessen sich ideal ergänzten, und beschlossen, kurz nach dem Abschluss unseres Bachelorstudiums gemeinsam einen Workshop für meine Community zu organisieren. Die Workshop-Reihe, die wir »Karrierestarter-Workshops« tauften, zielte darauf ab, zukünftigen und aktuellen Wirtschaftsstudenten präzise zu vermitteln, wie sie ihr Studium strategisch planen sollten, um die besten Jobchancen zu erhalten.

Für die Durchführung mieteten wir Meetingräume in verschiedenen deutschen Großstädten und begannen, die Workshops auf meinem YouTube-Kanal zu bewerben. Zu unserer großen Freude stieß diese Idee auf sehr positives Echo und innerhalb weniger Tage konnten wir einen Großteil unserer Tickets verkaufen.

Bereits im Vorfeld verabredeten wir uns mit einigen Teilnehmern für vorbereitende Telefonate, um ihre spezifischen Interessen und Bedürfnisse besser zu verstehen. Auf Basis dieser Rückmeldungen entwickelten wir den inhaltlichen Rahmen unserer Workshops und erstellten umfangreiche Unterlagen.

Unsere Aufregung war greifbar, als wir unseren ersten Workshop abhielten, für den wir Räumlichkeiten in der renommierten Frankfurt School of Finance and Management gemietet hatten. Zum ersten Mal würde ich Menschen aus meiner Online-Community im wirklichen Leben treffen. Doch schon nach den ersten Minuten stellten wir fest: Die Teilnehmer waren sympathisch, kamen gut miteinander aus und schon auf dem Weg zum Workshop-Raum entstanden angeregte Gespräche.

Die Teilnehmer waren engagiert, stellten intelligente Fragen und schätzten die Einblicke, die sie von uns und einem von Jonas eingeladenen Gast, der bei einer Frankfurter Investment Bank arbeitete, erhielten. Als der Tag zu Ende ging, waren die Teilnehmer begeistert. Ich nutzte die Gelegenheit, um authentische Teilnehmer-Statements mit meiner Kamera einzufangen. Die Workshops in den anderen Städten liefen ebenso erfolgreich, aber wir erkannten auch Verbesserungsmöglichkeiten für zukünftige Veranstaltungen.

Trotz einer langen, zwölfstündigen Präsentation hätten wir gern noch mehr Inhalt vermittelt. Aus Zeitgründen mussten wir einige Themen nur kurz behandeln oder ganz auslassen. Darüber hinaus hätten wir gern eine längerfristige Zusammenarbeit mit den Teilnehmern aufgebaut, um sie bei der Umsetzung der gelernten Schritte zu begleiten. Es war frustrierend, nach dem Workshop keine weiteren Hilfestellungen mehr geben zu können.

Meine ursprüngliche Idee war, nach der ersten Event-Reihe Mitarbeiter einzustellen, die diese Workshops in unserem Namen an Universitäten in ganz Deutschland abhalten könnten. Aber wir realisierten schnell: Ein Online-Programm würde deutlich mehr Vorteile bieten. So wären wir zeitlich nicht so stark begrenzt und könnten den Teilnehmern mehr Inhalte vermitteln. Jeder könnte jederzeit und von überall auf die Inhalte zugreifen. Zudem könnten wir die Teilnehmer über mehrere Monate begleiten und ihnen bei der Umsetzung der gelernten Schritte helfen.

Die darauffolgenden Monate zählten zu den arbeitsintensivsten meines Lebens. Wir vertieften uns von früh bis spät in die Arbeit an unserem neuen Coaching-Programm und erweiterten die Inhalte aus unserem Karriere-Starter-Workshop massiv. Am Ende hatten wir mehr als 40 Stunden Videomaterial, viermal so viel wie in unseren Workshops. Wir führten viermal wöchentlich Sprechstunden ein, in denen Teilnehmer verschiedene Themen mit uns besprechen und beispielsweise ihre Bewerbungsunterlagen prüfen lassen oder Interviews simulieren konnten.

Wir gründeten unser gemeinsames Unternehmen, die heutige pumpkincareers GmbH, und die Anmeldungen für unser Coaching-Programm, das wir Elite-Coaching nannten, strömten ein. Schon bald erreichten wir die Marke von 100 Teilnehmern und erkannten, dass wir etwas langfristig Erfolgreiches geschaffen hatten.

Bis dahin hatte ich noch etwas daran gezweifelt, ob diese Unternehmensgründung wirklich so erfolgreich werden würde – schließlich hatte ich auf mein Bewerbungs-Coaching, das ich 2017 gemeinsam mit Joe Trenk gestartet hatte, initial auch sehr große Stücke gezählt und war dann bitter enttäuscht worden. So hatte ich mich kurze Zeit nach dem Karrierestarter-Workshop, den wir im Herbst 2019 veranstaltet hatten, zur Sicherheit auch noch auf ein Masterprogramm an der Universität St. Gallen beworben, für das ich kurz vor Weihnachten noch eine Zusage erhalten hatte.

Meine letzten Zweifel verflüchtigten sich, als wir im Sommer 2020, kurz nachdem die Coronamaßnahmen wieder gelockert wurden, unseren ersten Vollzeitmitarbeiter einstellten und Büroräume in Frankfurt anmieteten. Bald danach erhielten wir die ersten Erfolgsmeldungen von Teilnehmern, die spannende Praktika bekommen und ihre Noten verbessert hatten. Durch den ständigen Austausch in den Live-Calls konnten wir schnell erkennen, wo unsere Videolektionen Verbesserungen benötigten, und die Inhalte entsprechend anpassen.

Im Sommer entschieden wir uns, unser Coaching-Programm umfangreich zu erweitern und Experten aus unserem Netzwerk einzubinden. Besonders im Bereich des Investment Bankings fehlte es uns an Erfahrung, also zogen wir zwei Coaches hinzu, die bei Unternehmen wie Barclays, Rothschild und der Bank of America gearbeitet hatten. Sie erstellten spezifische Inhalte und standen den Teilnehmern in speziellen Investment-Banking-Live-Calls zur Verfügung.

Ein anderer Coach, ein Stipendiat und Masterstudent an einer renommierten britischen Universität, bereicherte das Programm durch sein Wissen über Stipendienbewerbungen und Bewerbungsprozesse an Eliteuniversitäten. Für weitere Berufsfelder, wie Asset Management,

Venture Capital, Start-ups und Konzernkarriere, holten wir weitere Experten ins Team, die ihr Wissen auf freiberuflicher Basis einbrachten. Inzwischen umfassen unsere Coaching-Programme weit über 150 Stunden an Videolektionen. Wir haben für sämtliche Bereiche, die für deine Karriere relevant sind, Coaches, die dir teilweise sogar mehrmals pro Tag in Sprechstunden zur Verfügung stehen.

Mit Beginn des Semesters im Herbst 2020 wurde unser Coaching-Programm an zahlreichen Universitäten bekannt und wir erlebten einen enormen Zulauf. Die steigende Nachfrage erforderte die Einstellung weiterer Mitarbeiter und den Umzug in größere Büroräume. Bald darauf näherten sich erste Unternehmen mit der Bitte um Zusammenarbeit, da wir offenbar eine attraktive Zielgruppe erreichten. So starteten wir unsere erste offizielle Firmenkooperation mit einer mittelständischen Unternehmensberatung, für die wir gezielt Talente aus unserem Netzwerk ansprachen und mit der wir ein gemeinsames YouTube-Video veröffentlichten.

In den folgenden Jahren wuchsen wir stetig weiter. Heute beschäftigt unser Unternehmen rund 20 Mitarbeiter, in unseren Coaching-Programmen betreuen wir aktiv über 1000 Studierende und unterhalten mehr als 50 aktive Partnerschaften mit Unternehmensberatungen, Banken, Wirtschaftsprüfungsgesellschaften und Hochschulen. Nur zweieinhalb Jahre nach der Firmengründung bezogen wir bereits unser drittes Büro. Es bietet uns fast zehnmal so viel Platz und befindet sich im 11. Stockwerk eines Hochhauses in der Frankfurter Innenstadt mit einem atemberaubenden Blick auf die Skyline.

Die Erfolge unserer Teilnehmer und ihre Zufriedenheit sprechen für sich, da wir stets einen großen Fokus darauf legten, unsere Coaching-Programme immer weiter auszubauen und zu optimieren. Viele unserer Alumni, die unsere Coaching-Programme bis zum Berufseinstieg durchlaufen haben, arbeiten heute bei namhaften Firmen wie BCG, Goldman Sachs oder J.P. Morgan.

Durch die Zusammenarbeit mit einer vierstelligen Zahl ambitionierter Studierender von über 140 verschiedenen Hochschulen innerhalb der vergangenen vier Jahre haben wir ein tiefes Verständnis dafür entwickelt, was Top-Unternehmen suchen und wie Studierende vorgehen müssen, um das Beste aus ihrem Studium herauszuholen. Dadurch, dass sich der Großteil unseres Lebens seit Jahren um genau dieses Thema dreht und wir mit einer unglaublich diversen Bandbreite von Studierenden zusammenarbeiten konnten, haben wir so ziemlich jedes Problem, das auf dem Weg bis zu den Top-Arbeitgebern der Wirtschaft auftreten kann, gesehen und gelöst. Ich bin sehr sicher, dass ich, wenn ich mit meinem heutigen Wissen nochmals zu studieren anfangen würde, mit Leichtigkeit noch während meines Bachelorstudiums ein Jobangebot von einer Top-Investment-Bank oder Top-Beratung erlangen und so einer Karriere als erfolgreicher Finanzmanager, die ich mir als 17-jähriger Schüler während meines New-York-Urlaubs mit meiner Mutter vorgenommen hatte, sehr nahe kommen könnte.

Doch nun ist es meine Mission, möglichst vielen anderen Studenten dabei zu helfen, alles aus ihrem Studium herauszuholen und in einen Job zu kommen, in dem sie ihr berufliches Potenzial voll entfalten und mit maximaler Wahrscheinlichkeit bis *nach ganz oben* kommen können. In meiner Rolle als Influencer und Mitgründer von pumpkincareers kann ich Zehntausenden jungen, ambitionierten Menschen genau das anbieten, was ich mir selbst zu Beginn meines Studiums gewünscht hätte: eine Art »großen Bruder« zu haben, der einem genau sagt, wie man vorgehen muss, um keine Fehler zu machen und auf dem schnellsten Weg an sein Ziel zu kommen. Abgesehen von den finanziellen Möglichkeiten, die man als Gesellschafter eines erfolgreichen Unternehmens haben kann, bereitet mir mein heutiger Job auch inhaltlich sehr große Freude. Mir macht es Spaß, zu sehen, wie immer mehr Studenten erkennen, mit welchen einfachen Schritten sie ihre langfristigen Karrierechancen deutlich verbessern können. Denn wenn ich eines mit meinem Werdegang und auch diesem Buch zeigen möchte, dann ist es Folgendes:

Du brauchst keine reichen Eltern, um es an die Spitze der Wirtschaft zu schaffen. Du musst auch nicht übertrieben klug sein oder dir deinen Erfolg auf Kosten anderer erarbeiten. Du brauchst harte Arbeit, Ausdauer und das Wissen, wie du vorgehen musst, um dein Ziel am schnellsten zu erreichen.

Doch was genau bedeutet es eigentlich, »an der Spitze der Wirtschaft« zu arbeiten? Wer genau sind die Lenker in der Wirtschaft und was sind die Ziele, die all die jungen Studierenden haben, die mit uns zusammenarbeiten? Und was genau hat es mit Begriffen wie »Investment Banking«, »Strategieberatung« und »Private Equity« auf sich?

Darüber spreche ich im nächsten Kapitel. Wir werden uns anschauen, wer in unserer Wirtschaft wirklich etwas zu sagen hat und aus welchen Kaderschmieden viele dieser Wirtschaftseliten stammen. Außerdem schauen wir uns genauer an, was jene antreibt, die diesen Weg wirklich einschlagen wollen, sodass du ein besseres Verständnis dafür entwickelst, für wen dieser Weg geeignet ist.

KAPITEL 2

# WER UNSERE WIRTSCHAFT WIRKLICH LENKT

Wenn man sich anschaut, welche Personengruppen die Wirtschaftsnachrichten und -magazine typischerweise dominieren, erscheinen oft die gleichen Namen. Zum einen haben wir (Wirtschafts-)Politiker wie Mario Draghi, Emmanuel Macron oder Olaf Scholz, deren Entscheidungen einen großen Einfluss auf unsere Volkswirtschaften haben. Zum anderen hört man oft von den CEOs und anderen Top-Managern großer Konzerne wie Volkswagen, Siemens oder Bayer, die Firmen mit Hunderttausenden Mitarbeitern lenken und deren Produkte einen Einfluss auf das Leben von Millionen Menschen haben. Auch über Gründer wie Elon Musk, Erik Podzuweit oder Sir Richard Branson wird oft berichtet, die mit ihren teils visionären, teils exzentrischen Ideen Tausende Arbeitsplätze schaffen und Hunderttausende Menschen begeistern können. Dass diese Personengruppen einen nicht unerheblichen Einfluss auf unsere Wirtschaft haben, ist recht offensichtlich. Ich nenne sie in Zukunft die Wirtschaftslenker im Rampenlicht.

Daneben gibt es jedoch noch eine zweite Gruppe, die diesen Personen mit Rat und Tat zur Seite steht oder sie mit dem wichtigsten Gut unseres Wirtschaftssystems versorgt: mit Kapital.

Das sind die Berater, Banker und Finanzinvestoren. Im Gegensatz zu den Politikern, Top-Managern und Gründern tragen sie in der Regel keine direkte Verantwortung dafür, was in der Wirtschaft passiert, sind aber indirekt zu einem wichtigen Teil in sämtliche relevanten Entscheidungen involviert. Dass sie zu den Lenkern unserer Wirtschaft gehören, ist weniger offensichtlich, doch wirst du es in kurzer Zeit nachvollziehen können. Ich nenne sie in diesem Buch die Wirtschaftslenker im Hintergrund.

Auf diese sechs Personengruppen möchte ich in diesem Kapitel deine Aufmerksamkeit lenken, denn genau sie stellen große Teile der Elite unserer Wirtschaft dar. Bei vielen von ihnen findet sich eine wichtige Gemeinsamkeit: Sie haben in den ersten Jahren ihrer Karriere im Investment Banking, in der Strategieberatung oder im Private-Equity-Bereich gearbeitet. Das ist auch der Grund, warum ich selbst am Anfang meines Studiums in diese Branchen wollte und warum sie auf unsere Kunden bei pumpkincareers und zahlreiche andere besonders ambitionierte junge Menschen so eine große Faszination ausüben. Ein Berufseinstieg bei den Top-Firmen dieser Branchen bietet dir ein Sprungbrett in die Welt der Wirtschaftselite.

Wenn du nach deinem Studium in diesen Branchen deinen Berufseinstieg machst und dich entscheidest, für den weiteren Verlauf deiner Karriere in diesen Branchen zu bleiben und bis an die Spitze deines Unternehmens voranzukommen, wirst du ganz automatisch zu einem Wirtschaftslenker im Hintergrund. Du fädelst Milliardendeals ein, berätst Politiker, CEOs und Gründer, sorgst für die Finanzierung großer Projekte oder übernimmst vielleicht sogar die Aktienmehrheit an einem Unternehmen, um es nach deinen Wünschen steuern zu können.

Alternativ kannst du dich allerdings auch dazu entscheiden, diese Branchen zu verlassen und ein Wirtschaftslenker im Rampenlicht zu werden. Das ist sehr vielen Leuten nicht bewusst, aber du wirst in diesem Kapitel zahlreiche Beispiele von Politikern, Top-Managern und Gründern kennenlernen, die zu Beginn ihrer Karriere alle bei den gleichen Unternehmen gearbeitet haben. Es gibt nur wenige Kaderschmieden für die Wirtschaftselite von morgen. Wir beleuchten sie im nächsten Kapitel näher, sodass du verstehen kannst, warum es ein ganz natürlicher und logischer Prozess ist, dass so viele Wirtschaftslenker nach ihrem Studium im Investment Banking, in der Strategieberatung oder im Private Equity eingestiegen sind.

# DIE WIRTSCHAFTSLENKER IM RAMPENLICHT

## Wirtschaftslenker 1: Politiker und Zentralbanker

Man muss kein studierter Volkswirtschaftler sein, um zu verstehen, dass es einen Einfluss auf die Wirtschaftsleistung unseres Landes und auf den Erfolg oder Misserfolg Tausender Unternehmen hat, ob die Zinsen, zu denen ein Unternehmen bei der Bank einen Kredit beantragen kann, bei 0,1 oder bei 10 Prozent liegen. Ein gutes Verständnis für Volkswirtschaftslehre braucht man jedoch, wenn man diese Zinsen eines Tages selbst festlegen will. Das machen typischerweise Zentralbanker wie Mario Draghi (Präsident der Europäischen Zentralbank 2011–2019) oder Jerome Powell (Präsident der Federal Reserve seit 2017). Die Zentralbanker haben einen erheblichen Einfluss auf die Geldpolitik und damit auf die gesamte Funktionstätigkeit einer Volkswirtschaft. Um in diesem Job erfolgreich zu sein, benötigt man ein komplexes Verständnis der Finanzindustrie sowie beste Verbindungen zu großen Banken und Vermögensverwaltungen. Daher werden häufig Mitarbeiter rekrutiert, die zuvor bei genau solchen Firmen in der Privatwirtschaft gearbeitet haben. Mario Draghi zum Beispiel war vor seinem Posten bei der EZB für einige Jahre bei der US-Investment Bank Goldman Sachs tätig. Auch Powell war lange Zeit in dieser Branche – erst als Investment Banker und später als

Partner im Private Equity, unter anderem bei dem US-Giganten The Carlyle Group, welcher laut Firmenwebsite ein Vermögen von über 350 Milliarden US-Dollar verwaltet.

Neben Jobs als Zentralbanker gibt es viele weitere wichtige Positionen in der Politik, sei es als Regierungschef, Finanz- oder Wirtschaftsminister oder als Beamter in einem anderen wichtigen, hohen politischen Amt. Auch hier ist ein sehr gutes wirtschaftliches Verständnis sowie ein gutes Netzwerk zu den wichtigsten Finanzinstitutionen der Privatwirtschaft gefordert. Mit ihren Gesetzesentwürfen und -beschlüssen prägen Politiker und Beamte die Volkswirtschaft ihres Landes teilweise für Jahrzehnte.

Insbesondere Goldman Sachs ist in diesem Bereich mit einer einzigartigen Alumni-Basis vertreten, allein mit Robert Rubin (US-Finanzminister 1995–1999), Henry Paulson (US-Finanzminister 2006–2009) und Steven Mnuchin (US-Finanzminister 2017–2021) arbeiteten drei der letzten US-Finanzminister zuvor bei der amerikanischen Investment Bank. Auch in Deutschland gibt es mit Jörg Kukies (Staatssekretär im Finanzministerium 2018–2021, Staatssekretär im Bundeskanzleramt seit 2021) als engem Vertrauten von Bundeskanzler Olaf Scholz einen hochrangigen Staatsbeamten, der zuvor über ein Jahrzehnt lang als führender Investment Banker bei Goldman Sachs gearbeitet hat.

Weitere prominente Beispiele für politische Figuren mit Vorerfahrungen im Investment Banking, Strategieberatung oder Private Equity sind Emmanuel Macron (französischer Staatspräsident seit 2017), der zuvor bei der Investment Bank Rothschild arbeitete, Mitt Romney (US-Senator und US-Präsidentschaftskandidat 2012), der Gründungsmitglied der Private-Equity-Firma Bain Capital ist, Pete Buttigieg (US-Verkehrsminister seit 2021), der nach seinem Studium bei der Strategieberatung McKinsey einstieg, sowie Malcolm Turnbull (Premierminister Australien 2015–2018) und Rishi Sunak (Premierminister Vereinigtes Königreich seit 2022), die beide zuvor für Goldman Sachs arbeiteten.

Neben dem wirtschaftlichen Verständnis sowie den sehr guten Verbindungen in die Finanzindustrie und auch zu vielen anderen großen

Konzernen, die ein Berufseinstieg bei einer Investment Bank, einer Strategieberatung oder einer Private-Equity-Firma mit sich bringt, sind auch die enorme Selbstdisziplin, die Führungsqualitäten und die analytische Arbeitsweise, die man in diesen Branchen lernt, für eine Karriere als erfolgreicher Politiker sehr von Vorteil.

Die meisten, die sich zu so einem Karriereweg entscheiden, haben durch ihre jahrelange vorherige Berufserfahrung bereits genug Vermögen geschaffen und sind nicht von einem besonders hohen Gehalt abhängig, denn zumindest in den meisten demokratischen Ländern wird man in der Politik nicht reich. Der Ansporn für diesen Karriereweg liegt darin, das eigene Wissen dort einzusetzen, wo es den maximalen positiven Einfluss haben kann, und zu beobachten, wie man Jahr für Jahr womöglich ein ganzes Land oder sogar eine ganze Währungsgemeinschaft mit seiner Arbeit beeinflussen kann. Wer hier weit kommt, kann bis in eine der mächtigsten Positionen unserer Welt aufsteigen und dadurch für immer in die Geschichte eingehen, ein nachvollziehbarer Ansporn für jene, die finanziell bereits all ihre Ziele erreicht haben.

## Wirtschaftslenker 2: Top-Manager und Vorstände

Als Vorstandsmitglied oder Bereichsleiter eines großen Konzerns hast du teilweise Verantwortung für Tausende oder gar Zehntausende Arbeitskräfte. Deine Entscheidungen beeinflussen nicht nur deren Leben, sondern auch das ihrer Familien. Wenn die von dir verfolgte Geschäftsstrategie erfolgreich ist, sind deine Aktionäre, deine Mitarbeiter und auch du zufrieden, aber wenn das von dir geführte Unternehmen in Schieflage gerät, hat das massive Auswirkungen.

Um erfolgreich zu sein, brauchst du vor allem exzellente Führungsqualitäten, ein sehr gutes Verständnis über Projektmanagement und analytische Fähigkeiten, um dich schnell in komplexe Sachverhalte einzuarbeiten und rationale Entscheidungen treffen zu können. Insbesondere in der Strategieberatung, wo man tagein, tagaus große Unternehmen bei wichtigen strategischen Entscheidungen berät, entwickelt man genau diese Qualitäten.

Deshalb ist es nicht überraschend, dass es sich in den vergangenen Jahren immer wieder gezeigt hat, dass es eine bemerkenswerte Verbindung zwischen den Vorständen der DAX-Unternehmen und der Arbeit in Top-Strategieberatungen wie McKinsey, Boston Consulting Group (BCG) und Bain & Company gibt. Eine Studie der Personalberatung Korn Ferry aus dem Jahr 2018 fand heraus, dass jeder fünfte Vorstandschef der 170 größten an der Deutschen Börse gelisteten Unternehmen zum Berufseinstieg in der Beratung gearbeitet hatte.* Alleine bei McKinsey arbeiteten zahlreiche DAX-CEOs, darunter:

- Oliver Bäte, CEO (Vorstandsvorsitzender) der Allianz: Bäte arbeitete fast zehn Jahre bei McKinsey, bevor er zur Allianz wechselte, wo er verschiedene Führungspositionen innehatte, bis er schließlich zum CEO ernannt wurde.
- Theodor Weimer, CEO der Deutsche Börse AG: Er stieg nach seinem Studium bei McKinsey ein, wechselte nach einigen Jahren zum Konkurrenten Bain und später ins Investment Banking zu Goldman Sachs.
- Frank Appel, ehemaliger CEO der Deutschen Post AG. Er arbeitete nach seinem Studium ebenfalls bei McKinsey und stieg dort sogar bis in die Geschäftsleitung auf.
- Stephan Sturm, ehemaliger CEO von Fresenius. Er arbeitete nach seinem Studium bei McKinsey und wechselte dann ins Investment Banking, unter anderem zur UBS.

---

* Vgl. Lange, Kai: »So geht's nach oben – die Dax-Chefs und ihr Weg an die Spitze«, manager magazin, 29.05.2018, https://www.manager-magazin.de/unternehmen/industrie/karriere-der-weg-der-170-dax-ceos-an-die-spitze-studie-von-korn-ferry-a-1209900.html, aufgerufen am 11.07.2023
Neuscheler, Tillman: »Jeder fünfte Dax-Chef begann seine Karriere als Unternehmensberater«, *FAZ online*, 07.06.2018, https://www.faz.net/aktuell/karriere-hochschule/buero-co/jeder-fuenfte-dax-chef-startete-seine-karriere-als-unternehmensberater-15624400.html, aufgerufen am 11.07.2023

Die hohe Anzahl ehemaliger Berater in Führungspositionen wirkt sich auch auf die Macht und den Einfluss dieser Top-Strategieberatungen aus. Da viele Vorstände und Top-Manager einen persönlichen Hintergrund in der Beratungsbranche haben, sind sie in der Regel gut mit den Beratungsunternehmen vertraut und schätzen deren Expertise. Dies führt dazu, dass sie häufiger auf die Dienste dieser Beratungen zurückgreifen und somit deren Einfluss auf die Unternehmenswelt weiter vergrößern. Daher gehe ich davon aus, dass sich diese Entwicklung in den kommenden Jahren weiter verstärken wird.

Eine ähnliche Tendenz zeigt sich auch auf internationaler Ebene*: Vor einigen Jahren fand eine Studie heraus, dass von den CEOs der Fortune-500-Unternehmen über 70 zuvor alleine bei McKinsey arbeiteten. Auf ihrer eigenen Website wirbt McKinsey in einem Post von 2015 damit, dass weltweit etwa 450 ehemalige McKinsey-Berater CEOs von Unternehmen mit 1 Milliarde Umsatz oder mehr sind. Das verdeutlicht, dass diese Karriereverbindung nicht nur auf den deutschen Markt beschränkt ist, sondern sich auch in anderen Ländern widerspiegelt.

**James Gorman**, CEO von Morgan Stanley, war Partner bei McKinsey, bevor er in den Finanzsektor wechselte und CEO von Morgan Stanley wurde.

**Sundar Pichai**, CEO von Alphabet (Google), arbeitete bei McKinsey, bevor er zu Google kam und dort mehrere Führungspositionen innehatte, bevor er zum CEO von Alphabet aufstieg.

**Sheryl Sandberg**, COO (Co-Geschäftsführerin) von Facebook, arbeitete bei McKinsey, bevor sie ihre Karriere bei Google fortsetzte und schließlich zur COO von Facebook ernannt wurde.

**Indra Nooyi**, ehemalige CEO von PepsiCo, war Strategieberaterin bei BCG, bevor sie zu PepsiCo kam und dort mehrere Führungspositionen durchlief, bis sie CEO wurde.

---

* Vgl. »Generative AI can give you ›superpowers,‹ new McKinsey research finds«, McKinsey, 06.07.2023, https://www.mckinsey.com/about-us/new-at-mckinsey-blog/generative-ai-can-give-you-superpowers-new-mckinsey-research-finds, aufgerufen am 11.07.2023
Greene, Kerima: »McKinsey›s 'secret‹ influence on American business«, *CNBC*, 13.09.2013, https://www.cnbc.com/2013/09/13/mckinseys-secret-influence-on-american-business.html, aufgerufen am 11.07.2023

Personen mit einem solchen Karriereweg reizt die Herausforderung, Verantwortung für eine große Mitarbeiterzahl zu übernehmen und ihr Unternehmen nach ihren Vorstellungen beeinflussen zu können. Auch finanziell kann sich so ein Posten lohnen: Während DAX-Vorstände in der Regel maximal Jahresgehälter im niedrigen siebenstelligen Bereich verdienen, kann das Einkommen als Vorstand einer international tätigen Firma durchaus weit mehr als ein Vielfaches betragen. So verdiente Sundar Pichai als CEO von Alphabet durch eine attraktive Aktienvergütung 2019 rund 280 Millionen US-Dollar und 2022 rund 226 Millionen US-Dollar.

Wenn man einen Posten als CEO im Vorstand hat, sind die Gehaltsaussichten sehr attraktiv – und sollte man eines Tages von seinem Posten abdanken, erhält man relativ unkompliziert verschiedene Aufsichtsratsmandate und weitere Schlüsselpositionen in der Wirtschaft.

## Wirtschaftslenker 3: Gründer und Unternehmer

Der Karriereweg als Gründer und Unternehmer ist wohl am wenigsten vorhersehbar und steuerbar. Doch genau das macht den Reiz am Unternehmertum aus – man schafft als Erster etwas vollkommen Neues und kann damit einen Markt revolutionieren und das Leben Zehntausender Menschen beeinflussen. Insbesondere, wenn man die eigenen Anteile an seinem Unternehmen lange genug behält oder sie gewinnbringend veräußert, kann sich das auch finanziell sehr lohnen. Wir alle kennen die Forbes-Liste der reichsten Menschen der Welt, auf der viele Gründer- und Unternehmerlegenden stehen, wie Elon Musk (PayPal, Tesla, SpaceX), Jeff Bezos (Amazon), Bill Gates (Windows), Larry Page (Google) oder Larry Ellison (Oracle).

Zahlreiche Beispiele und Statistiken zeigen: Ein Großteil der Gründer erfolgreicher Start-ups, insbesondere Unicorns (Start-ups mit einer Bewertung von +1 Milliarden US-Dollar) und Soon-to-be-Unicorns, waren zuvor in der Strategieberatung, im Investment Banking oder im Private Equity tätig – so beispielsweise auch Jeff Bezos, der vor der Gründung von Amazon für einige Jahre in der Finanzindustrie tätig war.

Auch in Deutschland zeigt eine Analyse der Gründerszene, dass jeder vierte Unicorn-Gründer zuvor in der Unternehmensberatung arbeitete und viele weitere vorherige Erfahrung im Banking oder im Venture Capital sammelten.*

Zu den bekanntesten Beispielen zählen André Schwämmlein, Mitgründer von Flixbus, der davor in der Strategieberatung bei der Boston Consulting Group arbeitete, oder die Gründer von N26, Valentin Stalf und Maximilian Tayenthal, die beide im Investment Banking und in der Strategieberatung tätig waren. Die Gründer von Zalando, Robert Gentz und David Schneider, arbeiteten zuvor ebenfalls in diesen Branchen, genauso wie die ehemalige BCG-Beraterin Lea-Sophie Cramer, die das E-Commerce-Start-up Amorelie mitgründete, und der Ex-Banker von Goldman Sachs, Erik Podzuweit, der Scalable Capital gründete. Der Emma-Sleep-GmbH-Mitgründer Dennis Schmoltzi war zuvor bei McKinsey in der Strategieberatung.

Aus verschiedenen Gründen kann es ein Vorteil sein, vor der eigenen Gründung im Investment Banking, in der Strategieberatung oder im Private Equity zu arbeiten. Zum einen baut man sich in dieser Zeit ein wertvolles Netzwerk auf. Man kann potenzielle Mitgründer kennenlernen und mit potenziellen Entscheidungsträgern und Investoren ins Gespräch kommen. Auch für spätere Investitionsrunden ist die hohe Glaubwürdigkeit, die so eine Station im Lebenslauf eines Gründers hinterlässt, sehr von Vorteil. Abgesehen von den wertvollen Soft- und Hardskills, die auch für andere Karrierewege etwas bringen, lernt man in diesen Branchen viel über verschiedene Problemstellungen einzelner Industrien und den optimalen Umgang mit ihnen. So kann

---

* Vgl. »The 2022 DACH Unicorn Founder Roadmap: An Unprecedented Time in Unicorn-Land«, Antler, 20.07.2022, https://www.antler.co/blog/the-2022-dach-unicorn-founder-roadmap, aufgerufen am 11.07.2023

man später mit höherer Wahrscheinlichkeit eine nachhaltig erfolgreiche Geschäftsidee entwickeln.

## Die Wirtschaftslenker im Hintergrund

Neben den bekannten Persönlichkeiten der Wirtschaft gibt es eine Gruppe von Entscheidern, die eher im Hintergrund wirken: die Finanzinvestoren, Investment Banker und Unternehmensberater. Sie sind die unsichtbaren Strippenzieher, die auf Wirtschaftskongressen wie dem World Economic Forum Einfluss nehmen und Milliardentransaktionen auf den Finanzmärkten verantworten. Sie sind in der Lage, Treffen mit Vorständen großer Konzerne und erfolgreichen Start-up-Gründern zu arrangieren. Zudem sind sie in zahlreichen Aufsichtsräten vertreten und durch ihre Firmen direkt oder indirekt an Tausenden von Unternehmen beteiligt.

Ihr Lebensstil spiegelt ihren Einfluss und ihren Erfolg wider. Sie verbringen ihren Sommerurlaub in Ferienhäusern in Südfrankreich, in den Hamptons oder auf Yachten vor Ibiza, Monaco oder Mykonos. Ihre Kinder besuchen Elite-Internate in der Schweiz und müssen sich um ihre berufliche Zukunft keine Sorgen machen.

Die Firmenkonstrukte, die sie leiten, sind oft in Steueroasen angesiedelt und so komplex, dass sich kaum nachvollziehen lässt, was genau zu ihrem Eigentum gehört und wo sie Einfluss ausüben. Doch bei genauerer Analyse wird das Ausmaß ihrer Macht deutlich. Trotz dieser enormen Einflussnahme sind sie der Öffentlichkeit weitgehend unbekannt. Hier einige Beispiele:

**Stephen A. Schwarzman** arbeitete bei der Investment Bank Lehman Brothers, bevor er den Private-Equity-Giganten Blackstone gründete. Mit Blackstone kaufte er beispielsweise 2007 die Hilton-Hotelkette für etwa 26 Milliarden US-Dollar. Während der Finanzkrise, die kurz darauf folgte, waren viele besorgt, die Hilton-Hotels könnten den finanziellen Verpflichtungen nicht nachkommen. Blackstone half jedoch durch erhebliche Investitionen in das Unternehmen, das Management umzugestalten und den Betrieb effizienter zu machen. Zum Zeitpunkt des Unternehmensverkaufs 2018 war der Wert auf fast das Dreifache gestiegen.

*Geschätztes Vermögen: rund 28,6 Mrd. US-Dollar (2023)*

Hedgefonds-Manager **George Soros** begann seine Karriere als Banker. Er spekulierte 1992 in einem Ereignis, das als »Schwarzer Mittwoch« in die Geschichte eingehen sollte, gegen das britische Pfund. Er ging davon aus, die britische Währung sei überbewertet und nicht länger in der Lage, ihren festen Wechselkurs zur Deutschen Mark zu halten. Soros' Hedgefonds-»Quantum« verkaufte massenhaft Pfund, was zu einem enormen Abwertungsdruck auf die Währung führte. Als die britische Regierung den festen Wechselkurs schließlich aufgeben musste, verdiente Soros mit dieser Transaktion rund eine Milliarde US-Dollar.

*Geschätztes Vermögen: rund 6,7 Mrd. US-Dollar (2023)*

**Lloyd Blankfein**, langjähriger CEO von Goldman Sachs, einer der größten Investment Banken der Welt, hat viele Wirtschaftsentscheidungen beeinflusst. Während der Finanzkrise 2008 spielte Goldman Sachs eine Schlüsselrolle bei der Rettung von AIG, einer der größten Versicherungsgesellschaften, die kurz vor dem Bankrott stand. Blankfein führte die Verhandlungen, die zur Bereitstellung von 85 Milliarden US-Dollar durch die US-Regierung führten. Die Firma Goldman Sachs selbst hat von dieser Rettung profitiert, da sie durch AIG abgesicherte Derivate in Höhe von Milliarden von US-Dollar hielt.

*Geschätztes Vermögen: rund 1,1 Mrd. US-Dollar (Juli 2015)*

**Michael Burry**, der Gründer von Scion Capital und für seine Rolle im Film »The Big Short« bekannt, war einer der wenigen, die den Zusammenbruch des US-Immobilienmarkts im Jahr 2008 voraussahen.

Durch den Kauf von Kreditausfallversicherungen gegen Subprime-Hypotheken verdiente Burry zwischen Ende 2000 und 2008 für seinen Fonds eine Rendite von 489,34 Prozent.

*Geschätztes Vermögen: rund 250 Mio. US-Dollar (2016)*

**Bill Ackman**, der Gründer des Hedgefonds Pershing Square Capital Management, machte 2020 mit einer erfolgreichen »Corona-Wette« Schlagzeilen. Ackman sah die wirtschaftlichen Auswirkungen der bevorstehenden Coronavirus-Pandemie voraus und sicherte sein Portfolio mit Kreditausfallversicherungen ab. Als die Pandemie die globalen Märkte traf, verdiente Pershing Square mehr als 2 Milliarden US-Dollar.

*Geschätztes Vermögen: rund 3,4 Mrd. US-Dollar (2023)*

**David Tepper**, Ex-Banker von Goldman Sachs, gründete den Hedgefonds Appaloosa Management und hat sich einen Ruf als einer der besten Investoren seiner Generation erarbeitet. Ein bemerkenswerter Erfolg war seine Wette auf gestresste Bankaktien während der Finanzkrise von 2008. Tepper kaufte Aktien der Bank of America und der Citigroup, als viele andere Investoren diese mieden. Als sich die Märkte erholten, machte Appaloosa Milliarden.

*Geschätztes Vermögen: rund 18,5 Mrd. US-Dollar (2023)*

**Henry Kravis** und **George Roberts** begannen ihre Karriere bei der Investment Bank Bear Sterns, bevor sie Kohlberg Kravis Roberts & Co. gründeten. Die Firma, besser bekannt als KKR, ist ein weltweit führender Private-Equity-Investor, der für seine aggressiven Übernahmen und Restrukturierungen bekannt ist. Ein prominentes Beispiel ist die Übernahme von RJR Nabisco, in den 1980er-Jahren die damals größte Leveraged-Buyout-Transaktion in der Geschichte. Sie wurde im Buch und Film »Barbarians at the Gate« verewigt.

*Geschätztes Vermögen: Henry Kravis: rund 7,9 Mrd. US-Dollar (2023)*
*George Roberts: rund 8,6 Mrd. US-Dollar (2023)*

Wie du dir vermutlich denken kannst, üben diese Personen einen Einfluss auf unsere Wirtschaft aus, der dem von Führungskräften milliardenschwerer Unternehmen, erfolgreicher Start-ups oder hochrangiger (Wirtschafts-)Politiker gleichkommt. Aber nicht nur die milliardenschweren Gründer dieser Firmen profitieren. Auch viele ihrer Mitarbeiter können sehr erfolgreich werden und erhebliche Summen verdienen. Laut Finanzbericht des Private-Equity-Riesen Blackstone betrug das durchschnittliche Jahresgehalt ihrer etwa 4000 Mitarbeiter im Jahr 2022 beeindruckende 1,5 Millionen US-Dollar pro Person. Wer bei solchen Firmen Karriere macht, übernimmt schnell wichtige Investitionsentscheidungen und kann somit Jahresgehälter im sieben- bis achtstelligen Bereich erreichen und in kurzer Zeit ein beträchtliches Vermögen anhäufen.

Wenn wir die Werdegänge dieser und vieler anderer Wirtschaftslenker betrachten, fällt uns wieder auf: Viele von ihnen haben ihre Karriere im Investment Banking, in der Strategieberatung oder im Private Equity begonnen und sich dann entweder in diesen Unternehmen bis zu einer bedeutenden und mächtigen Position hochgearbeitet oder ihre eigene Firma gegründet. Andere wiederum wechselten zu Hedgefonds oder Private-Equity-Fonds.

Gewisse Firmen scheinen also die Werdegänge unserer Wirtschaftslenker zu prägen, ob sie nun in der breiten Öffentlichkeit stehen oder sich lieber im Hintergrund aufhalten. Wenn du es also bis *nach ganz oben* an die Spitze der Wirtschaft schaffen willst, sollte es dein erstes Ziel sein, darauf hinzuarbeiten, nach deinem Studium im Investment Banking, in der Strategieberatung oder im Private Equity einzusteigen.

Doch was genau macht man eigentlich in diesen Bereichen und warum stellen sie offensichtlich eine solche Karriererampe dar, wenn man eines Tages zur Wirtschaftselite gehören möchte? Genau das untersuchen wir im nächsten Kapitel.

# DIE KADERSCHMIEDEN: EINBLICK IN STRATEGIEBERATUNG, INVESTMENT BANKING UND PRIVATE EQUITY

Nicht nur, wenn man die Lebensläufe der CEOs von Milliardenkonzernen mit denen erfolgreicher Seriengründer, Hedgefonds-Manager oder Wirtschaftspolitiker vergleicht, tauchen darin als erste Station nach dem Studium oft Namen wie McKinsey, BCG, Goldman Sachs, J.P. Morgan oder KKR auf. Auch renommierte Business Schools messen den Erfolg ihrer Master- oder MBA-Programme regelmäßig daran, wie viele ihrer Absolventen nach dem Studium einen Platz bei einer der Top-Adressen dieser Branchen erhalten haben. Hierfür gibt es viele verschiedene Gründe: So arbeitet man in diesen Branchen mit sehr klugen und ambitionierten Kollegen an spannenden Projekten am Puls der Wirtschaft, hat exzellente Gehalts- und Karrierechancen und kann sich ein unvergleichliches Netzwerk aufbauen. Des Weiteren lernt man viel darüber, wie Unternehmen funktionieren und wie man sie profitabel aufstellen kann. Auch die Verzahnung zwischen diesen drei Branchen ist sehr eng. Viele Karriereanwärter absolvieren Praktika in allen drei Branchen, bevor sie sich auf einen Berufseinstieg festlegen. Im späteren Verlauf der Karriere besteht dann die Möglichkeit, zwischen den Branchen zu wechseln.

Damit du verstehst, warum diese Branchen so eine hohe Bedeutung für unsere Wirtschaft haben, gebe ich dir mit verschiedenen Beispielen Einblicke in die Mehrwerte, die diese Unternehmen schaffen. So kannst du deutlich besser nachvollziehen, weshalb man eine bedeutende Position als Wirtschaftslenker im Hintergrund einnehmen kann, wenn man in diesen Branchen langfristig Karriere macht, und warum sie sich ebenfalls als hervorragendes Karrieresprungbrett eignen, um eine Position als Wirtschaftslenker im Rampenlicht zu übernehmen. So kannst du auch einordnen, welche vielfältigen Unternehmensarten es in den einzelnen Branchen gibt und wie du dir als Berufseinsteiger eine Karriere bei diesen Firmen vorstellen kannst.

Als einfaches Beispiel, mit dem ich dir einen der zahlreichen Anwendungsbereiche dieser drei Berufsfelder erklären möchte, verwenden wir ein fiktives, traditionsreiches Familienunternehmen namens TechnoBest. Es befindet sich in finanziellen Schwierigkeiten und die Leitung denkt darüber nach, einen Teil des Geschäfts zu verkaufen.

Beginnen wir mit der Strategieberatung: Unternehmen wie McKinsey oder BCG werden oft zu Rate gezogen, wenn Unternehmen vor großen strategischen Entscheidungen stehen. In unserem Fall könnte TechnoBest eine Strategieberatung beauftragen, um eine umfassende Analyse des Unternehmens durchführen und bewerten zu lassen, welche Geschäftsbereiche möglicherweise veräußert werden könnten. Dies kann unter anderem eine detaillierte Betrachtung der finanziellen Performance jedes Geschäftsbereichs, eine Einschätzung ihrer Wettbewerbsposition und eine Prognose ihrer zukünftigen Ertragsaussichten beinhalten. Sie evaluieren die finanzielle Performance jedes Geschäftsbereichs, schätzen ihre Markt- und Wettbewerbsposition ein, identifizieren Stärken und Schwächen und erstellen Prognosen für künftige Ertragspotenziale. Die Berater simulieren auch die Auswirkungen verschiedener strategischer Optionen, um zu verstehen, wie sich ein Verkauf auf den Rest des Unternehmens auswirken würde. Dafür arbeitet die Beratung eng mit dem Management von TechnoBest zusammen. Auf der Grundlage dieser Analysen könnten die Berater eine Reihe von Empfehlungen abgeben, darunter auch den Verkauf eines bestimmten Geschäftsbereichs. Die Bezahlung der Strategieberater erfolgt normalerweise auf Basis eines festgelegten Tagessatzes, der je nach Senioritätsstufe der in das Projekt involvierten Berater in einem niedrigen bis hohen vierstelligen Betrag liegt.

Jetzt tritt eine Investment Bank, wie Goldman Sachs oder J.P. Morgan, auf den Plan. Ihre Aufgabe ist es, den Verkaufsprozess zu leiten und den bestmöglichen Preis für den Geschäftsbereich zu erzielen. Die Banker bereiten ein umfangreiches Informationsmemorandum vor, das den zu verkaufenden Geschäftsbereich detailliert darstellt. Sie analysieren die Finanzen, die Kunden, die Produkte, den Markt und die Wettbewerbslandschaft und formulieren eine ansprechende Investment-Story. Mit diesem Memorandum im Gepäck gehen die Banker auf die Suche nach potenziellen Käufern. Sie identifizieren eine Liste von Unternehmen und Investmentfonds, die an diesem speziellen Geschäftsbereich interessiert sein könnten. Sie verhandeln dann mit diesen potenziellen Käufern, organisieren Gebotsrunden und leiten schließlich den Abschluss des Verkaufsprozesses. War der Verkauf des Geschäftsbereichs ein Erfolg, stellt die Investment Bank meist eine Gebühr in Rechnung, die sich aus einem Anteil des Verkaufspreises ergibt und somit vor allem bei großen Deals eine beträchtliche Höhe erreichen kann.

Im letzten Schritt könnte eine Private-Equity-Firma wie KKR oder Blackstone als einer der potenziellen Käufer auftreten. Private-Equity-Firmen kaufen private, nicht an der Börse gelistete Unternehmen auf und planen, sie nach einigen Jahren gewinnbringend weiterzuveräußern. Die Private-Equity-Firma prüft die Verkaufsinformationen sorgfältig und führt eigene Analysen und Bewertungen durch. Wenn die Private-Equity-Firma der Meinung ist, den Geschäftsbereich verbessern und später mit Gewinn verkaufen zu können, gibt sie ein Gebot ab. Ist es erfolgreich, übernimmt sie die Leitung des Geschäftsbereichs und führt eine Reihe operativer und strategischer Verbesserungen ein.

Da dieser Prozess für sämtliche Mitarbeiter von TechnoBest und insbesondere für das Management sowie die Familie, der das Unternehmen gehört, von allerhöchster strategischer Relevanz ist, sind alle involvierten Akteure zu allerhöchster Sorgfalt und Professionalität verpflichtet. Schließlich geht es um eine Menge Geld und viele Arbeitsplätze. In der Realität sind solche Prozesse deutlich komplexer und von einer Vielzahl weiterer Faktoren beeinflusst, aber auf den ersten Blick vermittelt dieses Beispiel ein grundlegendes Verständnis dieser spannenden Bereiche der Wirtschaft.

## Strategieberatungen im Überblick

Unternehmensberatungen, im Speziellen Strategieberatungen wie McKinsey, BCG oder Roland Berger, haben in der Öffentlichkeit oft einen negativen Ruf. Sie werden mit Effizienz- und Einsparungsmaßnahmen assoziiert, bei denen Mitarbeiter gekündigt werden, oder es wird ihnen vorgeworfen, sie könnten nichts, außer schöne PowerPoint-Präsentationen zu bauen und in ihren Porsches wieder abzufahren, ohne ein konkretes Ergebnis fertiggebracht zu haben. Besonders negativ fielen Strategieberatungen beispielsweise durch die Berateraffäre bei der Bundeswehr auf, über die 2020 viel in der deutschen Presse berichtet wurde, sowie die Verwicklung von McKinsey in die Opioid-Krise in den USA, die für das Beratungsunternehmen mit der Zahlung einer Strafe in Höhe von knapp 600 Millionen US-Dollar endete.

Von den positiven Effekten, die Strategieberatungen auf unsere Wirtschaft und damit auf unser aller Leben haben, wird hingegen nur selten berichtet. Dabei gibt es so gut wie keine Organisation mit überregionaler oder globaler Relevanz, die nicht regelmäßig auf die Expertise von Strategieberatungen vertraut. Doch um dies nachvollziehen zu können, sollten wir erst einmal klären, was Strategieberatungen überhaupt machen.

## Was machen Strategieberatungen?

Die Strategieberatung ist eine Unterform der Unternehmensberatung. Unternehmensberatungen unterstützen Unternehmen, Regierungen und sonstige Organisationen sämtlicher Größenordnungen, projektbasiert durch die Bereitstellung externer Ressourcen, bei zahlreichen Problemstellungen. Die Dauer eines typischen Projekts in der Unternehmensberatung, der Umfang und die Zielsetzung ist jedes Mal anders und hängt von vielen Faktoren ab.

Es gibt viele Arten von Unternehmensberatungen – manche fokussieren sich auf Bereiche wie Prozess- und IT-Beratung, HR-Beratung, Vertriebs-Beratung, Nachhaltigkeits-Beratung, Restrukturierungs-Beratung oder PR-Beratung, wohingegen andere Unternehmensberatungen bei mehreren oder sogar allen Problemstellungen unterstützen können. Neben Unternehmensberatungen, die auf Beratungsdienstleistungen spezialisiert sind, gibt es viele Beratungen, die sich vor allem auf bestimmte Branchen fokussieren, wie die Automobilbranche, die Telekommunikationsbranche, die Pharmabranche oder den öffentlichen Sektor.

Die Strategieberatung gilt als die Königsdisziplin der Unternehmensberatung. Bei dieser Art der Spezialisierung beraten Unternehmensberatungen ihre Kunden in erster Linie bei strategischen Fragestellungen, die normalerweise eine höhere Relevanz als die meisten anderen Fragestellungen haben. Erst wenn die Strategie und die Zielsetzung über die nächsten Monate und Jahre klar definiert ist, kann man sich überlegen, wie man dieses Ziel erreicht, und beginnen, die dafür notwendigen Schritte einzuleiten. Dafür werden dann oft andere Beratungen hinzugezogen, die beispielsweise bei der operativen Umsetzung der von der Strategieberatung empfohlenen Maßnahmen unterstützen.

## Warum werden Strategieberatungen beauftragt?

Obwohl Strategieberater im Vergleich mit den Gehältern von normalen Mitarbeitern des Unternehmens sehr hohe Kosten darstellen, gibt

## PRAXISBEISPIELE

Die meisten Verbraucher sind nicht direkt von der Arbeit von Strategieberatungen betroffen. Doch indirekt haben diese Unternehmen mit ihren strategischen Handlungsempfehlungen einen Einfluss auf unser aller Leben. Hier einige Beispiele für relevante Projekte, bei denen Strategieberatungen involviert waren, deren Ergebnis du vielleicht auch in deinem Alltag wahrgenommen hast:

### Die Transformation von Siemens

In den vergangenen Jahren hat Siemens, einer der größten Technologiekonzerne der Welt, eine umfassende Transformation durchlaufen, um sich stärker auf seine Kerngeschäftsbereiche zu konzentrieren. Bei dieser Transformation hat Siemens eng mit der Strategieberatung McKinsey & Company zusammengearbeitet. McKinsey unterstützte das Unternehmen bei der Identifizierung von Wachstumsbereichen, der Gestaltung von Geschäftsmodellen und der Umsetzung der notwendigen organisatorischen Veränderungen. Die Transformation war erfolgreich und hat dazu beigetragen, dass Siemens auch in einem sich schnell verändernden Marktumfeld wettbewerbsfähig bleibt.

### Die Modernisierung der Deutschen Bahn

Die Deutsche Bahn, eines der größten Verkehrsunternehmen in Europa, hat in den vergangenen Jahren erhebliche Anstrengungen unternommen, um ihre Effizienz zu steigern und ihre Dienstleistungen zu modernisieren. Bei der Umsetzung dieser Modernisierungsstrategie arbeitete die Deutsche Bahn eng mit der Strategieberatung Roland Berger zusammen. Roland Berger half dem Unternehmen bei der Identifizierung von Kostensenkungspotenzialen, bei der Gestaltung von Geschäftsprozessen und bei der Einführung digitaler Innovationen. Diese Maßnahmen trugen dazu bei, dass die Deutsche Bahn ihre Wettbewerbsfähigkeit verbessern und sich an die Herausforderungen des Markts anpassen konnte.

es zahlreiche Gründe, weshalb sich viele Organisationen immer wieder für die Zusammenarbeit mit Strategieberatungen entscheiden. Erstens bringen Berater durch die Arbeit mit anderen Kunden externe Expertise und umfangreiche Branchenkenntnisse mit. Beispielsweise kann ein Automobilhersteller eine Strategieberatung einsetzen, um seine Produktionseffizienz zu verbessern. Sie schlägt oft innovative Lösungsansätze vor, die das Unternehmen intern möglicherweise nicht erkannt hätte.

Zweitens bieten Berater eine objektive Perspektive, hinterfragen bestehende Annahmen und unterstützen Unternehmen bei der Umsetzung schwieriger Entscheidungen. Ein Einzelhandelsunternehmen könnte eine Strategieberatung beauftragen, um seine Filialstrategie zu prüfen und gegebenenfalls unpopuläre, aber notwendige Maßnahmen wie die Schließung unrentabler Filialen und den Ausbau des Online-Geschäfts vorzuschlagen.

Strategieberatungen helfen auch, temporäre Kapazitätsengpässe zu überbrücken und zusätzliche Ressourcen für komplexe Projekte bereitzustellen. Beispielsweise könnte ein Telekommunikationsunternehmen eine Strategieberatung beauftragen, um eine geeignete Strategie für die Einführung eines neuen Produkts zu entwickeln, das in der geplanten Zeit nur mit dieser externen Unterstützung umsetzbar ist.

In sensiblen Situationen, wie Restrukturierungen oder Fusionen, können Berater wegen ihrer Diskretion und Professionalität beauftragt werden. Zum Beispiel kann ein Pharmaunternehmen eine Strategieberatung einsetzen, um den vertraulichen Prozess der Akquisition eines Konkurrenten effizient zu gestalten, ohne dass die Pläne vorzeitig an die Öffentlichkeit gelangen.

Schließlich kann die Zusammenarbeit mit einer renommierten Strategieberatung, die für ihre hohen Qualitätsstandards und ihre erfolgreiche Arbeit mit globalen Unternehmen bekannt ist, die Reputation eines Unternehmens stärken. Ein Technologieunternehmen, das eine digitale Transformation plant, könnte eine bekannte Strategieberatung beauftragen, den Prozess zu begleiten und damit ein starkes Signal nach außen zu senden.

## Was macht die Strategieberatung für ambitionierte Berufseinsteiger besonders attraktiv?

Im Folgenden erkläre ich dir, warum besonders ambitionierte Berufseinsteiger, die Interesse an der Unternehmensberatung haben, sich für einen Einstieg in der Strategieberatung entscheiden. Die Gründe sind ganz unterschiedlich.

### Hohe strategische Relevanz der eigenen Arbeit

Die strategische Bedeutung von Projekten in der Strategieberatung ist für viele ein entscheidender Anziehungspunkt, insbesondere im Vergleich zu anderen Arten der Unternehmensberatung. Zum Beispiel kann die Implementierung eines komplexen IT-Systems durch eine IT-Beratung sicherlich eine faszinierende Aufgabe sein. Dennoch besteht für viele ambitionierte Talente der wahre Reiz darin, an den großen strategischen Entscheidungen beteiligt zu sein. Nehmen wir als Beispiel ein Unternehmen, das sich in einem sich schnell verändernden Markt befindet und entscheiden muss, ob es in neue Technologien investieren soll. Eine Strategieberatung würde in diesem Fall damit beauftragt, die langfristige Strategie des Unternehmens zu planen, die Marktbedingungen zu analysieren und die Auswirkungen verschiedener Investitionsentscheidungen abzuschätzen. In diesem Kontext wäre auch zu berücksichtigen, wie ein neues IT-System die Wettbewerbsfähigkeit des Unternehmens beeinflussen könnte. Die Schlüsselrolle, die die Strategieberatung in solch bedeutenden Entscheidungsprozessen spielt, macht ihre Arbeit äußerst relevant und attraktiv für viele junge Berufstätige, die eine bedeutende Wirkung in ihrer Arbeit suchen.

### Kurze Projektdauer und viel Abwechslung

Im Unterschied zu anderen Arten der Unternehmensberatung, die eher operative Unterstützung leisten und deren Projekte sich über viele Monate oder gar Jahre erstrecken können, dauern Projekte in der Strategieberatung in der Regel nur vier bis zwölf Wochen. Anschließend wechseln Berater üblicherweise zu einem anderen Unternehmen in einer anderen Branche mit einer neuen Problemstellung. Dies ermöglicht es ihnen, innerhalb von wenigen Jahren eine Vielzahl von Unternehmen, Branchen und Fragestellungen kennenzulernen. Dies fördert eine steile Lernkurve, da die ständige Praxis der Problemanalyse und systematischen Entwicklung von Lösungen zu kontinuierlichen Verbesserungen führt.

### Top-Management als Ansprechpartner

Ein weiterer Grund, der die Strategieberatung für Berufseinsteiger besonders interessant macht: Man hat in der zu beratenden Organisation normalerweise hierarchisch sehr hohe Ansprechpartner. Nicht selten präsentieren Strategieberatungen ihre Ergebnisse und Empfehlungen direkt in der Vorstandsetage oder bei besonders großen Konzernen zumindest vor den Country-Heads oder operativen Geschäftsführern. Auch während der Projekte hat man viel mit dem Top-Management des Kunden zu tun, da viele der Top-Manager in die Unternehmensstrategie involviert und von ihr betroffen sind. Das führt dazu, dass man sich bereits als Hochschulabsolvent mit wenigen Jahren Berufserfahrung ein wertvolles Netzwerk an erfahrenen Führungspersönlichkeiten aufbauen kann. In vielen anderen Formen der Beratung fehlt dieser direkte Kontakt mit den Top-Level-Entscheidern. Oft ist man, wenn überhaupt, mit Abteilungsleitern im Austausch oder hat womöglich gar keinen direkten Kundenkontakt mit Managern, da man in erster Linie mit operativen Aufgaben und der Implementierung bestimmter Maßnahmen beschäftigt ist.

### Intensives und dynamisches Arbeitsumfeld

Die hohe Verantwortung sowie der konstante Kontakt mit dem Top-Management des Kunden sorgt dafür, dass man in der Strategieberatung einen hohen Druck hat, immer exzellente und einwandfreie Arbeit abzuliefern. Dieser hohe Anspruch, kombiniert mit einer kurzen Projektdauer und straffen Deadlines, führt zu einem anspruchsvollen Arbeitsumfeld mit intensiver Arbeitsbelastung und gelegentlich hohem Stress. Jedoch bietet es auch ein optimales Umfeld für eine schnelle persönliche und berufliche Entwicklung. Dabei unterstützen erfahrene Mentoren, die über Jahre hinweg in der Strategieberatung tätig waren und eng mit Wirtschaftsführern zusammengearbeitet haben. Sie bieten unschätzbare Einblicke in individuelle Arbeitsmethoden und die Wirtschaft im Allgemeinen. Viele Berufseinsteiger finden gerade dieses intensive Arbeitsumfeld besonders attraktiv. Sie schätzen die Gelegenheit, schnell zu lernen und ihre Fähigkeiten unter Beweis zu stellen, während sie gleichzeitig einen bedeutenden Einfluss auf die Entscheidungen von Unternehmen nehmen können.

### Exzellente Karrierechancen für die Zeit danach

In der Strategieberatung ergeben sich aufgrund der hierarchisch hohen Ansprechpartner hervorragende langfristige Karrierechancen. Während der Tätigkeit in der Strategieberatung kann man sich ein bedeutendes Netzwerk von Entscheidungsträgern in diversen Unternehmen aufbauen, ergänzt durch das Netzwerk der eigenen Beratungsfirma. Strategieberatungen unterstützen oft proaktiv ehemalige Mitarbeiter bei der Suche nach anspruchsvollen Positionen in großen Konzernen, Start-ups oder anderen Organisationen. Diese Unterstützung, gepaart mit dem erworbenen Netzwerk und den Kompetenzen aus der steilen Lernkurve, ermöglicht den Wechsel auf hohe Hierarchieebenen in anderen Unternehmen. Somit fungiert die Strategieberatung als Karrieresprungbrett.

### Klar vorgegebene Karriereentwicklung

Auch für jene, die eine langfristige Karriere in der Strategieberatung anstreben, bietet diese ein klar definiertes Karrieremodell. Bei entsprechender Leistung sind regelmäßige Beförderungen und Gehaltserhöhungen sowie eine Zunahme der Projektverantwortung zu erwarten. Schon nach etwa fünf bis sechs Jahren kann man Projekt- und Mitarbeiterverantwortung übernehmen und ein hohes Gehalt erzielen. Nach etwa zehn Jahren kann man zum Partner aufsteigen, mit eigener Gewinnbeteiligung und Kundenverantwortung. Im Vergleich zu anderen Berufen, in denen man zuweilen über Jahre in derselben Position verharrt, ist die Karriereentwicklung in der Strategieberatung deutlich planbarer.

### Attraktive Gehaltsmöglichkeiten und finanzielle Vorteile

Die anspruchsvollen Arbeitszeiten und die hohe Bedeutung der eigenen Arbeit in der Strategieberatung spiegeln sich in attraktiven Gehältern wider. Berufseinsteiger können je nach Firma und Qualifikation mit Jahresgehältern zwischen 60.000 und 90.000 Euro rechnen. Mit steigender Hierarchie erhöht sich das Gehalt schrittweise und erreicht nach etwa drei Jahren häufig den niedrigen sechsstelligen Bereich. Partner in der Strategieberatung können mit Jahresgehältern zwischen 300.000 und 500.000 Euro rechnen, wobei international führende Strategieberatungen in guten Geschäftsjahren auch siebenstellige Beträge auszahlen. Neben dem Gehalt gibt es weitere Vorteile, wie die Übernahme von Krankenversicherungskosten, Unterstützung bei beruflicher Weiterbildung und Firmenwagen. Zudem sind in den ersten Jahren die Lebenshaltungskosten gering, während man auf Kosten der Beratung in gehobenen Hotels untergebracht wird und Reise- und Verpflegungskosten übernommen werden. Dabei besteht auch die Möglichkeit, Bonuspunkte für private Urlaube zu sammeln.

### Vereinbarkeit von Privatleben und Beruf

Trotz der hohen Arbeitsbelastung hat sich die Work-Life-Balance in der Strategieberatung in den vergangenen Jahren ein wenig verbessert. Viele Top-Strategieberatungen bieten die Möglichkeit von Teilzeitarbeit und eingeschränkter Erreichbarkeit während der Arbeitswoche, was vor einigen Jahren noch undenkbar gewesen wäre. Zudem ermöglichen sie Auslandsaufenthalte bei Projekten und mehrmonatige Urlaube, da die Arbeit projektbasiert ist. Nach Abschluss eines Projekts kann man sich problemlos eine Auszeit nehmen und dann in die

Beratung zurückkehren. Diese Flexibilität lässt sich zum Beispiel nutzen, um eine Gründungsidee zu testen oder private Angelegenheiten zu klären. Trotzdem – wer Pech hat, kann auch mal für einige Monate eine 70- bis 80-Stunden-Woche haben und bei längeren Urlaubswünschen auf Unverständnis des Vorgesetzten stoßen. Wer also eine ideale Work-Life-Balance sucht, sollte immer noch einen großen Bogen um die Strategieberatung machen.

## Wie ist der Arbeitsalltag in der Strategieberatung?

Der Berufseinstieg in die Strategieberatung verlangt eine hohe Einsatzbereitschaft, insbesondere von Montag bis Donnerstag. Der Berater ist meist beim Kunden, übernachtet in hochklassigen Hotels und nutzt bereitgestellte Arbeitsplätze und Meetingräume. Die Anreise erfolgt meist am Montagmorgen oder am Sonntagabend, während der Freitag normalerweise im Büro der Unternehmensberatung verbracht wird. Seit Covid-19 besteht oft auch die Möglichkeit, mobil zu arbeiten.Der Arbeitsalltag ist geprägt von anspruchsvollen Aufgaben, Zusammenarbeit und kontinuierlichem Lernen. Die Tage beginnen früh und die wöchentlichen Arbeitszeiten sowie die Teamgröße können variieren. Aufgabenpakete werden entsprechend der Hierarchiestufen verteilt und variieren je nach Kunde, Projekt und Projektphase.

Eine typische Woche beginnt mit gemeinsamen Team-Meetings, dem Durchgehen von E-Mails und dem Planen des Wochenablaufs. Der Berater analysiert Daten, arbeitet an Benchmarking-Projekten, bereitet Präsentationen vor und tauscht sich mit Kollegen und anderen Experten aus. Er trifft sich mit Mentoren, arbeitet an Marktsegmentierungsstudien, nimmt an Workshops teil und präsentiert seine Arbeit dem Kunden. Networking-Events und informelle Teamevents runden die Arbeitswoche ab. Den Ablauf einer typischen Woche eines Berufseinsteigers in der Strategieberatung, der auf einem hochrelevanten Projekt eingeteilt ist, wo er und sein Team gerade viel zu erledigen haben, siehst du in diesem Schaubild:

<table>
<tr><th>Uhrzeit</th><th>Montag</th><th>Dienstag</th><th>Mittwoch</th><th>Donnerstag</th><th>Freitag</th><th>Samstag</th><th>Sonntag</th></tr>
<tr><td>6–8</td><td rowspan="2">Anreise</td><td>frei</td><td>frei</td><td>frei</td><td>frei</td><td rowspan="17">frei</td><td rowspan="17">frei</td></tr>
<tr><td>8–9</td><td rowspan="3">Research</td><td rowspan="2">Marktanalyse</td><td rowspan="2">Marktanalyse</td><td rowspan="3">Marktanalyse</td></tr>
<tr><td>9–10</td><td rowspan="2">Meeting(s)</td></tr>
<tr><td>10–11</td><td rowspan="2">Kurzer Research</td><td rowspan="2">Experten-Interview – extern</td></tr>
<tr><td>11–12</td><td>Mark-Up</td><td></td><td>Mark Up</td></tr>
<tr><td>12–13</td><td>Mittagessen</td><td>Mittagessen</td><td>Mittagessen</td><td>Mittagessen</td><td>Mittagessen</td></tr>
<tr><td>13–14</td><td rowspan="2">Experten-Interview – Kunde</td><td rowspan="5">Marktanalyse</td><td rowspan="4">Marktanalyse</td><td>Admin-Aufgaben</td><td rowspan="3">Profil eines Unternehmers</td></tr>
<tr><td>14–15</td><td rowspan="3">Marktanalyse</td></tr>
<tr><td>15–16</td><td rowspan="2">Slide-Erstellung</td></tr>
<tr><td>16–17</td><td rowspan="2">Marktanalyse</td></tr>
<tr><td>17–18</td><td rowspan="2">Marktanalyse</td><td rowspan="2">Experten-Interview – intern</td><td rowspan="2">Präsentation</td></tr>
<tr><td>18–19</td><td>Slide-Erstellung</td><td>Admin-Aufgaben</td></tr>
<tr><td>19–20</td><td>Abendessen</td><td>Abendessen</td><td>Abendessen</td><td rowspan="3">Abreise</td><td rowspan="5">Frei</td></tr>
<tr><td>20–21</td><td rowspan="3">Marktanalyse</td><td rowspan="4">Marktanalyse</td><td rowspan="4">Marktanalyse</td></tr>
<tr><td>21–22</td></tr>
<tr><td>22–23</td><td rowspan="2">frei</td></tr>
<tr><td>23–24</td><td>frei</td></tr>
</table>

Bitte beachte, dass die typischen Aufgaben sowie die Arbeitszeiten stark variieren können und von Firmenkultur, Team, Projekt und Projektphase abhängen.

Während man als Berufseinsteiger meist nur Teilaufgaben innerhalb größerer Projekte übernimmt, wächst die Projekt- und Kundenverantwortung, je höher die Position in der Beratung wird. Als Partner ist man in mehrere Projekte involviert und vor allem damit beschäftigt, neue Projekte zu akquirieren und den Kunden Projektresultate zu präsentieren.

## Welche Firmen gibt es in der Strategieberatung?

Wenn wir über Strategieberatungen diskutieren, unterscheiden wir externe umfassende Strategieberatungen, Boutique-Strategieberatungen und Inhouse-Beratungen.

Externe, weitreichende Strategieberatungen sind meist bekannt und ziehen ambitionierte Absolventen an. Arthur D. Little, gegründet 1886, ist eine der ältesten und hat etwa 1500 Mitarbeiter. McKinsey, BCG und Bain bilden die Big Three oder MBB und sind international als »Tier-1-Strategieberatungen« (englisch »Tier« = deutsch »Ebene« oder »Rang«, auch regelmäßig nur mit »T« abgekürzt) renommiert. Roland Berger ist eine führende deutsche Strategieberatung und in Deutschland in vielen Bereichen mit MBB vergleichbar.

Weitere bekannte Strategieberatungen sind Oliver Wyman, Kearney, Strategy&, Monitor Deloitte und EY-Parthenon, oft als »Tier-2« und »Tier-3« bezeichnet und damit vom »Rang« leicht hinter den »Tier-1«-Firmen. Sie bieten eventuell eine bessere Work-Life-Balance und flexible Karrierepfade, könnten aber weniger prestigeträchtig und international präsent sein und bieten dann weniger Entwicklungs- und Karrierechancen.

Boutique-Strategieberatungen, wie L.E.K., OC&C, Stern Stewart und AlixPartners, haben oft einen klaren Branchen- oder Probleme-Fokus und kleinere Teams, bieten aber Top-Niveau innerhalb ihrer Nische. Sie ermöglichen es Einsteigern, schnell zu Experten in einer speziellen Branche zu werden, und bieten oft ein höheres Einstiegsgehalt als breit aufgestellte externe Beratungen.

Zuletzt gibt es auch das Inhouse Consulting. Viele große Konzerne, aber auch andere Organisationen wie die Bundeswehr haben erkannt, dass eigene Ressourcen kosteneffizienter sind als externe Berater. Inhouse-Berater kennen das Unternehmen besser und werden leichter akzeptiert. Sie können als Talentpool für das Top-Management dienen und sind ideal für eine Karriere innerhalb des Unternehmens. Beliebte Inhouse-Beratungen in Deutschland sind Volkswagen Consulting, Siemens Advanta Consulting, E.ON Inhouse Consulting, Mercedes Benz Management Consulting und ThyssenKrupp Management Consulting. Der Einstieg in die interne Beratung hat oft weniger intensive Arbeitszeiten und ähnliche Gehaltsstrukturen, jedoch möglicherweise eine begrenztere Auswahl an Karriereschritten außerhalb des eigenen Unternehmens.

## Investment Banking im Überblick

Das Investment Banking ist genau die richtige Adresse für alle, die an intensiven Deals arbeiten wollen, die massive Einflüsse auf die Kapitalmärkte haben können. Es ähnelt in vielen Dingen dem Arbeitsalltag in der Strategieberatung – nur hat alles einen klaren Bezug zur Finanzwelt. Sowohl die Arbeitszeiten als auch die Gehaltsaussichten können insbesondere in den ersten Jahren noch deutlich extremer ausfallen.

Zwar ist der Lebensstil bei den meisten Banken bei Weitem nicht mehr so ausufernd wie im vergangenen Jahrtausend, wie der Film »Wolf of Wall Street« mit Leonardo DiCaprio es etwas überspitzt darstellt, doch gilt dennoch bei vielen Firmen die Maxime »Work Hard, Play Hard«.

Fast noch mehr als die Strategieberatungen sind Investment Banken häufig im Visier der öffentlichen Kritik, spätestens seit der Finanzkrise von 2008. Doch nur wenige Investment Banker »zocken« mit dem Geld anderer Leute – die meisten sind eher eine Art Unternehmensberater, die Unternehmen bei ganz spezifischen Finanz- und Investmentfragen zur Seite stehen.

### Was machen Investment Banken?

Investment Banken spielen eine entscheidende Rolle im globalen Finanzsystem und bieten eine Vielzahl von Finanzdienstleistungen für Unternehmen, Regierungen und institutionelle Anleger. Im Investment Banking gibt es drei Hauptbereiche: Mergers & Acquisitions (M&A), Kapitalmarktgeschäft sowie Sales & Trading.

### Mergers & Acquisitions (M&A)

M&A bezeichnet den Prozess, bei dem Unternehmen durch Fusionen, Übernahmen oder andere Formen der Konsolidierung zusammengeführt oder restrukturiert werden. Investment Banken fungieren dabei als Berater und Vermittler und unterstützen ihre Kunden bei der Identifizierung möglicher Transaktionsziele, bei der Bewertung von Unternehmen, der Verhandlung von Transaktionsbedingungen und der Strukturierung von Finanzierungen.

Die M&A-Beratung umfasst sowohl die Buy-Side (Käuferberatung) als auch die Sell-Side (Verkäuferberatung). Bei der Buy-Side-Beratung helfen Investment Banken ihren Kunden, potenzielle Übernahmeziele zu identifizieren, die strategischen und finanziellen Vorteile der Transaktion zu bewerten und ein angemessenes Gebot abzugeben. Bei der Sell-Side-Beratung unterstützen Investment Banken ihre Kunden dabei, ihr Unternehmen oder Geschäftsbereiche optimal am Markt zu positionieren, um den bestmöglichen Verkaufspreis zu erzielen.

### Kapitalmarktgeschäft

Ein weiterer wichtiger Geschäftsbereich der Investment Banken ist das Kapitalmarktgeschäft, das sich in den Bereich der Eigenkapitalfinanzierung (Equity Capital Markets, ECM) und der Fremdkapitalfinanzierung (Debt Capital Markets, DCM) unterteilt.

### Equity Capital Markets (ECM)

Im ECM-Geschäft unterstützen Investment Banken ihre Kunden bei der Emission von Eigenkapitalinstrumenten wie Aktien und wandelbaren Anleihen. Dies umfasst sowohl Börsengänge (Initial Public Offerings, IPOs), bei denen Unternehmen erstmals Aktien am öffentlichen Markt anbieten, als auch Sekundärplatzierungen, bei denen bestehende Aktionäre ihre Anteile verkaufen oder Unternehmen zusätzliche Aktien emittieren.

**Debt Capital Markets (DCM)**

Im DCM-Geschäft beraten Investment Banken ihre Kunden bei der Emission von Fremdkapitalinstrumenten wie Anleihen und syndizierten Krediten. Die Banken helfen Unternehmen und Regierungen, ihre Finanzierungsstruktur zu optimieren, indem sie dazu anleiten, die richtigen Finanzierungsinstrumente auszuwählen und Investoren für Anleihen und Kredite zu finden.

### Sales & Trading

Der Sales-&-Trading-Bereich der Investment Banken ist für den Handel mit Wertpapieren und anderen Finanzinstrumenten verantwortlich. Dies umfasst den Handel mit Aktien, Anleihen, Devisen, Rohstoffen und Derivaten. Investment Banken handeln sowohl im Auftrag ihrer Kunden (Kundenhandel) als auch auf eigene Rechnung (Eigenhandel). Dabei stehen Sales-Teams in direktem Kontakt mit institutionellen Kunden wie Pensionsfonds, Hedgefonds oder Vermögensverwaltern und nehmen deren Aufträge entgegen, während Trading-Teams für die Ausführung dieser Aufträge am Markt verantwortlich sind. Sie sind auch dafür zuständig, den Kunden laufend über Marktgeschehnisse und Handelsmöglichkeiten zu informieren. Dieser Bereich hat noch am meisten mit dem Arbeitsalltag des Investment Bankings zu tun, der in alten Wall-Street-Filmen häufig glorifiziert oder kritisiert wird. Heutzutage wird ein großer Teil der Arbeit in diesem Bereich von computergesteuerten Algorithmen erledigt, weshalb immer weniger Berufseinsteiger eine Karriere im Sales & Trading anstreben.

## WARUM IST M&A FÜR VIELE SO ATTRAKTIV?

Die meisten am Investment Banking interessierten Studenten, die ich kenne und mit denen wir bei pumpkincareers zusammenarbeiten, wollen in den Bereich M&A. In diesem Bereich gibt es auch mit Abstand am meisten verfügbare Stellen bei den Investment Banken sowie bei weiteren Firmen, den sogenannten M&A-Boutiquen, auf die wir noch zu sprechen kommen. M&A ist mit hoher Komplexität verbunden und spielt im Investment Banking eine zentrale Rolle.

Zunächst ist M&A für hohe Transaktionsvolumina verantwortlich, die oft Milliardenbeträge erreichen und Banken hohe Gebühren einbringen. Daraus folgen besonders attraktive Gehaltsmöglichkeiten. Transaktionen erfordern tiefgreifendes Wissen über Branchen, Bewertungsmethoden und rechtliche Rahmenbedingungen. Darüber hinaus ermöglichen sie langfristige Beziehungen zwischen Bank und Kunde, da sie oft Jahre in Anspruch nehmen. Als Berufseinsteiger baut man sich dadurch ein komplexes Verständnis für die Funktionsweise des Finanzsystems auf sowie ein wertvolles Netzwerk in gesamten Finanzbranchen und zu den Finanzabteilungen der Kunden.

M&A-Berater sind direkt an der Gestaltung und Umsetzung von Unternehmensstrategien beteiligt, sei es bei großen Konzernen oder mittelständischen Unternehmen. Bei der Identifizierung von Akquisitionszielen, bei der Bewertung dieser Unternehmen und bei der Entwicklung von Finanzierungs- und Verhandlungsstrategien haben sie direkten Einfluss auf die Unternehmenszukunft. Auch bei Nachfolgelösungen oder der Erschließung neuer Märkte für mittelständische Unternehmen sind sie unverzichtbar.

Die Bedeutung von M&A geht jedoch über Unternehmen hinaus und trägt zu Wirtschaftswachstum und Innovation bei. Es fördert die effiziente Nutzung von Ressourcen, nutzt Synergien und verbreitet neue Technologien. Auf diese Weise können Marktineffizienzen beseitigt, Wachstumschancen geschaffen und die Wettbewerbslandschaft verändert werden.

Durch die strategische Komponente, die eine Karriere im M&A mit sich bringt, sind die langfristigen Karrieremöglichkeiten inner- und außerhalb des Finanzsektors tendenziell deutlich attraktiver und breiter angelegt als in den anderen Bereichen des Investment Bankings.

## Warum werden Investment Banken beauftragt?

Man könnte sich fragen, weshalb Unternehmen teure Investment Banken beauftragen, statt ihre Finanzfragen intern zu klären. Vor allem in den Bereichen M&A und Kapitalmarktgeschäft agieren Investment Banken als externe Berater, sind jedoch oft unmittelbar an der Umsetzung ihrer empfohlenen Maßnahmen beteiligt. Zwar ähneln einige Gründe denen, weshalb Unternehmen Strategieberatungen beauftragen, aber es gibt weitere Argumente, die spezifisch für die Beauftragung einer Investment Bank sprechen.

Im Bereich Mergers & Acquisitions sind Transaktionen häufig komplex und erfordern umfangreiches Fachwissen zu Bewertung, Verhandlung, Finanzierung und rechtlichen Rahmenbedingungen. Unternehmen engagieren Investment Banken für diese Aufgaben, weil diese über Expertise verfügen, die Transaktionen auf verschiedenen Ebenen erfolgreich managen kann. Sie können potenzielle Käufer oder Ziele identifizieren, eine angemessene Bewertung vornehmen und den Prozess rechtlich und regulatorisch begleiten. Darüber hinaus sind Investment Banker geschickte Verhandler, die im besten Interesse ihrer Kunden handeln. Außerdem können sie bei der Finanzierung von M&A-Transaktionen helfen, indem sie diverse Finanzierungsmöglichkeiten vorschlagen und arrangieren. Prominente Beispiele, bei denen Investment Banken bei M&A-Prozessen auf beiden Seiten bei der Bewertung, den Verhandlungen und der Finanzierung beteiligt waren, sind:

- die Übernahme von WhatsApp durch Facebook (2014) für 19 Mrd. US-Dollar,
- der Kauf von LinkedIn durch Microsoft (2016) für 26,2 Mrd. US-Dollar,
- die Akquisition von Monsanto durch Bayer (2018) für 63 Mrd. US-Dollar und
- die Fusion des Industriegaseherstellers Linde und des US-Unternehmens Praxair (2018), wodurch das weltgrößte Industriegasunternehmen (Umsatz in 2022: ca. 33 Mrd. US-Dollar) entstand.

Im Equity-Capital-Markets-Bereich haben Investment Banken eine entscheidende Rolle bei der Durchführung von Börsengängen (IPOs). Sie helfen Unternehmen bei der Strukturierung des Börsengangs, bestimmen die optimale Anzahl und den Preis der auszugebenden Aktien und sind für das Marketing und den Vertrieb der Aktien verantwortlich. Zudem kümmern sie sich um die Preisfindung, indem sie Angebot und Nachfrage abwägen. Es gibt nur wenige Unternehmen, die sich für eine »direkte Notierung«, einen Börsengang ohne Beteiligung einer Investment Bank, entscheiden, da dies zwar mit geringeren Kosten, aber aufgrund ihres geringeren Erfahrungsschatzes mit deutlich höheren Risiken verbunden ist. So gut wie jedes Unternehmen, von dem du an der Börse eine Aktie erwerben kannst, hat also in der Vergangenheit bereits mit einer Investment Bank zusammengearbeitet.

Im Bereich Debt Capital Markets sind Investment Banken aufgrund ihrer Expertise und ihrer Beziehungen zu Investoren oft die erste Wahl für Unternehmen, die Kapital beschaffen möchten. Sie unterstützen Unternehmen bei der Emission von Anleihen, indem sie den richtigen Zeitpunkt für die Emission ermitteln, die Anleihen strukturieren und den Verkaufsprozess abwickeln. Bei syndizierten Krediten, bei denen mehrere Banken einem Unternehmen einen Kredit gewähren, spielen Investment Banken eine wichtige Rolle bei der Organisation und Strukturierung des Kredits sowie bei der Suche nach beteiligten Banken. Ein Beispiel ist die Anleihenemission von Tesla im Jahr 2020, bei der Investment Banken wie Goldman Sachs und Morgan Stanley Tesla bei der Strukturierung und Platzierung der Anleihen unterstützten.

## Was macht das Investment Banking für ambitionierte Berufseinsteiger besonders attraktiv?

Das Investment Banking stellt für ambitionierte Berufseinsteiger eine äußerst attraktive Branche dar. Ähnlich wie in der Strategieberatung locken verschiedene Faktoren hochqualifizierte Absolventen in diese faszinierende, wenn auch fordernde Industrie.

### Unmittelbare Einflussnahme auf Wirtschaft und Gesellschaft

Im Gegensatz zur Beratung des Unternehmensmanagements in strategischen Entscheidungen bist du im Investment Banking direkt an der Gestaltung und Umsetzung finanzieller Transaktionen beteiligt, die Auswirkungen auf die gesamte Wirtschaft und Gesellschaft haben können. Durch die Mitarbeit an Fusionen und Übernahmen, an Börsengängen oder an Kapitalerhöhungen von Unternehmen hast du einen direkten Einfluss auf wichtige wirtschaftliche Ereignisse, von denen man regelmäßig auch in den Finanznachrichten lesen kann.

### Vielfältige Aufgaben und eine steile Lernkurve

Wie in der Strategieberatung bietet auch das Investment Banking eine Vielzahl von Aufgaben und Herausforderungen, die zu einer steilen Lernkurve führen. Investment Banker müssen sowohl komplexe Finanzanalysen durchführen als auch umfangreiche Transaktionsprozesse begleiten. Zudem müssen sie ständig den Überblick über aktuelle Markttrends und wirtschaftliche Entwicklungen behalten. Dies fördert die Fähigkeit, unter Zeitdruck analytisch zu denken und komplexe Probleme zu lösen.

### Zugang zu hochrangigen Entscheidungsträgern

Ein weiterer Vorteil des Investment Bankings, ähnlich wie in der Strategieberatung, ist der Zugang zu hochrangigen Entscheidungsträgern. Ob es sich um Geschäftsführer, CFOs oder private Investoren handelt, Investment Banker stehen in direktem Kontakt mit den Entscheidern über große Finanztransaktionen. Dies ermöglicht es dir, schon früh in deiner Karriere ein wertvolles Netzwerk aufzubauen und Einblicke in die Entscheidungsprozesse auf höchster Ebene zu gewinnen.

### Hohe Erwartungen und anspruchsvolles Arbeitsumfeld

Auch im Investment Banking sind die Erwartungshaltungen an die eigene Arbeit extrem hoch. Die Arbeitszeiten sind häufig noch länger als in der Strategieberatung und stressige Arbeitsphasen, insbesondere während wichtiger Transaktionen, sind die Regel. Doch genau diese Herausforderungen bieten die Möglichkeit für eine rasche persönliche und professionelle Entwicklung. Unterstützung bieten dabei erfahrene Kollegen und Mentoren, die ihre Erfahrungen und Kenntnisse teilen und jüngere Mitarbeiter fördern.

### Hervorragende Karrierechancen nach dem Investment Banking

Ähnlich wie die Strategieberatung bietet auch das Investment Banking exzellente Karrierechancen für die Zeit nach der Bank. Der im Investment Banking erworbene Hintergrund ermöglicht den Zugang zu hochrangigen Positionen in der Finanzwelt. Viele Investment Banker wechseln daher nach einigen Jahren in leitende Positionen in der Industrie, zum Beispiel in Finanzabteilungen großer Unternehmen, in Private-Equity-Gesellschaften, in die (Wirtschafts-)Politik oder gründen ihre eigenen Start-ups.

### Klar strukturierte Karrierepfade im Investment Banking

Wie in der Strategieberatung gibt es auch im Investment Banking klar definierte Karrierepfade mit Beförderungen alle zwei bis drei Jahre bei entsprechender Leistung. Nach einer ersten Phase als Analyst steigt man in der Regel zum Associate auf, danach folgen die Stufen des Vice Presidents, Directors und schließlich des Managing Directors. Mit jeder Beförderung steigen sowohl die Verantwortung als auch das Gehalt – du hast also eine klare Perspektive für deine berufliche Entwicklung.

### Außergewöhnliche Verdienstmöglichkeiten und finanzielle Vorteile

Die Gehälter im Investment Banking sind aufgrund der höheren Arbeitsbelastung und der nur selten vorhandenen Möglichkeiten zur Vereinbarkeit von Privatleben und Beruf oft noch höher als in der Strategieberatung und gehören zu den besten in der Wirtschaft. Einsteiger können schon in den ersten Jahren Gehälter im sechsstelligen Bereich erzielen und auf höheren Ebenen sind Vergütungen von mehreren Millionen Euro keine Seltenheit. Diese hohen Einkommen spiegeln die hohen Anforderungen und den großen Einfluss der Arbeit im Investment Banking wider. Daneben gibt es weitere Vorteile, die vor allem in den ersten Jahren des Berufslebens das Einkommen weiter verbessern, wie die Übernahme der Kosten des Abendessens sowie der Taxifahrt nach Hause, wenn man – wie es üblich ist – bis in die Nacht arbeitet.

## Wie ist der Arbeitsalltag im Investment Banking?

Ein Investment Banker arbeitet in der Regel in einem Team, das sich auf eine bestimmte Branche oder einen spezifischen Geschäftsbereich konzentriert. Die Aufgaben variieren je nach Erfahrungsstufe und Position, aber sie umfassen häufig die Erstellung von Finanzmodellen und Bewertungsanalysen, die Entwicklung von Präsentationen für Kunden und internes Management sowie die Kommunikation mit Kunden, Kollegen und anderen Marktteilnehmern. Die meiste Zeit verbringen Investment Banker in ihrem Büro, oft in Finanzzentren wie London, New York oder Frankfurt. Sie arbeiten in modernen Bürogebäuden mit hervorragender Ausstattung. Die Möglichkeit auf Home-Office existiert zwar bei den meisten Firmen, in der Realität praktizieren es allerdings nur die wenigsten.

Der Arbeitsalltag im Investment Banking ist geprägt von einem hohen Arbeitstempo, langen Arbeitszeiten und einem hohen Grad an Verantwortung. Investment Banker sind oft in mehrere Projekte gleichzeitig involviert, die eine enge Zusammenarbeit mit Kunden und Kollegen erfordern. Flexibilität, analytische Fähigkeiten und ausgeprägte Kommunikationskompetenz sind unerlässlich, um in diesem Beruf erfolgreich zu agieren. Die Arbeitszeiten können je nach Arbeitslast variieren und bei vielen Firmen wird erwartet, dass man auch am Wochenende erreichbar ist. Einige Investment Banken sind dafür bekannt, dass insbesondere jüngere Banker das Büro nur selten vor drei Uhr nachts verlassen und dass man nur am Samstag einen freien Tag hat. Der Sonntag gilt dann als ganz normaler Arbeitstag. Mit diesen extremen Anforderungen kommen Investment Banker bei den führenden Firmen auf wöchentliche Arbeitszeiten von 70 bis 100 Stunden.

Eine typische Woche im Investment Banking beginnt mit Team-Meetings, in denen die anstehenden Projekte besprochen werden. Danach verbringt der Banker einen Großteil seiner Zeit mit der Analyse von Finanzdaten, der Erstellung von Finanzmodellen und der Vorbereitung von Präsentationen für Kunden. Er nimmt an Konferenzgesprächen teil, führt Due-Diligence-Prüfungen durch und stellt Kunden die neuesten Erkenntnisse und Empfehlungen vor.

Regelmäßig passiert es vor allem in den ersten Berufsjahren, dass man auch mal Leerlauf hat, sprich keine Aufgaben, da man auf das Feedback seiner Vorgesetzten wartet. Da diese einen sehr eng getakteten Terminkalender haben oder sich teilweise auch gerade in anderen Zeitzonen befinden, kann es oft Stunden dauern, bis sie sich wieder bei dir melden. Diese Feedback-Verzögerung in Kombination mit den engen Deadlines und der hohen Wichtigkeit der Projekte ist ein Grund für die extremen Arbeitszeiten. Wenn die Investment Bank, bei der du arbeitest, beispielsweise mitten in einer wichtigen Transaktion auf einmal eine wichtige neue Information erhält, muss sie blitzschnell reagieren. Als Analyst könnte es deine Aufgabe sein, eine Präsentation zu erstellen, mit der der CFO eures Kunden am nächsten Vormittag über die neue Marktlage und eure Handlungsempfehlungen aufgeklärt wird. Du stellst die Präsentation am Nachmittag fertig, schickst sie deinem Vorgesetzten zu, der jedoch erst nach dem Abendessen dazu kommt, sie sich in Ruhe anzuschauen und dir Feedback zu geben. Nun musst du seine Anmerkungen bis spät in die Nacht einbauen, um sicherzustellen, dass er sich die Präsentation am nächsten Morgen direkt nach dem Aufstehen nochmals final anschauen und dir noch kurzfristige Änderungswünsche vor dem wichtigen Meeting durchgeben kann.

Den Ablauf einer typischen Woche eines Berufseinsteigers bei einer führenden Investment Bank in einer Phase, in der keine extrem zeitkritischen Transaktionen anstehen, siehst du in diesem Schaubild:

<table>
<tr><th>Uhrzeit</th><th>Montag</th><th>Dienstag</th><th>Mittwoch</th><th>Donnerstag</th><th>Freitag</th><th>Samstag</th><th>Sonntag</th></tr>
<tr><td>9–10</td><td rowspan="2">Meeting</td><td rowspan="4">Ausführliches Company Profile</td><td rowspan="2">Company Profile</td><td rowspan="4">Support Investment Memorandum</td><td rowspan="4">Support Investment Memorandum</td><td rowspan="3">frei</td><td rowspan="15">frei</td></tr>
<tr><td>10–11</td></tr>
<tr><td>11–12</td><td rowspan="2">Company Profile</td><td rowspan="2">Fire Power Analyse</td></tr>
<tr><td>12–13</td><td>Profile</td></tr>
<tr><td>13–14</td><td>Mittagessen</td><td>Mittagessen</td><td>Mittagessen</td><td>Mittagessen</td><td>Mittagessen</td><td>Mittagessen</td></tr>
<tr><td>14–15</td><td rowspan="3">Support Pitch Deck</td><td rowspan="2">Update Profile</td><td rowspan="3">Financial Model Input</td><td rowspan="5">Support Q&A</td><td rowspan="3">Call</td><td rowspan="3">Datenbankpflege</td></tr>
<tr><td>15–16</td></tr>
<tr><td>16–17</td><td rowspan="3">Financials aufarbeiten</td></tr>
<tr><td>17–18</td><td rowspan="2">Research Management</td><td rowspan="2">Company Profile</td><td rowspan="2">Support Investment Memorandum</td><td rowspan="9">frei</td></tr>
<tr><td>18–19</td></tr>
<tr><td>19–20</td><td>Abendessen</td><td>Abendessen</td><td>Abendessen</td><td>Abendessen</td><td>Abendessen</td></tr>
<tr><td>20–21</td><td rowspan="3">Public Information Book</td><td rowspan="3">Long List</td><td rowspan="6">Support Investment Memorandum</td><td rowspan="3">Datenbankpflege</td><td rowspan="2">Support Pitch Deck</td></tr>
<tr><td>21–22</td></tr>
<tr><td>22–23</td><td rowspan="4">frei</td></tr>
<tr><td>23–24</td><td>Support Präsentation</td><td rowspan="3">Support Pitch Deck</td><td rowspan="3">Research Markt</td></tr>
<tr><td>0–1</td><td></td><td></td></tr>
<tr><td>1–2</td><td>frei</td><td></td></tr>
</table>

Bitte beachte, dass die typischen Aufgaben sowie die Arbeitszeiten stark variieren können und von Firmenkultur, Team, Projekt und Projektphase abhängen.

Die Rolle im Team variiert je nach Erfahrungsstufe: Als Analyst oder Associate ist man vor allem für die Ausarbeitung von Analysen und Präsentationen zuständig. Mit zunehmender Erfahrung und Seniorität übernimmt man mehr Verantwortung für die Kundenbeziehungen und die Steuerung von Deals. Als Director oder Managing Director ist man stark in die Akquisition von neuen Kunden und Projekten eingebunden und trägt die Hauptverantwortung für die erfolgreiche Durchführung von Transaktionen.

## Welche Firmen gibt es im Investment Banking?

Im Investment Banking existiert ein breites Spektrum an Firmen, die sich stark in Größe, Fokus und Kultur unterscheiden. Abhängig von individuellen Präferenzen und Karrierezielen kann man sich für eine der folgenden Kategorien entscheiden:

Die sogenannten Bulge Bracket Investment Banken sind die größten und renommiertesten Institutionen im Bereich des Investment Bankings. Dazu gehören unter anderem Schwergewichte wie J.P. Morgan, Goldman Sachs, Morgan Stanley, die Bank of America, die Citigroup, Barclays, die Deutsche Bank und die UBS. Sie bieten ein breites Spektrum an Finanzdienstleistungen und haben in der Regel eine starke globale Präsenz. Die Vorteile liegen in den internationalen Karrieremöglichkeiten und einem umfangreichen Netzwerk, der Möglichkeit, an großen Deals mit renommierten Kunden zu arbeiten, und dem Zugang zu umfassenden Ressourcen und branchenführender Expertise. Allerdings sind diese Unternehmen oft durch eine hohe Arbeitsbelastung und lange Arbeitszeiten, möglicherweise weniger direkte Verantwortung und Einflussnahme auf Projekte und stärkeren internen Wettbewerb gekennzeichnet.

Eine Alternative dazu sind die Elite-Boutiquen. Diese spezialisierten Investment Banken fokussieren sich auf bestimmte Geschäftsbereiche wie M&A, Restrukturierung oder Private Equity. Beispiele sind Lazard, Evercore, Moelis & Company, Centerview Partners und Perella Weinberg Partners. Sie bieten eine fokussierte Expertise und hohe Qualität der Arbeit, flachere Hierarchien und direkteren Kontakt zu Entscheidungsträgern sowie oft attraktive Gehälter und Boni. Auf der anderen Seite sind sie durch eingeschränkteres Produktangebot und Kundenstamm, eine geringere internationale Präsenz und Mobilität sowie eine potenziell weniger strukturierte Aus- und Weiterbildung gekennzeichnet.

Die sogenannten Mid-Market-M&A-Boutiquen im mittleren Marktsegment fokussieren sich auf mittelgroße M&A-Transaktionen und arbeiten häufig mit mittelständischen Unternehmen zusammen. Zu ihnen zählen Raymond James, Harris Williams, William Blair und Lincoln International. Die Vorteile liegen im engeren Kundenkontakt, stärkerer Einbindung in Projekte sowie in einer im Vergleich zu Bulge-Bracket-Banken und Elite-Boutiquen besseren Work-Life-Balance. Tendenziell bekommt man bei diesen Firmen oft die höchsten Einstiegsgehälter. Allerdings sind ihre Ressourcen und ihre Infrastruktur begrenzt, sie bieten möglicherweise weniger Prestige und langfristig geringere Gehalts- und Entwicklungsmöglichkeiten im Vergleich zu größeren Banken und sie haben ein weniger ausgeprägtes internationales Netzwerk.

Einige große Unternehmen verfügen über Inhouse-M&A-Abteilungen, die interne Transaktionen und Akquisitionen betreuen. Dazu gehören Siemens, Bayer, Allianz und die Deutsche Telekom. Sie bieten eine integrierte Perspektive auf das Unternehmen und direkte Einflussnahme auf dessen Wachstum, eine bessere Work-Life-Balance als in reinen Investment Banken und langfristigere Karriereperspektiven im Unternehmen. Andererseits sind die Projekte und Branchen, mit denen sie sich beschäftigen, begrenzt und die Gehälter und Boni möglicherweise geringer als in externen Investment Banken und es bestehen potenziell weniger Möglichkeiten zum Aufbau eines breiten Netzwerks.

Small-Cap-M&A-Beratungen konzentrieren sich auf kleinere Transaktionen und arbeiten vorwiegend mit kleinen bis mittelgroßen Unternehmen zusammen. Oft wurden sie von ehemaligen Investment Bankern größerer Firmen gegründet, die sich damit selbstständig machen. Sie bieten den Vorteil, dass man schnell Verantwortung übernehmen und sich auf einen Nischenfokus spezialisieren kann, der tiefgreifendes Wissen und Expertise in einem bestimmten Bereich ermöglicht. Außerdem bieten sie im Vergleich zu größeren Investment Banken oft eine bessere Work-Life-Balance. Die Nachteile liegen im geringeren Gehalt und weniger prestigeträchtigen Projekten im Vergleich zu größeren Banken, begrenztem Wachstumspotenzial und weniger Ressourcen sowie einer eingeschränkten internationalen Präsenz und Mobilität.

## Private Equity im Überblick

Auch Private-Equity-Firmen bekommen ähnlich wie Investment Banking und Strategieberatungen in der Öffentlichkeit regelmäßig Kritik ab. Der ehemalige SPD-Vorsitzende Franz Müntefering verglich sie 2005 mit Heuschrecken. Konkret äußerte er in einem Interview mit der Bild am Sonntag: »Manche Finanzinvestoren verschwenden keinen Gedanken an die Menschen, deren Arbeitsplätze sie vernichten – sie bleiben anonym, haben kein Gesicht, fallen wie Heuschreckenschwärme über Unternehmen her, grasen sie ab und ziehen weiter. Gegen diese Form von Kapitalismus kämpfen wir.«

Typischerweise hat ein Private-Equity-Investor jedoch nicht das Ziel, ein Unternehmen kaputtzumachen, sondern es mit neuen Ideen und neuem Kapital zum Wachsen zu bringen, damit sich die eigene Investition vermehrt und das Unternehmen nach einigen Jahren gewinnbringend weiterverkauft werden kann.

### Was genau machen Private-Equity-Fonds?

Private-Equity-Fonds sind Investmentfonds, die sich auf den Erwerb von Beteiligungen an Unternehmen spezialisieren, die in der Regel nicht an einer Börse notiert sind. Der Hauptantrieb dieser Fonds besteht darin, durch den Kauf und anschließenden Verkauf dieser Unternehmen beträchtliche langfristige Renditen für ihre Investoren zu erwirtschaften.

Private-Equity-Fonds investieren in Firmen aus verschiedensten Branchen und in unterschiedlichen Wachstumsphasen. Die Bandbreite der Investitionen erstreckt sich von Start-ups und kleinen Unternehmen bis hin zu großen etablierten Firmen. Die Auswahl potenzieller Zielunternehmen basiert auf einer Reihe von Kriterien wie Wachstumspotenzial, Marktposition, Managementqualität und die Fähigkeit, Wettbewerbsvorteile zu erzielen.

Die Finanzmittel für Private-Equity-Fonds stammen in der Regel von institutionellen Anlegern wie Pensionsfonds, Versicherungen, Stiftungen und Family Offices, aber auch von vermögenden Einzelpersonen. Diese Investoren stellen Kapital zur Verfügung, das dann vom Private-Equity-Fonds zur Beteiligung an Unternehmen verwendet wird. Im Austausch erhalten sie Anteile am Fonds und partizipieren so an den generierten Renditen.

Die versprochenen Renditen erreichen sie, indem sie in Unternehmen investieren, bei denen sie Wachstumspotenzial und Wertsteigerungsmöglichkeiten identifizieren. Nach dem Kauf einer Beteiligung arbeiten Private-Equity-Fonds eng mit dem Management des Unternehmens zusammen, um die Geschäftsstrategie zu optimieren, den operativen Ablauf zu verbessern, die Profitabilität zu erhöhen und das Wachstum zu fördern. Nach einem Zeitraum von in der Regel drei bis sieben Jahren wird die Beteiligung dann verkauft oder an die Börse gebracht, um Gewinne für die Investoren zu generieren.

Abseits der finanziellen Aspekte haben Private-Equity-Fonds auch gesellschaftlichen Mehrwert. Sie unterstützen Unternehmen, die Kapital und Expertise für ihr Wachstum benötigen, ihre Wettbewerbsposition stärken und Arbeitsplätze schaffen. Durch die Bereitstellung von Kapital und strategischer Beratung tragen Private-Equity-Fonds zur Förderung nachhaltigen Wachstums und zur Stärkung der Wirtschaft bei. Zudem helfen sie dabei, notleidende Unternehmen zu restrukturieren und zu retten, wodurch Arbeitsplätze bewahrt und Unternehmenswerte geschützt werden können.

Im Gegensatz zu Anlagemöglichkeiten wie Investments in Aktien, Anleihen, ETFs, Devisen, Immobilien oder Rohstoffe, die auch unter Kleinanlegern deutlich verbreiteter sind, verfolgt das Private Equity einen aktiven Weg.

Investoren erwerben eine direkte Beteiligung am Unternehmen und nehmen Einfluss auf die Geschäftsstrategie und -führung, um den Unternehmenswert zu steigern. Der Zeithorizont bei Private-Equity-Investitionen ist typischerweise länger als bei klassischen Investitionen. Während Private-Equity-Fonds in der Regel eine Halteperiode von drei bis sieben Jahren für ihre Beteiligungen planen, ermöglicht die Liquidität börsennotierter Wertpapiere im Asset Management kurzfristigere Anlageentscheidungen.

Die Renditeerwartungen sind bei Private Equity aufgrund des höheren Risikos und des längeren Zeithorizonts in der Regel höher als bei klassischen Investitionsmöglichkeiten. Private Equity bietet zudem weitere Vorteile gegenüber dem Asset Management, wie bessere Diversifikation und Zugang zu Nischenmärkten und -unternehmen, in die anders gar nicht investiert werden kann.

Inzwischen gibt es übrigens auch für Kleinanleger die Möglichkeit, sich für vergleichsweise geringe Summen an Private-Equity-Investments zu beteiligen. Trotz der Vorteile sollten Anleger ihre Anlagestrategie jedoch sorgfältig abwägen und ihre Risikotoleranz berücksichtigen, bevor sie sich für Private-Equity-Investitionen entscheiden.

## Wie läuft ein typischer Deal im Private Equity ab?

Ein typischer Private-Equity-Deal besteht aus mehreren Phasen, von der Identifikation möglicher Investitionen bis zur endgültigen Integration des erworbenen Unternehmens.

Im ersten Schritt, dem Deal Sourcing und Screening, identifizieren Private-Equity-Fonds potenzielle Investments durch Marktanalysen, Branchenwissen und Beziehungen. Sie bewerten diese Gelegenheiten anhand bestimmter Kriterien wie Unternehmensgröße, Wachstumspotenzial und strategischer Passform.

Darauf folgt die Erstbewertung, bei der das Private-Equity-Team die finanzielle Leistung, die Wettbewerbsposition und die Wachstumsprognosen des Unternehmens beurteilt. In dieser Phase finden oft erste

Diskussionen mit der Geschäftsführung des Zielunternehmens statt. In der dritten Phase erstellt das Team, bei positiver Beurteilung, ein indikatives Angebot mit den grundlegenden Deal-Bedingungen wie Kaufpreis, Finanzierungsstruktur und vorgesehener Beteiligungsquote.

Sobald das Angebot akzeptiert wird, folgt die Due Diligence. Hierbei werden mit Hilfe externer Berater alle Aspekte des Unternehmens, einschließlich Finanzen, rechtliche Aspekte und Marktbedingungen, umfassend geprüft. Danach werden bei Verhandlung und der Strukturierung des Deals Kaufpreis, Zahlungsbedingungen und künftige Beteiligungsstrukturen festgelegt. Dabei berücksichtigt das Team Steuern, Regulierung und Risikomanagement. Sind die Verhandlungen abgeschlossen, präsentiert das Private-Equity-Team den Deal dem Investment Committee zur Überprüfung und endgültigen Genehmigung.

Nach der Genehmigung erfolgt der Abschluss und das Unternehmen wird in das Portfolio des Fonds aufgenommen. Hier beginnt die Zusammenarbeit mit dem Management, um Wachstumsinitiativen und operative Verbesserungen zu fördern.

Schließlich plant das Team den Exit, um den Wertzuwachs zu realisieren und Renditen zu erzielen. Der Exit kann durch Verkauf, Börsengang oder Management Buyout erfolgen, abhängig von der Marktsituation, den erzielten Wertsteigerungen und den Renditeerwartungen der Investoren.

Der Prozess eines Private-Equity-Deals kann abhängig von der Komplexität mehrere Monate bis Jahre dauern und erfordert umfangreiches Wissen in den Bereichen Finanzen, Strategie und Risikomanagement. Zudem müssen Private-Equity-Profis effektiv mit diversen Stakeholdern kommunizieren und zusammenarbeiten können.

Da diese Deals sehr abwechslungsreich sind, kann man im Private Equity keinen typischen Arbeitsalltag skizzieren. Du kannst jedoch damit rechnen, dass sich die typischen Arbeitszeiten insbesondere bei den führenden Investmentfirmen nicht zu sehr von denen in der Strategieberatung oder im Investment Banking unterscheiden, du aber deutlich mehr Flexibilität bei der Einteilung deiner Arbeitszeit hast.

## Was macht das Private Equity für ambitionierte Berufseinsteiger besonders attraktiv?

Private Equity ist eine besonders attraktive Branche für ambitionierte Berufseinsteiger, die eine bedeutende Rolle in der Finanzwelt spielen und einen unmittelbaren Einfluss auf Unternehmen und Märkte nehmen wollen. Die folgenden Faktoren machen sie für Berufseinsteiger besonders interessant:

### Direkte Einflussnahme auf die Unternehmensentwicklung

Im Vergleich zu den Beratungsbranchen und dem Investment Banking bietet Private Equity die Möglichkeit, unmittelbar an der Gestaltung und Entwicklung von Unternehmen mitzuwirken. In Private-Equity-Firmen ist man nicht nur Berater oder Vermittler von Finanztransaktionen, sondern wird zum Eigentümer und Lenker von Unternehmen. Man investiert in Unternehmen, erarbeitet Strategien für ihr Wachstum und steuert deren Umsetzung. Dies kann besonders reizvoll sein, da man direkte Auswirkungen der eigenen Arbeit auf die Geschäftsperformance sehen kann.

### Umfassende Kenntnisse über Unternehmen und Branchen

Private Equity bietet auch eine ausgezeichnete Gelegenheit, tiefgreifende Kenntnisse über Unternehmen, Branchen und Märkte zu erwerben. Dies reicht von der Due-Diligence-Prüfung und der Analyse potenzieller Investitionen bis hin zur aktiven Steuerung von Portfolio-Unternehmen. Die Arbeit im Private Equity erfordert und fördert damit ein breites Spektrum an Kenntnissen und Fähigkeiten.

### Zugang zu erfahrenen Führungskräften und Unternehmern

Ähnlich wie Strategieberatung und Investment Banking bietet auch Private Equity Zugang zu hochrangigen Entscheidungsträgern. Dies umfasst sowohl die Manager der Portfolio-Unternehmen als auch erfolgreiche Unternehmer und Branchenexperten, mit denen man zusammenarbeitet. Diese Netzwerke können sowohl für die aktuelle Arbeit im Private Equity als auch für zukünftige Karriereschritte von großem Wert sein.

### Intensives und forderndes Arbeitsumfeld

Auch im Private Equity sind die Anforderungen an die eigene Arbeit sehr hoch. Die Arbeitsbelastung ist intensiv und die Verantwortung groß, da man direkt das Kapital der Investoren verwaltet und die Zukunft von Unternehmen beeinflusst. Doch auch diese hohe Verantwortung und die daraus resultierenden Herausforderungen bieten eine ausgezeichnete Plattform für eine schnelle persönliche und professionelle Entwicklung.

### Exzellente Karrierechancen nach der Tätigkeit im Private Equity

Nach einigen Jahren im Private Equity stehen vielen Professionals Türen in verschiedenen Bereichen der Wirtschaft offen. Ob in leitenden Positionen in der Industrie, bei anderen Finanzdienstleistern oder bei der Gründung eigener Unternehmen – die im Private Equity erworbene Erfahrung ist sehr wertvoll. Zudem unterstützen viele Private-Equity-Firmen ihre Mitarbeiter aktiv bei der Suche nach neuen Herausforderungen und bieten somit hervorragende Karrierechancen.

### Besonders attraktive Verdienstmöglichkeiten

Die Vergütung im Private Equity kann ausgesprochen hoch sein und die Gehälter im Investment Banking und in der Strategieberatung übersteigen. Neben einem attraktiven Grundgehalt und Bonuszahlungen basierend auf der individuellen und der Unternehmensleistung ist der Carried Interest oder Carry von besonderer Bedeutung. Er stellt den Anteil des Gewinns eines Investmentfonds dar, der an die Fondsmanager ausgeschüttet wird, und ist somit direkt an den Erfolg der Investments gekoppelt. In einigen Fällen haben Mitarbeiter im Private Equity auch die Möglichkeit, ihr eigenes Geld in die Fonds zu investieren, in denen sie arbeiten, und so von ihren erfolgreichen

Entscheidungen zu profitieren. Dieses Modell erhöht die attraktiven Verdienstmöglichkeiten im Private Equity und macht es zu einer der lukrativsten Bereiche in der Finanzbranche. So ist es nicht unüblich, dass Mitarbeiter bei den führenden Private-Equity-Fonds nach wenigen Jahren Berufserfahrung schon über 500.000 Euro im Jahr verdienen und eine realistische Aussicht haben, dass sich ihr Einkommen alle drei bis vier Jahre verdoppelt, bis sie bei einer Jahresgesamtvergütung im hohen siebenstelligen oder niedrigen achtstelligen Bereich angekommen sind.

## Welche Firmen gibt es im Private Equity?

Im Private Equity unterscheidet man zwischen klassischem Private Equity, Growth Equity und Venture Capital.

### Klassisches Private Equity

Klassisches Private Equity bezieht sich auf Investitionen in etablierte, reife Unternehmen, die einen starken Cashflow und eine solide Marktstellung aufweisen. Private-Equity-Fonds erwerben in der Regel eine Mehrheitsbeteiligung an diesen Unternehmen, um Einfluss auf die Geschäftsstrategie und -führung nehmen zu können. Ziel ist es, das Unternehmen durch strategische Neuausrichtung, Kosteneinsparungen, operative Verbesserungen und/oder Unterstützung bei Akquisitionen wettbewerbsfähiger und profitabler zu machen. Nach einer bestimmten Halteperiode, meist zwischen drei und sieben Jahren, werden die Beteiligungen wieder verkauft oder an die Börse gebracht, um Gewinne für die Investoren zu realisieren. Hier geht es häufig um die allergrößten Summen und die allerbesten Gehälter, doch damit verbunden sind meist besonders harte Arbeitszeiten. Beispiele für große klassische Private-Equity-Firmen sind:

- The Blackstone Group (kaufte 2007 das Hotelunternehmen Hilton Worldwide für ca. 26 Mrd. US-Dollar)

- KKR (übernahm 2005 für knapp 6 Mrd. US-Dollar den US-Spielzeugkonzern Toys»R«Us)
- CVC Capital Partners (erwarb 2015 die deutsche Parfümerie-Kette Douglas für etwa 2,8 Mrd. Euro)
- Advent International (verkaufte 2015 Douglas an CVC)
- Cinven (erwarb 2015 den deutschen Labordienstleistungsanbieter Synlab)

### Growth Equity

Growth Equity bezieht sich auf die Investition in wachstumsstarke, bereits etablierte Unternehmen, die zusätzliches Kapital benötigen, um ihre Wachstumspläne zu finanzieren. Im Gegensatz zum klassischen Private Equity liegt der Fokus hier auf Unternehmen, die bereits profitabel sind, aber noch nicht die Größe oder den Marktanteil erreicht haben, um als reife Unternehmen eingestuft zu werden. Growth-Equity-Investoren beteiligen sich oft als Minderheitsaktionäre, ohne die vollständige Kontrolle über das Unternehmen zu übernehmen. Sie unterstützen das Unternehmen jedoch bei der Umsetzung von Wachstumsstrategien, etwa durch die Erschließung neuer Märkte, die Entwicklung neuer Produkte oder die Durchführung von Akquisitionen. Beispiele für bekannte Firmen im Growth Equity sind:

- General Atlantic (Investition in Klarna)
- Summit Partners (Investition in Avast)
- TA Associates (Investition in ION Investment Group)
- Insight Venture Partners (Investition in Shopify)
- Technology Crossover Ventures (TCV) (Investition in Netflix)

### Venture Capital

Venture Capital bezieht sich auf die Investition in Start-ups und junge Unternehmen, die aufgrund ihres disruptiven Geschäftsmodells, ihrer innovativen Technologie oder ihres Wachstumspotenzials als besonders aussichtsreich gelten. Diese Unternehmen befinden sich meist in der Gründungs- oder frühen Wachstumsphase und verfügen noch nicht über einen stabilen Cashflow oder eine etablierte Marktstellung. Venture-Capital-Investoren beteiligen sich in der Regel als Minderheitsaktionäre und unterstützen Start-ups nicht nur finanziell, sondern auch durch ihr Netzwerk, ihre Branchenkenntnisse und ihre Erfahrungen im Aufbau von Unternehmen. Da diese Investitionen mit einem höheren Risiko verbunden sind, streben Venture-Capital-Investoren im Erfolgsfall auch höhere Renditen an. Beispiele für bekannte Venture-Capital-Firmen sind:

- Sequoia Capital (Investition in Google)
- Andreessen Horowitz (Investition in Airbnb)
- Lightspeed Venture Partners (Investition in Snap Inc.)
- SoftBank Investment Advisers (Investition in Uber)
- Global Founders Capital (Investition in Slack)

### Inhouse-Private-Equity-Abteilungen

Einige große Unternehmen haben eigene Private-Equity-Abteilungen, die in Start-ups und wachstumsstarke Unternehmen investieren, die für das Mutterunternehmen strategisch relevant sind. Diese Inhouse-Private-Equity-Abteilungen verfolgen oft den Zweck, neue Technologien, Produkte oder Dienstleistungen zu identifizieren und zu fördern, die das Kerngeschäft des Unternehmens ergänzen oder erweitern können. Beispiele für Inhouse-Private-Equity-Abteilungen sind:

- Google Ventures (Alphabet)
- Intel Capital (Intel Corporation)
- Salesforce Ventures (Salesforce)

Noch intensivere Einblicke in den realen Arbeitsalltag in diesen Branchen im Rahmen von Erfahrungsberichten aus erster Hand erhältst du im Online-Kurs zu diesem Buch (siehe Seite 27).

# DER TRAUM VON DER SPITZE: MOTIVATIONEN UND ZIELE DER ELITESTUDENTEN

Nun hast du einen umfassenden Überblick über die verschiedenen Jobs erhalten, die einen Zugang zur Wirtschaftselite ermöglichen. Wie du dir vermutlich denken kannst, gibt es aufgrund der unglaublichen langfristigen Chancen, die dir so ein Karriereeinstieg gibt, jedes Jahr Zehntausende junge Menschen, die an so einem Werdegang interessiert sind, aber für nur einen Bruchteil von ihnen freie Stellen bei den Top-Arbeitgebern. Viele Spitzenunternehmen, die offen über ihre Einstellungsquoten sprechen, berichten von Annahmeraten von meist weniger als 3 Prozent. Es ist daher nicht verwunderlich, dass ehrgeizige Studenten, die sich eine Karriere in diesen Branchen wünschen, während ihres Studiums alles tun, um später einen solchen Job zu bekommen.

Vielleicht fragst du dich: Wer sind diese jungen Menschen, die ein gewöhnliches Studentenleben ablehnen und stattdessen intensive Lernphasen und kräftezehrende Praktika in Kauf nehmen, um ihre hohen Berufsziele zu erreichen? Sie nehmen Studienkredite in Höhe von Zehntausenden von Euro auf und sind bereit, in Berufen wie Investment Banking oder Beratung manchmal über 80 Stunden pro Woche zu arbeiten, alles mit dem Ziel, ihre Traumkarriere zu verwirklichen. Genau darüber spreche ich in diesem Kapitel.

## Die Motivation

In den vergangenen vier Jahren habe ich Tausende von Gesprächen geführt und Umfragen durchgeführt. Dabei haben sich vier zentrale Motivationen herauskristallisiert, die junge Menschen dazu bewegen, eine Karriere in den Bereichen Investment Banking, Strategieberatung oder Private Equity anzustreben.

Erstens: der Antrieb, zu den Besten zu gehören. Viele junge Menschen streben danach, ihre Potenziale voll auszuschöpfen und etwas »Großes« zu erreichen. Sie glauben an ihr Potenzial und haben den inneren Antrieb, sich in herausfordernden und konkurrenzreichen Umgebungen zu beweisen. Sie sehen ihre berufliche Laufbahn als Möglichkeit, ihre Ambitionen zu verwirklichen und ihren Ehrgeiz zu stillen.

Zweitens: die intellektuelle Herausforderung. Die jungen Talente, die sich in diesen High-Performance-Bereichen engagieren, suchen oft nach intellektuell anspruchsvollen Tätigkeiten. Im Gegensatz zu vielen traditionellen Berufen, in denen Routinearbeiten überwiegen, ermöglichen Positionen in Investment Banking, Strategieberatung oder Private Equity die Arbeit an komplexen strategischen Projekten. Sie sind ständig umgeben von außergewöhnlich klugen und ambitionierten Kollegen, von denen sie lernen können. Dies fördert kontinuierlich ihre persönliche und fachliche Weiterentwicklung.

Drittens: der Wunsch nach Einfluss und Macht. Mit einer Position in diesen Bereichen können sie einen signifikanten Einfluss auf Unternehmen und Märkte ausüben. Die Arbeit an strategisch relevanten Projekten, die weitreichende Auswirkungen haben, ermöglicht es ihnen, Veränderungen herbeizuführen und ihre Spuren zu hinterlassen. Die Tatsache, dass viele ihrer Projekte in Wirtschaftszeitungen erwähnt werden oder zumindest von hoher Bedeutung sind, stärkt das Gefühl, eine entscheidende Rolle zu spielen.

Viertens: die finanziellen Aspekte. Viele junge Menschen streben nach einem gewissen Lebensstandard und finanzieller Sicherheit. Sie träumen nicht unbedingt von einem Ferrari oder einer Superyacht, aber ein eigenes Haus, ein luxuriöses Auto, schöne Urlaube, regelmäßige Restaurantbesuche und hochwertige Kleidung sind oft Teil ihrer Wunschvorstellung. Ein stabiles finanzielles Polster und die Aussicht auf finanzielle Unabhängigkeit sind für viele wichtige Aspekte. Einige ambitionierte Talente haben das Ziel, ein Vermögen aufzubauen, das über ihr eigenes Leben hinausreicht und ihren Kindern ein finanziell sorgenfreies Leben ermöglicht.

Zu beachten ist: Diese Motivationen hängen stark von individuellen Lebenserfahrungen, der Erziehung, externen Faktoren und der Persönlichkeit jedes Einzelnen ab. Manche sind weniger an den finanziellen Aspekten interessiert und ziehen ihre Motivation hauptsächlich aus der intellektuellen Herausforderung und dem Lernen von intelligenten Kollegen. Andere hingegen schätzen die Aussicht auf ein hohes Einkommen und die Möglichkeit, Führungsverantwortung zu übernehmen, obwohl sie weniger Freude an den intellektuellen Aspekten ihrer Arbeit finden.

Aber egal, welches dieser Ziele überwiegt, eines bleibt klar: Der Eintritt in diese Hochleistungsfelder eröffnet vielfältige Möglichkeiten und Wege für die Zukunft. Viele junge Menschen sind sich noch unsicher, wo sie die meiste Zeit ihres Arbeitslebens verbringen möchten. In Branchen wie Investment Banking, Strategieberatung oder Private Equity einzusteigen, ermöglicht ihnen jedoch, alle künftigen Optionen offen zu halten.

Es ist durchaus legitim, dass junge Menschen den Wunsch verspüren, sich finanziell abzusichern und zu den Besten zu gehören. Als jemand, der während seines Studiums mit finanziellen Engpässen konfrontiert war und vertraut mit den damit verbundenen Herausforderungen ist, kann ich diese Motivation voll und ganz verstehen. Es ist jedoch auch wichtig, zu betonen, dass finanzielle Ziele nicht der einzige Antrieb für eine Karriere sein sollten. Während finanzielle Sicherheit und Erfolg zweifellos wichtige Faktoren sind, ist es genauso wichtig, andere Interessen und Aspekte in die Karriereziele einzubeziehen. Glücklicherweise berücksichtigen die meisten, mit denen ich täglich zusammenarbeite, diesen Aspekt auch in ihren beruflichen Bestrebungen.

## Wer sind die jungen Menschen, die diese Ziele verfolgen?

Die sozialen und persönlichen Hintergründe dieser Menschen sind ebenso vielfältig wie ihre Motivation. Am meisten kann ich über die Demografie unserer über 1000 aktiven Coaching-Mitglieder sprechen – aufgrund der Größe der Stichprobe gehe ich davon aus, dass sie repräsentativ für die Gesamtheit an jungen Menschen ist, die so eine Karriere anstreben. Obwohl die meisten Studenten uns über ihr gesamtes Studium hinweg einen mittleren vierstelligen Betrag für eine mehrjährige Zusammenarbeit bezahlen, ist ihre soziale Herkunft sehr gemischt. Rund ein Drittel von ihnen sind Erstakademiker, das heißt, kein Elternteil hat ein abgeschlossenes Studium.

Die Mehrheit stammt aus ganz gewöhnlichen mittelständischen Verhältnissen, genau wie ich. Sie wollen beruflich und materiell mehr erreichen als ihre Eltern und sehen einen dieser Jobs als spannendes Instrument, um diesen Wunsch zu erfüllen. Möglicherweise haben sie auch schon in der Schule überdurchschnittlich gut abgeschnitten und wollen nicht, dass ihre hervorragenden Noten vergeblich waren. Daher wählen sie einen Karriereweg, bei dem sich ihre Leistung auszahlt. Ein großer Antrieb ist oft auch der Wunsch nach einem bestimmten Lebensstandard, Sicherheit für die eigene Zukunft und die Möglichkeit, sich langfristig alle Optionen offen zu halten.

Obwohl ich selbst aus durchschnittlichen Verhältnissen stamme, arbeite ich ebenso gern mit Menschen zusammen, die aus Verhältnissen kommen, die es ihnen leider erheblich erschweren, eine erfolgreiche Karriere in einem Top-Wirtschaftsjob anzustreben. Das können beispielsweise Kinder aus sozial benachteiligten Familien sein, die durch familiäre Probleme in der Schule keine guten Noten erzielen konnten. Oft brauchen diese Menschen etwas länger, um ihre hohen beruflichen Ambitionen zu erkennen und zu verfolgen – doch wenn sie erstmal aufgeholt haben, sind sie nicht mehr aufzuhalten. Besonders die Aussicht auf ein in finanzieller Hinsicht sorgenfreies Leben stellt für viele von ihnen einen starken Antrieb dar.

Auf der anderen Seite gibt es auch Studenten aus privilegierten Verhältnissen, deren Eltern beispielsweise im Investment Banking oder in der Unternehmensberatung tätig waren, erfolgreiche Unternehmer sind oder aus einer bekannten Unternehmerdynastie stammen. Diese jungen Menschen empfinden oft den Drang, ihrer Familie und ihrem sozialen Umfeld zu beweisen, dass sie mindestens ebenso erfolgreich sein können wie ihre Vorfahren, und streben manchmal an, diese noch zu übertreffen. Ihre Eltern haben ihnen vorgelebt, hart zu arbeiten, sodass sie nichts anderes kennen, als sich im Geschäftsleben anzustrengen und erfolgreich zu sein. Diese Studenten verfügen über eine vorteilhafte Ausgangslage, da sie schon in der Schulzeit viel Unterstützung erhalten und ihre Eltern über das nötige Geld für ein Studium an einer renommierten Business School im Ausland oder einer führenden deutschen Privatuniversität verfügen. Dort haben sie tendenziell noch bessere Jobchancen als mit einem Studium an einer staatlichen Universität. Sie sind bestrebt, diese Privilegien nicht ungenutzt zu lassen, und arbeiten daher umso härter, um ihre Eltern stolz zu machen und sich eine erfolgreiche Karriere zu sichern. In der Zusammenarbeit mit ihnen sorgen wir dann dafür, dass sie all die Möglichkeiten, die sie haben, auch bestmöglich für sich und ihre Ziele nutzen, um einen Top-Berufseinstieg zu bekommen.

Ungeachtet der sozialen Herkunft teilen alle diese Menschen die Gemeinsamkeit, dass sie hohe berufliche Ziele verfolgen, etwas aus sich machen wollen und darauf abzielen, langfristigen Einfluss auf die Wirtschaft auszuüben. Außerdem sind sie bereit, während ihres Studiums und in den ersten Jahren ihrer Karriere alles dafür zu geben, um eines Tages ihre ambitionierten Berufsziele in Erfüllung gehen zu lassen.

Was genau im Studium zu tun ist, um es zu den Top-Firmen in Investment Banking, Strategieberatung und Private Equity zu schaffen, erfährst du im folgenden Kapitel.

KAPITEL 3

# DER WEG ZUR SPITZE

In diesem Kapitel möchte ich dir Strategien aufzeigen, die ambitionierte Studierende anwenden, um nach ihrem Studium zur Wirtschaftselite zu gehören. Diese Erfolgsstrategien wurden von uns bei pumpkincareers vier Jahre lang in Zusammenarbeit mit mehr als 1000 engagierten Studierenden erarbeitet, die wir auf ihrem Weg in diese Branche begleitet haben.

Darüber hinaus haben wir viel Zeit damit verbracht, die Karrierewege erfolgreicher Berufseinsteiger in Top-Investment-Banken, Strategieberatungen und Private-Equity-Firmen zu analysieren. Dank Plattformen wie LinkedIn ist dies für jeden möglich und so kannst auch du die hier präsentierten Informationen kritisch prüfen. Falls du nicht die Zeit aufwenden willst, Hunderte LinkedIn-Profile selbst durchzugehen, findest du im kostenfreien Online-Kurs zu diesem Buch, auf den ich am Anfang verwiesen habe (Seite 27), mehrere Berichte, die wir auf der Basis dieser Analysen erstellt haben. Dort kannst du selbst genau nachlesen, wer es mit welchem Werdegang zu den Top-Firmen im Investment Banking und in der Strategieberatung geschafft hat. Diese Reports wurden sowohl in unseren Zielbranchen als auch von Fachmedien wie dem Handelsblatt oder dem Business Insider mehrfach erwähnt und geben dir einen guten Überblick über die tatsächlichen Anforderungen der Unternehmen.

Sie sind extrem hoch und nur für einen kleinen Teil der Leser dieses Buchs realistisch erfüllbar. Daher möchte ich als Erstes die Frage klären, ob es überhaupt für jeden möglich ist, es in diese Branche zu schaffen. Du wirst feststellen, dass es neben den hohen Anforderungen drei weitere Faktoren gibt, die es schwierig machen, in diese Jobs zu gelangen: die Intransparenz der tatsächlichen Anforderungskriterien, die damit verbundene Chancenungleichheit und der Zeitfaktor bei der Verfolgung dieses Ziels.

Anschließend erläutere ich dir die Auswahlkriterien, die du erfüllen musst, um in die Top-Unternehmen zu gelangen.

**Disclaimer: Mein Ansatz nutzt dir auch in anderen Branchen.**

Übrigens: Die besonders hohen Anforderungen, die ich dir in diesem Kapitel vorstelle, gelten hauptsächlich für Top-Investment-Banken, erstklassige Strategieberatungen und führende Private-Equity-Firmen. Doch auch wenn du nicht unbedingt bei einem dieser Top-Unternehmen landen möchtest, sondern vielleicht lieber in einer mittelständischen Unternehmensberatung arbeiten oder ein Traineeprogramm bei einem großen Konzern oder Mittelständler absolvieren willst, wenn du in den Start-up-Sektor einsteigen willst oder einfach noch nicht genau weißt, wohin deine berufliche Reise gehen soll, kommt dir dieser Ansatz zugute. Was auch immer dein Ziel ist: Wenn du dich für einen Job bei einem Wirtschaftsunternehmen bewirbst, entscheiden die Bereiche, die du in diesem Kapitel kennenlernst, über deinen Erfolg. Und glaub mir, es gibt viele attraktive Jobs außerhalb von Investment Banking, Strategieberatung und Private Equity, die ebenfalls sehr begehrt sind. Beispielsweise möchten viele in ein Traineeprogramm eines DAX-Unternehmens einsteigen, wo sie mit einer 40-Stunden-Woche bereits 60.000 bis 70.000 Euro im Jahr verdienen können, großartige Corporate Benefits genießen und eine planbare Karriereperspektive haben, ohne ihre Work-Life-Balance zu vernachlässigen. Auch hier gibt es mehr Bewerber als offene Stellen. Wenn du also ein Profil hast, das für eine Top-Beratung geeignet wäre, du dich aber für einen Job mit entspannteren Arbeitszeiten bei einem DAX-Konzern entscheidest, wirst du wahrscheinlich ein stärkeres Profil haben als viele andere Bewerber und so im Bewerbungsverfahren überzeugen. Deshalb empfehle ich dir auch bei anderen beruflichen Zielen als Investment Banking, Strategieberatung und Private Equity, dieses Kapitel genau zu lesen und während deines Studiums so viel wie möglich daraus umzusetzen.

# KANN ES JEDER ZU DEN TOP-FIRMEN SCHAFFEN?

Die einfache Antwort auf die Frage, ob jeder einen Einstieg bei den Top-Firmen in der Strategieberatung, im Investment Banking oder im Private-Equity-Bereich schaffen kann, lautet Nein. Vier Hauptgründe sprechen gegen die Möglichkeit, dass jeder junge Mensch eine solche Karriere erreichen kann.

Dieses Kapitel soll dich weder demotivieren noch dir das Gefühl zu geben, ein Einstieg in diese Branchen sei für dich völlig unerreichbar. Selbst wenn du an der ein oder anderen Stelle denkst, dass du die Anforderungen nicht erfüllen kannst, bedeutet das nicht, dass du nicht die Ausnahme von der Regel sein kannst. Du könntest trotzdem eines Tages eine einflussreiche Position in der Wirtschaft innehaben.

Es ist jedoch sehr wichtig, dass du realistische Erwartungen hast, was für dich machbar ist und was nicht. Es ist klar, dass nicht Millionen von Menschen jedes Jahr Top-Investment-Banker, Gründer oder CEOs werden können. Die Plätze an der Spitze der Wirtschaft sind nur für eine kleine Minderheit verfügbar. Die folgenden vier Bereiche gestalten den Einstieg als Herausforderung.

## Nicht genug Plätze an der Spitze

Die besten Karrierechancen, um es in der Wirtschaft *nach ganz oben* zu schaffen, eröffnen sich dir, wenn du nach dem Studium bei international renommierten Unternehmen einsteigst. Sie sind an den bedeutendsten Projekten beteiligt, verfügen über ausgeprägte Alumni-Netzwerke und verleihen deinem Lebenslauf einen erstklassigen Prädikatstempel. Wer es nicht bis zu diesen Spitzenunternehmen schafft, hat es schwerer, zur wirtschaftlichen Elite aufzusteigen.

Wie du bereits in den vorherigen Kapiteln gelernt hast, ist die Anzahl der verfügbaren Positionen für Hochschulabsolventen bei den wenigen Top-Unternehmen wesentlich geringer als die Anzahl der Interessenten, die nach ihrem Studium dort einsteigen möchten. Unsere Recherchen für die im Rahmen des Online-Kurses zu diesem Buch eingebetteten Reports (siehe Seite 27) ergeben, dass es bei den führenden Strategieberatungen pro Unternehmen jedes Jahr nur zwischen 100 bis 300 Stellen für Berufseinsteiger mit deutschsprachigem Studienhintergrund gibt.

Diese Zahl deckt sich mit den offiziellen Angaben der Unternehmen. Daher kommen wir auf weniger als 1000 verfügbare Stellen pro Jahr bei den führenden deutschen Strategieberatungen wie McKinsey, BCG, Bain und Roland Berger. Um diese Stellen konkurrieren nicht nur viele der über 500.000 Wirtschaftsstudenten in Deutschland, sondern auch Studierende aus anderen Fachrichtungen wie Maschinenbau, Physik, Mathematik, Jura, Medizin, Psychologie oder Philosophie. Nicht selten bewirbt sich eine hohe zweistellige Anzahl an Personen auf jede freie Stelle. Die Top-Strategieberatungen können daher extrem hohe Anforderungen an die Bewerbungsunterlagen und die übrigen Bewerbungsschritte stellen.

Der Konkurrenzkampf um die Stellen bei den Top-Investment-Banken ist noch extremer. Insbesondere in Frankfurt am Main, dem Investment-Banking-Hub auf dem europäischen Festland, gibt es pro Unternehmen meist nur fünf bis zehn offene Stellen pro Jahr für Berufseinsteiger im Investment Banking. Damit kommen wir in Frankfurt auf weniger als 100 verfügbare Stellen pro Jahr bei Investment Banken mit internationaler Relevanz und Zugang zu milliardenschweren Geschäften.

Als deutschsprachiger Absolvent hast du grundsätzlich auch die Möglichkeit, in London einzusteigen, wo die Investment-Banking-Teams deutlich größer sind. So beginnen dort pro Unternehmen jährlich zwischen 50 und 100 Einsteiger ihre Karriere im Investment Banking. Allerdings machen deutschsprachige Einsteiger aufgrund der Diversität nur einen geringen Prozentsatz dieser Neueinsteiger aus. In New York, wo die Investment-Banking-Teams am größten sind, ist ein Einstieg als deutschsprachige Person fast unmöglich, es sei denn, man hat auch in den USA studiert. Großzügig gerechnet, gibt es somit für maximal 200, wahrscheinlich sogar weniger Personen mit einem deutschsprachigen Studienhintergrund die Möglichkeit, einen Berufseinstieg bei einer führenden Investment Bank zu schaffen. Dies spiegelt sich auch in der Selektivität der Bewerbungsverfahren wider. So habe ich regelmäßig erlebt, dass selbst für Praktika über fünf Interviewrunden stattfanden. Die US-Investment-Bank Goldman Sachs gab sogar in einer offiziellen Stellungnahme bekannt, dass lediglich 1,57 Prozent der Bewerber, die sich für ein Praktikum beworben haben, angenommen wurden.*

Besonders anspruchsvoll ist der Berufseinstieg wie auch der Wechsel nach wenigen Jahren im Investment Banking oder in der Strategieberatung zu einem führenden Private-Equity-Fonds. Beim Private-Equity-Giganten Blackstone schafften es von 62.000 Bewerbern nur 0,27 Prozent, ein Angebot für einen Berufseinstieg in 2023 zu erhalten. Im Vergleich dazu: An der Elite-Uni Harvard erhalten 3,3 Prozent aller Bewerber einen Studienplatz.** Viele dieser Unternehmen, die Milliardensummen bewegen, beschäftigen pro Standort oft nur eine Handvoll Mitarbeiter und stellen nur sporadisch neue Kräfte ein. Da die Gehalts- und Karriereaussichten bei Top-Private-Equity-Firmen generell besser sind als in der Strategieberatung oder im Investment Banking, streben viele hervorragende Absolventen genau nach diesen Positio-

---

* Vgl. Son, Hugh: »Goldman Sachs CEO David Solomon's advice to summer interns: 'Be an entrepreneur'«, CNBC, 09.06.2022, https://www.cnbc.com/2022/06/09/goldman-sachs-ceo-david-solomons-advice-to-summer-interns-be-an-entrepreneur.html, aufgerufen am 07.08.2023

** Vgl. Sullivan, Casey; Alexander, Reed: »Getting an entry-level job at Blackstone is harder than getting into Harvard, says Steve Schwarzman. Here‹s how to ace an interview and land a job there.« Business Insider, 21.07.2023, https://www.businessinsider.com/how-to-get-hired-blackstone-private-equity-jobs-interview-questions-2020-10, aufgerufen am 07.08.2023

nen und würden sie einem Angebot einer Top-Investment-Bank oder Top-Strategieberatung vorziehen. Daher können Private-Equity-Firmen extrem hohe Anforderungen an Bewerber stellen. Sie bevorzugen in der Regel Kandidaten, die bereits Erfahrung in einer Top-Strategieberatung oder Top-Investment-Bank gesammelt haben. Unter den Kandidaten, die die bereits sehr selektiven Bewerbungsverfahren bei Top-Strategieberatungen oder Top-Investment-Banken bestanden haben, schaffen es dann in der Regel nur die allerbesten und ambitioniertesten zu den Private-Equity-Fonds. Die Wahrscheinlichkeit, dass du einer der etwa 30 deutschsprachigen Bewerber bist, die es in einem beliebigen Jahr zu einer der Top-Private-Equity-Firmen schaffen, ist daher also äußerst gering.

## Hohe Intransparenz der Anforderungskriterien

Ein erhebliches Problem, wenn du in diese Branchen einsteigen möchtest, ist die hohe Intransparenz der Anforderungskriterien, die du bis zum Ende deines Studiums erfüllt haben musst. Die breite Öffentlichkeit weiß nur wenig über die Bereiche Investment Banking, Beratung und Private Equity. Auch du wirst bis zur Lektüre dieses Buchs wahrscheinlich nur selten oder vielleicht sogar noch nie von diesen Unternehmen gehört haben und wusstest nicht, welche enormen Möglichkeiten ein Einstieg bietet. Ein noch größeres Problem ist, dass die Unternehmen in diesen Branchen wenig dazu beitragen, mehr Transparenz zu schaffen. Im Gegenteil, wenn man sie nach konkreten Anforderungskriterien oder Einblicken in ihre Bewerbungsverfahren fragt, hüllen sie sich meist in Schweigen oder geben nur vage Antworten, mit denen man wenig anfangen kann.

Diese Zurückhaltung der Firmen hat hauptsächlich zwei Gründe. Erstens möchten sie potenzielle Bewerber nicht abschrecken, indem sie ihre hohen Anforderungen klar und offen kommunizieren. Obwohl gute Noten insbesondere für Top-Strategieberatungen von großer Bedeutung sind und man es nur mit einer extrem kleinen Wahrscheinlichkeit trotz eines Dreier-Abiturs und eines Zweier-Bachelorabschlusses zu einer Firma wie McKinsey schafft, gibt es »Ausnahmen von der Regel«, die vielleicht in anderen Bereichen überdurchschnittlich begabt sind und dennoch einen Platz bekommen. Würden solche Kandidaten von Anfang an denken, dass sie kaum eine Chance haben, könnte das Unternehmen potenziell gute Mitarbeiter verlieren, da weniger Bewerbungen eingehen.

Zweitens ist Imagepflege ein weiterer wichtiger Aspekt. Viele Top-Unternehmen in diesen Branchen streben nach einem öffentlichen Image, das sie als aufgeschlossen, vielfältig und inklusiv darstellt. In Wirklichkeit sind diese Bereiche oft von Exklusivität geprägt, was den Zugang für Personen ohne die richtigen Kontakte oder Hintergründe erschwert. Wenn diese Realität öffentlich kommuniziert würde, könnten die Unternehmen dem Vorwurf der Elitenbildung ausgesetzt sein, was insbesondere in Deutschland dem Image schadet.

Ein weiterer Aspekt, der zur Intransparenz beiträgt, ist die Schwierigkeit, verlässliche Informationen über den Einstieg und die Anforderungen in diesen Branchen zu finden. Da man von den Unternehmen selbst kaum relevante Informationen erhält, muss man sie sich woanders beschaffen. In meiner Studienzeit war das das größte Problem für mich, da ich niemanden kannte, der in diesen Branchen arbeitete, und ich im deutschsprachigen Raum kaum brauchbare Informationen im Internet finden konnte.

Selbst wenn man im Internet Informationen findet, sind Ratschläge und Tipps oft widersprüchlich oder unvollständig. Das kann es für angehende Bewerber schwierig machen, einen klaren und konsistenten Plan für den Einstieg zu entwickeln. Es ist nicht ungewöhnlich, dass man widersprüchliche Ratschläge aus verschiedenen Quellen erhält, was die Entscheidung erschwert, welchem Weg man folgen soll. Durch meine Social-Media-Kanäle und vor allem unsere Programme bei pumpkincareers arbeiten wir diesem Problem entgegen, ein Service, den es allerdings bis vor wenigen Jahren noch nicht gab.

## Sehr unterschiedliche Startbedingungen und große Chancenungleichheit

Obwohl man in Deutschland gerne von Chancengleichheit spricht und den Glauben pflegt, jeder könne alles erreichen, sieht die Realität oft anders aus. Zwar ist es theoretisch möglich, sich vom Tellerwäscher zum Millionär hochzuarbeiten, aber wer bereits in einer höheren Liga startet, hat es zweifellos leichter, die Spitze zu erreichen. Dies wird besonders deutlich, wenn man sich in den Kreisen der Wirtschaftselite bewegt. Schon in der ersten Woche meines Studiums in Frankfurt traf ich auf Kinder erfolgreicher Unternehmer und Berater, die ganz andere Voraussetzungen hatten als ich. Sie genossen während ihres Studiums einen völlig anderen Lebensstandard, fuhren mit einem neuen Mercedes oder Porsche zur Uni, lebten in schicken Dreizimmerwohnungen im Herzen von Frankfurt und konnten durch die Kontakte ihrer Eltern ihre Karriereschritte deutlich gezielter planen und umsetzen.

Als ich näher an die wirkliche Wirtschaftselite heranrückte, trafen diese Umstände auf immer mehr Personen zu. So begegnete ich sowohl während meines Praktikums bei der UBS als auch beim Assessment Center der Stiftung der Deutschen Wirtschaft beispielsweise Nachkommen jahrhundertealter Adelsgeschlechter. Ihre Familien besaßen, wie ich bei einer kurzen Google-Recherche herausfand, weitreichende Ländereien, Unternehmensbeteiligungen und vermutlich auch beste politische und wirtschaftliche Kontakte. Vor einigen Jahren sorgten Studierende der EBS, einer privaten Business School in der Nähe von Wiesbaden, mit einem provokativen Musikvideo für Aufsehen. Der Refrain enthielt die Passage »Blau wie mein Blut, schön, reich und nett. Asozial und zugeschneit, mit einem Bein im Jet …«. Zumindest der Anfang trifft auf einen erheblichen Teil der Wirtschaftselite zu. Solchen Personen wird zwar von ihren Eltern oft eine hohe Leistungserwartung entgegengebracht, was nicht unbedingt positiv ist, aber ihnen stehen auch ganz andere Türen offen. Die Ungleichheit der Chancen möchte ich mit einem Marathon-Vergleich darstellen, bei dem es drei Teilnehmergruppen gibt, die nach unterschiedlichen Regeln laufen.

Die Mitglieder der ersten Gruppe verfügen über die teuersten Laufschuhe und profitieren von einem sorgfältigen Training durch Elitetrainer. Am Marathontag sind sie topfit, sie starten unter idealen Bedingungen und werden von einem Motorroller unterstützt, wenn sie erschöpft sind. Sie haben Zugang zu individuell abgestimmten Motivationsreden und genießen eine professionelle Regeneration nach dem Rennen. Der Lohn für ihre Mühen: Sie werden von ihrer Familie begrüßt, erhalten einen Porsche als Geschenk und machen exklusiven Urlaub auf den Malediven.

Die zweite Gruppe hat nicht die gleichen Ressourcen und bereitet sich daher mit ihren Standardturnschuhen in einem lokalen Leichtathletikverein vor. Ihre Mitglieder profitieren von den Ratschlägen eines ehemaligen Marathongewinners, dessen Methoden zwar oldschool, aber effektiv sind. Am Marathontag müssen sie jedoch auf einem Schotterweg laufen, im Gegensatz zu der perfekt asphaltierten Strecke der ersten Gruppe. Sie starten später und kämpfen mit Wadenkrämpfen, ein Zeichen dafür, dass ihre Ernährung nicht optimal war. Viele brechen den Lauf ab, aber einige erreichen das Ziel trotz Erschöpfung und Schmerzen dank ihrer Disziplin und Willenskraft. Bevor sie nach Hause gehen, werfen sie neidische Blicke auf die lachenden Sieger der ersten Gruppe.

Die dritte Gruppe hat es besonders schwer. Ohne einen lokalen Leichtathletikverein muss sie im Internet nach Trainingsplänen suchen, die widersprüchlich und verwirrend sind. Am Marathontag sind sie weniger gut vorbereitet und teilweise bereits durch unsachgemäße Trainingsmethoden verletzt. Schon vor dem Start schrumpft ihr Selbstvertrauen und das Wetter verschlimmert ihre Situation weiter. Sie bekommen einen schwierigen, schlammigen Weg zugewiesen und viele brechen den Lauf ab. Nur 3 Prozent schaffen es erschöpft ins Ziel, oft mit bleibenden Verletzungen.

Theoretisch gibt es noch eine vierte Gruppe aus all jenen, die zwar auch hätten mitlaufen können, aber nicht einmal von diesem Marathon wussten.

Die Wahrscheinlichkeit, das Ziel zu erreichen, ist offensichtlich am höchsten in Gruppe 1, gefolgt von Gruppe 2. Gruppe 3 hat nur geringe Chancen, Gruppe 4 gar keine.

Der Berufsstart ins Investment Banking oder in die Unternehmensberatung gleicht diesem Rennen. Wie beim Marathon gibt es einen Start, ein Ende und einen dazwischenliegenden langen, oft abschreckenden Weg. Die individuellen Wege zum Ziel sind stark von der Herkunft und dem Glück bestimmt.

Die Mitglieder der ersten Gruppe haben oft den Vorteil, aus einem gut vernetzten und wohlhabenden Elternhaus zu kommen, das sie bestmöglich auf den beruflichen Weg vorbereiten kann. Schon in ihrer Jugend profitieren sie von exzellenter Bildung, Praktika bei Freunden ihrer Eltern, wertvollen außerschulischen Erfahrungen und Auslandsaufenthalten. Sie starten also mit einem erheblichen Vorsprung. Im Studium an einer teuren Privat-Uni können sie leicht weitere Praktika bekommen und, falls nötig, einen Master an einer renommierten Business School absolvieren. Mit diesen Voraussetzungen können sie mit hoher Wahrscheinlichkeit bei einer bekannten Beratung oder Investment Bank einsteigen und eine erfolgreiche Karriere beginnen.

Selbst wenn du nicht das Privileg hast, in eine gut vernetzte Familie hineingeboren zu sein, gibt es Wege, dich in die zweite Gruppe zu integrieren. Eigeninitiative und Entschlossenheit können dir helfen, ein belastbares Netzwerk aufzubauen und einen erfahrenen Mentor zu gewinnen. Ob du dich auf Plattformen wie LinkedIn umsiehst oder durch ein angesehenes Studium zu einem Kontaktpartner findest, die Auswahl an Möglichkeiten ist breit gefächert. Ein Mentor kann dir ein erstes Verständnis deiner angestrebten Branche vermitteln, obwohl auch dieser Weg nicht frei von Schwierigkeiten ist. Ein erster Aspekt ist die Zeit. Dein Mentor hat wahrscheinlich einen vollen Arbeitskalender und seine Zeit ist begrenzt. Du musst also taktvoll abwägen, wann du deine Fragen und Bedenken ansprichst. Zudem ist die Erfahrung eines Mentors oft auf seinen eigenen Karriereweg begrenzt. Nicht jeder Ansatz oder jede Erfahrung, die für ihn erfolgreich war, wird zwangsläufig zu deinem Pfad passen. Darüber hinaus kann es eine Herausforderung sein, zu entscheiden, welche Ratschläge für deinen Weg relevant sind und welche du getrost ignorieren kannst. Dennoch stellt ein Mentor eine wertvolle Ressource dar und ist ein besserer Anhaltspunkt als keiner.

Ein deutlich größerer Teil der Studierenden fällt in die dritte Gruppe. Sie verlassen sich auf das allgemein verfügbare Wissen und nähern sich ihren Zielen durch einen Prozess des Ausprobierens. Sie nutzen Online-Foren, Bücher, Diskussionen mit Kommilitonen oder günstige Videokurse, um sich zu informieren. Der offensichtliche Vorteil liegt darin, dass dieser Weg kaum Kosten verursacht und unabhängig von familiären Bindungen oder einem Mentor ist. Dennoch birgt dieser Pfad seine eigenen Fallen. Ein erstes Problem stellt die Informationsüberflutung dar. Für einen Neuling kann es schwierig sein, hilfreiche Tipps von nutzlosen zu trennen. Darüber hinaus ist dieser Ansatz zeitaufwendig und birgt das Risiko, wertvolle Zeit mit erfolglosen Bewerbungsverfahren zu verschwenden oder durchschnittliche Leistungen zu erzielen. Anders als Marathonläufer, die sich das Prinzip von »Versuch und Irrtum« zu eigen machen können, bis sie ihre Zielzeit erreichen, hast du als Studierender nicht unendlich viele Versuche. Ein schlechtes Abitur oder ein erfolgloser Bachelorstudiengang kann Türen verschließen, und es ist nicht leicht, sich aus dieser Situation wieder zu befreien.

Die vierte und größte Gruppe setzt sich aus Studierenden und jungen Menschen mit hohen Zielen zusammen, die keine Vorstellung davon haben, welche Chancen ihnen offenstehen und dass sie eines Tages zur Wirtschaftselite gehören könnten. Somit treten sie das Rennen gar nicht erst an.

Wie du siehst, beeinflusst die Ausgangslage, die dir von der Lotterie des Lebens bei deiner Geburt und bei weiteren Zufällen zugeteilt wurde, deine Erfolgswahrscheinlichkeit maßgeblich.

## Ein Wettlauf gegen die Zeit: der Weg zum perfekten Berufseinstieg

In meinem Marathon-Vergleich habe ich bereits angedeutet, dass du nur begrenzt Zeit hast, um einen Einstieg bei den Top-Unternehmen der Wirtschaft zu schaffen. Wenn du es nicht spätestens nach deinem Masterstudium geschafft hast, wird das ohnehin schon kleine Fenster zur Wirtschaftselite kleiner. Je später du anfängst, die Schritte zu unternehmen, die du im nächsten Kapitel ausführlich kennenlernst, desto unwahrscheinlicher wird ein erfolgreicher Berufseinstieg. Aber nicht nur das: Deine Erfolgschancen sinken nicht nur mit der Zeit, du kannst sie auch aktiv durch falsche Entscheidungen verringern. Wenn du zum Beispiel mit falschen Lernmethoden arbeitest und dein gesamtes Bachelorstudium in den Sand setzt, hast du vermutlich schlechtere Chancen, einen Job bei diesen Firmen zu bekommen, als drei Jahre zuvor, als du dein Studium noch nicht begonnen hattest. Da du die Zeit leider nicht zurückdrehen kannst, ist jeder Tag, an dem du etwas für deine Karriere tun kannst, sehr wichtig und sollte bestmöglich genutzt werden, um einen optimalen Berufseinstieg zu erzielen.

Doch nicht nur verbaust du dir durch ineffizientes Vorgehen die Möglichkeit, dein Berufsziel zu erreichen – selbst, wenn du es deutlich später, als es eigentlich möglich gewesen wäre, doch noch schaffst, hast du enorm viel von deinem Potenzial auf der Straße liegen lassen. Und das wiederum ist sehr ärgerlich, denn in der Zeit, in der du schon längst in deinem Zieljob hättest arbeiten können, wenn du von Anfang an alles richtig gemacht hättest, hättest du ja schon viel Geld verdienen können. Jeder Tag, den du es früher schaffst, dein gewünschtes Berufsziel zu erreichen, ist also enorm viel wert – oder andersherum gesagt kostet dich jeder Tag, an dem du noch nicht an deinem Ziel angekommen bist, auf indirektem Weg bares Geld.

In den folgenden Kapiteln erkläre ich dir genau, wie du am effizientesten vorgehen kannst, um nicht nur Zeit, sondern langfristig gesehen auch viel Geld zu sparen.

# DIE ANFORDERUNGSKRITERIEN DER TOP-UNTERNEHMEN

Die formalen Anforderungskriterien der Top-Unternehmen sind äußerst anspruchsvoll, da sie eine wichtige Entscheidungsheuristik darstellen, um aus der Masse der Bewerberinnen und Bewerber eine Vorauswahl zu treffen. Oft bewerben sich Dutzende, manchmal sogar Hunderte von Menschen auf eine verfügbare Stelle. Mit der Zeit haben Beratungen, Banken und Private-Equity-Firmen daher immer höhere Anforderungen an Bewerber gestellt. Diese Kriterien werden genutzt, um die Wahrscheinlichkeit abzuschätzen, dass jemand den gesamten Bewerbungsprozess erfolgreich durchläuft und später im Job gut abschneidet. Ein Beispiel dafür ist dein Notendurchschnitt: Die Unternehmen gehen davon aus, dass jemand, der konstant Top-Noten erzielt hat, tendenziell eher die für den Job notwendigen analytischen Fähigkeiten und die Disziplin mitbringt als jemand, der nur einen Dreier-Durchschnitt hatte. Dass bei Bewerbungsverfahren auf die Noten geachtet wird, wird dich nicht überraschen. Es gibt allerdings noch viele weitere Auswahlkriterien, die in wenigen anderen Branchen außer Investment Banking, Strategieberatung und Private Equity so explizit beachtet werden. Nur die Bewerber, die diese Anforderungen erfüllen und das im Rahmen ihrer Bewerbungsunterlagen professionell präsentieren können, erhalten eine Einladung zum Interview.

Wenn du zuvor bereits durch Networking-Events oder frühere Praktika Kontakt zu einem Unternehmen aufgebaut hast, ist das ebenfalls vorteilhaft, um eine Einladung zum Vorstellungsgespräch zu erhalten.

Bekommst du diese Einladung, erwarten dich in der Regel mehrere Interviewrunden, in denen du von verschiedenen Mitarbeitern des Unternehmens genau geprüft wirst, die ungeeignete Bewerber aussortieren. Dabei wird nicht nur auf deine fachliche Kompetenz geachtet, sondern auch darauf, ob die Mitarbeiter des Unternehmens glauben, dass du von deiner Persönlichkeit her zu ihrer Kultur und ihrem Team passt.

Es erfordert allerdings jahrelange harte Arbeit, diese formalen Anforderungen zu erfüllen, und normalerweise bereitet man sich auch monatelang auf ein solches Vorstellungsgespräch vor. Es dauert so lange, bis man die Kriterien erfüllt, da beispielsweise erwartet wird, dass man während des Studiums mindestens zwei bis drei relevante Praktika absolviert hat, an einer angesehenen Universität mit sehr guten Noten studiert hat oder durch zusätzliche außercurriculare Aktivitäten positiv aufgefallen ist. Je früher du die Anforderungen des Unternehmens kennst, bei dem du am liebsten einsteigen möchtest, desto eher kannst du die notwendigen Schritte in deinem Studium einleiten, um dich diesen Anforderungen nach und nach anzunähern.

Genau diese schrittweise Verbesserung und Erfüllung der Anforderungen haben wir bei pumpkincareers in den vergangenen Jahren in Zusammenarbeit mit über 1000 Studierenden perfektioniert, und ich freue mich, dieses Wissen heute mit dir teilen zu können. Viele der Berufseinsteiger, die den Einstieg in diese Branche geschafft haben, haben dieses Wissen intuitiv angewandt, ohne es jedoch in systematische Schritte herunterzubrechen – daher hast du durch dieses Wissen heute einen großen Vorteil. In diesem Kapitel lernst du die folgenden sechs Bereiche kennen:

- akademische Leistungen
- Prestige deiner Hochschule
- Ehrenämter und Stipendien
- Praktika
- Performance im Bewerbungsverfahren
- Netzwerk

Für den optimalen und schnellstmöglichen Berufseinstieg ist es ideal, diese sechs Schlüsselbereiche schon ab der Oberstufe zu kennen und stetig zu optimieren. Im Studium solltest du ungefähr einmal pro Semester in all diesen Bereichen Fortschritte machen – verbesserte Noten, Studium an einer renommierteren Universität, mehr Stipendien, qualitativ höherwertige Praktika, eine effizientere Bewerbungsperformance und ein erweitertes Netzwerk. Wie in Monopoly verbesserst du dich Runde für Runde und wirst immer erfolgreicher. Natürlich gibt es auch erfolgreiche Personen in Top-Investment-Banken, Strategieberatungen oder Private-Equity-Firmen, die nicht kontinuierlich in allen sechs Bereichen Fortschritte gemacht haben oder in der Schulzeit oder zu Beginn ihres Studiums noch nichts davon wussten und erst am Ende ihres Bachelors damit begonnen haben. Dennoch basiert mein Ansatz auf dem optimalen Szenario, welches die höchsten Chancen und die schnellsten Ergebnisse bietet – ich präsentiere dir hier also das ultimative Turbo-Programm. Wie viel du davon umsetzen möchtest, bleibt dir überlassen.

## Anforderungskriterium 1: Spitzennoten – der Schlüssel zum Erfolg in Top-Branchen

Den Noten, die man im Abitur und im Studium erzielt, wird von sämtlichen Arbeitgebern in so gut wie allen Branchen eine hohe Bedeutung beigemessen – und das gilt auch für den Einstieg in die prestigeträchtigsten Branchen wie Investment Banking, Strategieberatung und Private Equity. Schon im Abitur sollte man auf eine hervorragende Note hinarbeiten, um sich eine exzellente Universität und möglicherweise ein Stipendium für das Studium zu sichern. Auch für Praktika während des Studiums können sehr gute Abiturnoten von Vorteil sein und bei einigen Top-Strategieberatungen wird zum Berufseinstieg noch auf die Abiturnote geachtet.

Die Bedeutung guter Noten setzt sich im Studium fort. Sowohl im Bachelor- als auch im Masterstudium sollten die Noten am besten zu den top 5 bis 10 Prozent des Jahrgangs gehören. Dies ist besonders wichtig, wenn man sich für eine Karriere in einer der genannten Branchen interessiert. Weitere Vorteile sehr guter Noten sind deutlich höhere Wahrscheinlichkeiten auf Zusagen für Stipendien oder Master-Unis nach deinem Bachelor.

Die folgende Tabelle kann als Richtlinie zur Beurteilung der Noten verwendet werden, wobei stets zu berücksichtigen ist, dass die Bewertung auch von der jeweiligen Universität und dem spezifischen Studiengang abhängt. Es ist zum Beispiel unbestritten anspruchsvoller, an einer renommierten Business School Bestnoten zu erzielen und zu den Besten zu gehören, als an einer kleineren Fachhochschule, wo nur wenige wirklich ambitioniert sind. Auch in technischen Studiengängen wie Maschinenbau oder Wirtschaftsingenieurwesen ist es allgemein bekannt, dass es deutlich schwerer ist, Bestnoten zu erzielen. Unternehmen sind sich dieser Tatsache durchaus bewusst.

| **Noten** | **Interpretation** |
|---|---|
| 1,0 bis 1,3 | sehr gut |
| 1,4 bis 1,6 | positiv |
| 1,7 bis 1,9 | neutral |
| 2,0 bis 2,4 | nachteilig |
| schlechter als 2,4 | blockiert Chancen |

Im Allgemeinen spielen Noten für den Einstieg in die Strategieberatung eine größere Rolle als für den Einstieg ins Investment Banking oder Private Equity. Dennoch ist es auch für Jobs in der Finanzindustrie ein klarer Vorteil, wenn deine Noten im sehr guten Bereich liegen.

Doch wie schaffst du es, in deinem Studium sehr gute Noten zu schreiben?

In erster Linie solltest du eine Reihe häufiger Fehler unbedingt vermeiden. Einer der weitverbreitetsten Fehler unter Studierenden mit hohen Zielen – und da war ich bei einigen Prüfungen keine Ausnahme: Man beginnt häufig deutlich zu spät mit dem intensiven Lernen und der Prüfungsvorbereitung. Am Prüfungstag wünscht man sich dann oft, noch ein paar zusätzliche Tage zum Lernen gehabt zu haben. Erst in letzter Minute beginnt man, den Stoff wirklich zu verstehen, und verbringt die letzten Tage vor der Klausur Tag und Nacht damit, sich die Inhalte noch kurzfristig einzuprägen.

Die Folgen sind, dass man keine effektive Prüfungsroutine aufbauen kann und zusätzlich, aufgrund von Dauerstress in den Vortagen, in der Klausur selbst oft unkonzentriert ist. Der Grund dafür liegt meist darin, dass viele Studierende im Verlauf des Semesters zwar vielen Aktivitäten nachgehen, das konzentrierte Studieren jedoch vernachlässigen. Sie nehmen zwar diszipliniert an jedem Seminar teil, machen jedoch keinen wesentlichen Fortschritt, da sie die Vorlesungen weder ausführlich nach- noch vorbereiten, sondern den Stoff nur oberflächlich aufnehmen. Schließlich liegen die Prüfungen ja noch in weiter Ferne.

Selbst in ihren Lernphasen sind viele Studierende oft abgelenkt, etwa durch soziale Medien oder Freunde. Sie machen regelmäßig Flüchtigkeitsfehler und kämpfen damit, mehr als vier Stunden am Stück konzentriert zu lernen. Als Folge sind sie mit ihrer eigenen Leistung unzufrieden und haben während des gesamten Semesters ein schlechtes Gefühl, da sie instinktiv spüren, dass sie sich nicht effektiv genug auf die Prüfungen vorbereiten und das intensive Lernen immer weiter aufschieben.

Die daraus resultierende Frustration und der geringere Fortschritt als ursprünglich geplant führen dazu, dass sie glauben, sie müssten noch mehr Zeit in das Studium investieren. Viele Studierende verbringen unzählige Stunden in der Bibliothek, verzichten auf Freizeitaktivitäten und manchmal sogar auf Schlaf, um bestmögliche Ergebnisse zu erzielen. In diesem hochkompetitiven Umfeld entsteht ein starker Druck, sich mit den Kommilitonen zu vergleichen und besser abzuschneiden als sie.

Einige Studierende greifen sogar zu drastischen Maßnahmen, um ihre Leistung zu steigern und bessere Noten zu erzielen. Dazu gehört beispielsweise die Einnahme von Ritalin oder anderen leistungssteigernden Medikamenten, die zur Behandlung von Aufmerksamkeitsdefizit-/Hyperaktivitätsstörungen (ADHS) verschrieben werden. Der Missbrauch solcher Substanzen kann jedoch erhebliche gesundheitliche Auswirkungen haben und sollte keineswegs als Lösung für akademischen Erfolg angesehen werden.

Neben den gesundheitlichen Risiken, die solch eine intensive Lernweise mit sich bringt, bleibt dir so auch kaum Zeit für viele andere, für deine Karriere förderliche Tätigkeiten. Dein Engagement in Ehrenämtern, die Vorbereitung auf Bewerbungsgespräche und die Pflege sozialer Kontakte mit Freunden und Familie sowie deine Hobbys leiden darunter. Es entsteht der Eindruck, dass erstklassige Noten nur dann erreichbar sind, wenn man alle anderen Aspekte des Lebens aufgibt. Schreibst du einmal keine perfekte Prüfungsleistung, geht schnell die Motivation verloren. Diese Situation erlebte auch ich im dritten Semester nach meinem Praktikum bei UBS.

Um dir dies zu ersparen, empfehle ich die von mir entwickelte »70/100«-Lernstrategie. Nachdem ich im dritten Semester noch eine 2,7 in einer Prüfung erzielte, erreichte ich durch die Anwendung dieser Methode in sämtlichen Prüfungen, die ich seitdem geschrieben habe, elfmal eine 1,0, dreimal eine 1,3 und lediglich einmal eine 1,7 als schlechteste Note. Parallel dazu hatte ich genügend Zeit für ein ausgeglichenes Privatleben und den Aufbau meines YouTube-Kanals sowie meiner Selbständigkeit.

Über die Jahre hinweg haben Hunderte ambitionierte Studierende diese Lernmethode angewendet, um planmäßig und systematisch Bestnoten zu erzielen oder ihren Notendurchschnitt in kurzer Zeit signifikant zu verbessern. Sie wurde von den erfolgreichsten Studierenden renommierter Universitäten wie der Universität Mannheim, der Universität Münster oder der Wirtschaftsuniversität Wien genutzt. Im Vergleich zu vielen anderen, die ebenfalls sehr gute Noten erzielten, schafften es diese Studierenden, erfolgreiche Praktika zu absolvieren und Stipendien zu sichern.

Die 70/100-Lernstrategie basiert auf einer durchdachten Semesterplanung und der Erkenntnis, dass es für Spitzennoten im Studium nicht ausreicht, nur den Vorlesungsstoff zu verstehen. Es ist vielmehr erforderlich, sich darüber hinaus explizit auf die Prüfungen vorzubereiten. Dies bedeutet, dass du am Ende des Semesters genügend Zeit einplanen musst, um den Lehrstoff gründlich zu wiederholen, zahlreiche Altklausuren und weitere Übungsaufgaben zu bearbeiten und dich mit deinen Kommilitonen auszutauschen. Für erstklassige Noten musst du den Stoff extrem schnell anwenden können. In meiner Studienzeit hatte ich nie genug Zeit, Aufgaben sorgfältig zu lesen und Schritt für Schritt zu lösen. Erfolgreich war ich nur, wenn ich jede Aufgabe sofort bearbeitete. Um dieses Niveau zu erreichen, solltest du Altklausuren und Übungsaufgaben nutzen, die leicht im Internet zu finden sind. Wenn du dich darauf in den letzten Wochen vor den Klausuren konzentrieren kannst, statt dir noch neuen Vorlesungsstoff aneignen zu müssen, gewinnst du Routine und Vertrautheit mit der Prüfungssituation. Manchmal hatte ich die eigentlichen Klausuraufgaben bereits mehrfach gelöst oder kannte sie zumindest in einer anderen Form, denn die Anzahl der möglichen Aufgaben ist begrenzt. Wenn du alle möglichen Szenarien mehrfach durchdacht und berechnet hast, ist die Prüfung lediglich eine Übung.

Für ein erfolgreiches Studium und ausreichend Zeit zur Prüfungsvorbereitung ist es oft notwendig, deinen Lernfortschritt von den Vorlesungen zu entkoppeln und vorzulernen. Du lernst also beispielsweise in der vierten Woche des Semesters bereits im Selbststudium den Stoff, der eigentlich erst in der sechsten Woche in der Vorlesung drankommt. An den meisten Universitäten finden Prüfungen unmittelbar nach dem Vorlesungsende statt. Wenn du also nicht vorarbeiten würdest und stets nur auf dem aktuellen Stand bist, bleibt dir nach der letzten Vorlesung nur wenig Zeit zur Prüfungsvorbereitung. Eine solch knappe Zeitspanne reicht in der Regel nicht aus. Das Schaubild veranschaulicht diese Problematik und die ideale Herangehensweise.

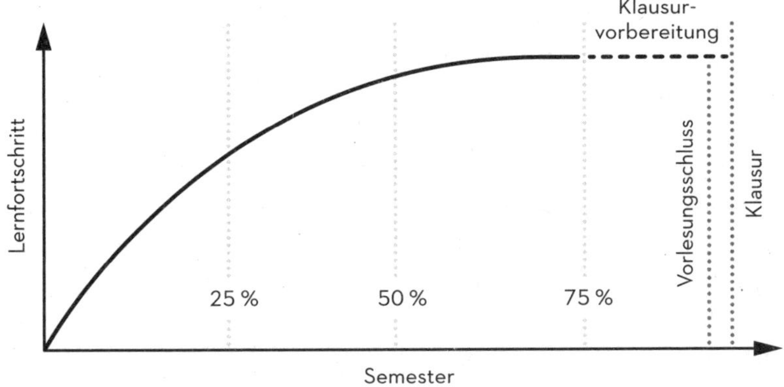


Eine Alternative zum Vorlernen wäre, parallel zu den letzten Vorlesungswochen mit der Prüfungsvorbereitung zu beginnen und nach regulären Universitätstagen weitere Stunden in der Bibliothek oder im Studentenzimmer mit dem Lösen von Altklausuren zu verbringen. Doch diese Herangehensweise geht auf Kosten deines Schlafs – gerade in der Phase des Semesters, in der du besonders konzentriert sein musst. Um dies zu vermeiden und eine konstante Lernbelastung von Beginn des Semesters bis zur letzten Prüfung zu gewährleisten, ist Vorarbeit essenziell.

Nun sind jedoch die meisten Studierenden schon damit überfordert, immer auf dem aktuellen Stand der Vorlesungen zu bleiben – wie soll es ihnen gelingen, nun auch noch vorzulernen und gleichzeitig genug Zeit für etwas anderes zu haben?

Auf diese Frage gibt es eine Antwort, doch sie ist nicht einfach umzusetzen. Sie erfordert viel Disziplin und den festen Willen, tatsächlich bessere Noten erzielen zu wollen. Wer auf eine »magische« Lernmethode hofft, mit der der gesamte Uni-Stoff mit einem simplen Fingerschnippen erlernt werden kann, oder auf eine Wunderpille, die das 15-fache Lernpotenzial freisetzt, wird enttäuscht sein.

Stattdessen sind drei zentrale Bereiche entscheidend, um die 70/100-Lernstrategie erfolgreich umzusetzen. Je mehr du jeden dieser Bereiche optimierst, desto sicherer kannst du erstklassige Noten erzielen – und das mit einem überschaubaren Aufwand.

## Genaue Semester-, Wochen- und Tagesplanung

Die korrekte Planung stellt in deinem Studium einen essenziellen Erfolgsfaktor dar. Im Rahmen unseres Coachings erstellt jeder Teilnehmer zu Semesterbeginn einen präzisen Semesterplan, der wöchentliche Lernziele festlegt. Diese Ziele können dann konsequent verfolgt werden. Ich kann diesen Plan dann überprüfen und kontrolliere die Einhaltung der wöchentlichen Ziele.

Die Gestaltung des Semesterplans basiert auf vier wichtigen Prinzipien. Erstens zielen wir darauf ab, den Uni-Stoff bis zum Ende von 70 Prozent des Semesters vollständig zu beherrschen, was zu entsprechend hohen wöchentlichen Lernzielen führt – daher der Name 70/100-Lernstrategie.

Zweitens berücksichtigen wir bei der Festlegung der Wochenziele den abnehmenden Grenznutzen des Lernens. Dies bedeutet konkret: Wenn du einen Text einmal liest, merkst du dir möglicherweise die Hälfte des Inhalts. Beim erneuten Lesen bringt dir dieselbe Zeitspanne aber nicht unbedingt denselben Lerngewinn – du merkst dir also nicht automatisch die restliche Hälfte des Textes, sondern vielleicht nur ein weiteres Viertel. Daher muss der Lernfortschritt in den ersten Semesterwochen besonders intensiv sein, da du einplanen musst, am Ende des Semesters nicht mehr ganz so viele Fortschritte zu machen, da du die Inhalte dann perfektionierst und in jeder Extrastunde des Lernens nur noch wenig neue Erkenntnisse gewinnen wirst.

Drittens solltest du zusätzliche Aufgaben berücksichtigen, die auf jeden Fall auch mit einer hohen Priorität erledigt werden müssen. Wenn du bereits weißt, dass du in einer bestimmten Woche des Semesters wegen Urlaub, eines wichtigen Assessment Centers oder einer intensiven Gruppenarbeit mit einer studentischen Initiative nicht lernen kannst, plane von Anfang an mit ein, dass du in dieser Woche kaum oder nur geringe Lernfortschritte erzielen wirst.

Nachdem du diese drei Aspekte berücksichtigt hast, musst du im vierten Schritt deine wöchentlichen Lernziele so festlegen, dass du über das gesamte Semester hinweg einen gleichbleibenden Lernaufwand hast.

Eine korrekt implementierte Semesterplanung bietet erhebliche Vorteile. Du wirst ständig zum Lernen motiviert sein, da du klare wöchentliche Ziele verfolgst, statt unbestimmte Klausuren am Semesterende anzustreben. Diese Struktur macht es schwieriger, zu prokrastinieren. Schließlich kostet dich ein Tag des Nichtstuns ein Siebtel deiner möglichen Zeit für das jeweilige Wochenziel. Wenn du hingegen nur auf ein Semesterende zielst und einen Tag zum Beispiel mit Netflix verbringst, verlierst du, wenn die Prüfungen in drei Monaten stattfinden, nur ein Neunzigstel (1/90) deiner Zeit – eine Rechtfertigung für das Aufschieben scheint da leichter.

Ein zweiter Vorteil liegt in der verbesserten Planbarkeit. Wenn deine Semesterplanung gut strukturiert ist und du deinen Fortschritt ehrlich bewertest, weißt du jederzeit, ob du deine Ziele am Semesterende erreichen wirst oder nicht. Solltest du beispielsweise Woche für Woche nur die Hälfte deiner wöchentlichen Ziele erreichen, ist dir sofort klar, dass du mehr Anstrengung benötigst, um gute Ergebnisse zu erzielen. Da du dies jedoch frühzeitig bemerkst, hast du noch genügend Zeit, im Semester entgegenzuwirken. Ohne eine genaue Semesterplanung würdest du vermutlich erst wenige Tage vor den Klausuren herausfinden, dass du bisher zu wenig gelernt hast, aber dann ist es bereits zu spät. Mit einer ordentlichen Planung bist du während des Semesters viel ruhiger und gelassener, statt ständig besorgt und nervös zu sein, weil du nicht weißt, ob die Klausuren am Semesterende gut laufen werden oder nicht.

Diese Methode der Semesterplanung ist universell einsetzbar – sie kann von Studierenden an staatlichen Universitäten, Fachhochschulen, privaten Business Schools oder dualen Hochschulen angewendet werden. Sie funktioniert für Bachelor- und Masterstudierende gleichermaßen und eignet sich sowohl für Studierende an deutschsprachigen Hochschulen als auch für jene, die im Ausland studieren. Selbst Anwesenheitspflicht in Vorlesungen, Gruppenarbeiten oder aufwendige

Hausarbeiten stellen keinen Hinderungsgrund dar, diese Semesterplanung nicht anzuwenden. Unabhängig von deinen Aufgaben – je besser wir deinen Fortschritt verfolgen können, desto besser können wir Verbesserungen einfügen.

Auch wenn jemand nur wenige Wochen vor den Klausuren in unser Coaching kommt, empfehle ich oft, mitten im Semester mit dieser Semesterplanung zu beginnen. Ansonsten riskierst du, nicht alle Fächer auf dem gleichen Niveau zu beherrschen, sondern einige Fächer deutlich besser als andere. Natürlich ist es eine beträchtliche Herausforderung, diese Semesterplanung auf deine individuelle Situation anzupassen. Es erfordert viel Erfahrung. In unseren Coaching-Programmen findest du ausführliche Anleitungen und Beispiele und hast die Möglichkeit, diese Planung jederzeit von mir persönlich überprüfen zu lassen, um sicherzustellen, dass du von Anfang an richtig an das Semester herangehst und dich nicht stark verschätzt.

Der Hauptvorteil der Semesterplanung besteht darin, dass sie nur einmal pro Semester gründlich erstellt werden muss und dir dann einen klaren Leitfaden bietet, dem du Woche für Woche folgen kannst. Am Ende jeder Woche solltest du deinen Fortschritt in deinem Semesterplan festhalten, überprüfen, ob du weiterhin auf Kurs bist, und gegebenenfalls Anpassungen vornehmen. Dann folgt die Planung für die kommende Woche, in der du festlegst, wann du welches Fach lernen wirst und welche sonstigen Aufgaben in dieser Woche anstehen.

Ich empfehle dir klar, jede Woche am Sonntagabend zu planen, um die Wahrscheinlichkeit zu minimieren, dass du Ereignisse vergisst, die in der kommenden Woche stattfinden werden. Außerdem erhältst du so einen besseren Überblick über deine Zeit und kannst von Anfang an planen, zeitaufwändige Aufgaben, die keinen direkten Mehrwert für deine Karriere haben, wie zum Beispiel einkaufen, Wäsche waschen, kochen oder putzen, möglichst zu reduzieren. Statt täglich zweimal zu kochen, könnte es sinnvoll sein, nur alle drei Tage in größeren Mengen zu kochen und die Reste in Tupperware aufzubewahren. Ebenso könnten die meisten Einkäufe, die du im Verlauf der Woche tätigst, in einem einzigen, gut geplanten Großeinkauf erledigt werden, statt alle zwei Tage für Kleinigkeiten in den Supermarkt zu gehen. Allein mit diesen beiden Maßnahmen kannst du vermutlich schnell einige Stunden einsparen, die du für zusätzliches Lernen nutzen kannst.

Die detaillierteste Stufe der Planung ist zuletzt die Tagesplanung, die du idealerweise jeden Abend für den folgenden Tag erarbeiten solltest. Hierbei rate ich dir, deinen Tag möglichst in 15-Minuten-Intervallen zu planen, um stets genau zu wissen, was als Nächstes ansteht. Viele Studierende beginnen den Tag ohne klaren Plan und zielgerichtete Absichten – dies führt oft zu Zeitverschwendung und mangelnder Motivation. Wenn du stattdessen zu jeder Zeit genau weißt, was zu tun ist, kannst du, ohne dir groß Gedanken machen zu müssen, einfach Schritt für Schritt deine To-Dos abarbeiten und bist nahezu unaufhaltsam.

Genau wie die Semesterplanung müssen auch die Wochen- und Tagesplanungen individuell angepasst und regelmäßig optimiert werden. Nur wenn alle drei Aspekte sorgfältig umgesetzt werden und wie Zahnräder ineinandergreifen, kannst du das Maximale aus deinem Studium herausholen. Wenn du hierbei auf unsere langjährige Erfahrung vertrauen möchtest, lade ich dich herzlich ein, dich für eine persönliche Beratung über unsere Website bei uns zu melden – mehr Informationen findest du im Anhang.

## Effiziente Lernphasen

Nachdem du im ersten Schritt dafür gesorgt hast, dass du stets weißt, wann und was du lernen musst, ist es nun wichtig, dass jede deiner Lernphasen maximale Resultate erzielt. Um die Effizienz deines Lernens zu steigern, gibt es zwei Schlüsselbereiche: die Optimierung deines Lebensstils, wodurch du eine hohe Konzentrationsfähigkeit erreichst und den Lernstoff optimal verarbeiten kannst, sowie die Verbesserung deiner Lernmethoden, damit du den universitären Inhalt bestmöglich aufnimmst.

Unter Optimierung des Lebensstils fallen viele verschiedene Aspekte. Dazu zählen eine gesunde Ernährung, ausreichender Schlaf, ein verständnisvolles und motivierendes Umfeld, Aktivitäten wie Sport und Meditation sowie die Vermeidung von Ablenkungen wie soziale Medien. Der durchschnittliche Studierende, der nur mäßig durch sein Studium kommt, hat in all diesen Bereichen erhebliches Verbesserungspotential. Statt ausgewogen und nahrhaft zu essen und seinem Körper so die notwendigen Bausteine für optimale Leistungsfähigkeit zu liefern, ernährt er sich oft von Fertigpizza, Dosenravioli und Energydrinks. Statt einen regenerierenden Schlaf von sechs bis acht Stunden zu festen Zeiten einzuhalten, geht er am Wochenende bis in die frühen Morgenstunden feiern und bleibt unter der Woche häufig bis spät in die Nacht wach, um Zeit mit Freunden zu verbringen oder seine Lieblingsserie zu schauen. Anstelle eines Umfelds, das Ehrgeiz und intensives Lernen fördert, lebt er in einer WG mit Langzeitstudierenden, in der jede zweite Nacht eine Party stattfindet und es kaum möglich ist, ungestört zu lernen. Meditation und Sport werden nur sporadisch betrieben und alle fünf Minuten checkt er seine Social-Media-Apps auf dem Smartphone, um sich mit einem neuen Dopamin-Schub zu versorgen.

Es ist daher nicht überraschend, dass ich immer wieder beobachte, wie Personen, die neu in die Zusammenarbeit mit uns starten, ihren Notenschnitt innerhalb kürzester Zeit von einer mäßigen Zwei auf eine sehr gute Eins verbessern konnten, nur weil sie ihren Lebensstil komplett umgestellt haben. Du bist nicht dumm, weil du schlechte Noten schreibst, aber du bist selbst daran schuld, wenn du nicht versuchst, deinen Lebensstil so anzupassen, dass er dich dabei unterstützt, bessere Noten zu erzielen. Wenn dein Lebensstil nicht gut ist, nützen dir die besten Lernmethoden wenig, da du nicht in der Lage sein wirst, sie über mehrere Stunden am Tag konzentriert anzuwenden.

Sobald du deinen Lebensstil an deine hohen Zielsetzungen angepasst hast, kannst du dich auf die Optimierung deiner Lernmethoden konzentrieren. Dabei ist es wichtig zu berücksichtigen, dass es von

Person zu Person und von Fach zu Fach Unterschiede gibt, wie das Lernen am effizientesten gestaltet werden kann. Sofern du bereits Vorlesungsskripte hast und den Stoff eigenständig durchgehst, machen Vorlesungsbesuche oft nur dann Sinn, wenn bei dir Unklarheiten auftreten oder eine Anwesenheitspflicht besteht. Denn häufig behandelt der Dozent den Stoff entweder zu zügig oder zu langsam, was dazu führt, dass du entweder abschaltest oder selbst in Eigenregie effizienter lernen könntest. In beiden Fällen wäre ein eigenständiges Studium des Stoffs vorteilhafter, da die Wahrscheinlichkeit, dass das Lerntempo der Universität mit deinem individuellen Tempo übereinstimmt, extrem gering ist.

Um den Vorlesungsstoff effektiv aufzunehmen, ist in den meisten Fällen die Nutzung eines digitalen Karteikartensystems empfehlenswert. Damit kannst du schnell und unkompliziert Karteikarten erstellen, sie mit Kommilitonen austauschen und wirst systematisch abgefragt. Zusammenfassungen sind besonders hilfreich, wenn du den Großteil des Stoffs bereits verinnerlicht hast und nur noch wenige Inhalte aufschreiben musst, um sie sicher zu behalten – wenn du von Anfang an Zusammenfassungen erstellst, besteht die Gefahr, das gesamte Vorlesungsskript abzuschreiben.

Viele Abiturienten mit guten Noten scheitern im Studium, weil sie ihre alten Lernmethoden unverändert anwenden. Das Studium unterscheidet sich jedoch deutlich von der Schule: Du musst mehr Inhalt in kürzerer Zeit lernen und bist stärker auf Eigenmotivation angewiesen. Deshalb solltest du nicht annehmen, dass du im Studium automatisch gute Noten erzielst, nur weil du im Abitur erfolgreich warst. Umgekehrt solltest du auch nicht denken, dass du im Studium keine guten Noten erzielen kannst, nur weil dein Abitur oder die ersten Semester nicht optimal verlaufen sind. Wir haben im Coaching zahlreiche Beispiele von Studierenden, die trotz eines mittelmäßigen Abiturs durch unsere Lerntechniken im Studium Bestnoten erzielt haben.

Die Effizienz deines Lernens lässt sich leicht beurteilen und optimieren, wenn du eine durchdachte Semesterplanung verfolgst. Wenn du deine wöchentlichen Ziele erreichst und mit der aufgewendeten Lernzeit zufrieden bist, besteht kein Änderungsbedarf. Bist du jedoch unter deinen Zielen oder empfindest du den Zeitaufwand als zu hoch, dann musst du einzelne Punkte deines Lifestyles und deiner Lerntechniken für kurze Zeit ändern und dann überprüfen, ob du bessere Fortschritte gemacht hast. So kannst du innerhalb von wenigen Wochen Schritt für Schritt viele Fehler vermeiden und die Effizienz deiner Lernphasen stark erhöhen.

Wenn du jedoch keine Möglichkeit hast, deinen Lernfortschritt genau zu überprüfen, und dich lediglich auf dein Bauchgefühl verlässt, wird es nahezu unmöglich, sinnvolle und nachhaltige Optimierungen vorzunehmen. Ohne konkrete Benchmarks kannst du Schwächen und Potenziale in deinem Lernverhalten nur schwer identifizieren und gezielt verbessern.

Deswegen ist es so wichtig, deinen Lernfortschritt systematisch zu tracken und anhand von klaren Zielsetzungen zu bewerten. So kannst du feststellen, ob du deine Ziele erreichst oder ob du Änderungen in deinem Lebensstil oder deinen Lernmethoden vornehmen musst, um deine Effizienz zu steigern. Mit einem systematischen und reflektierten Ansatz kannst du so deinen Lernerfolg maximieren und das Beste aus deinem Studium herausholen.

## Hohe Disziplin und Motivation

Deine Kenntnisse über die Erstellung von Semester-, Wochen- und Tagesplänen sowie effizientes Lernen sind nutzlos, wenn du nicht diszipliniert genug bist, sie umzusetzen. Diese Disziplin musst du nicht nur für einen Tag, eine Woche oder einen Monat aufbringen, sondern im gesamten Semester und verbleibenden Studium. Der Schlüssel dazu ist zunächst ein genaues Verständnis deiner Ziele: Was möchtest du mit deinem Studium erreichen? Je klarer du dies definieren und visualisieren kannst, insbesondere im Hinblick auf deine künftige Berufstätigkeit und die daraus resultierenden Vorteile, desto motivierter wirst du sein. Du wirst verstehen, dass ausgezeichnete Noten wesentlich sind, um dieses Ziel zu erreichen. Im nächsten Schritt solltest du versuchen, dich in ein Umfeld zu begeben, das viele engagierte Mitstreiter bietet, mit denen du gemeinsam lernen kannst und die dich motivieren, dranzubleiben, selbst wenn deine Motivation mal nachlässt. Wenn deine Freunde es als normal ansehen, viel für die Uni zu tun, dann wird das auch für dich zur Normalität. Ist das Gegenteil der Fall, kann das auf dich abfärben. Du wirst im Durchschnitt die Eigenschaften der fünf Personen widerspiegeln, mit denen du am meisten Zeit verbringst. Gleichgesinnte findest du beispielsweise in studentischen Initiativen oder Karrierenetzwerken wie pumpkincareers.

Ein weiterer Schritt, um deine Motivation und Disziplin auf hohem Niveau zu halten, besteht darin, dir von anderen Verpflichtungen auferlegen zu lassen. Indem du deine Ziele mit anderen teilst, erhöht sich die Wahrscheinlichkeit, dass du deinen Worten Taten folgen lässt – immerhin möchtest du nicht nur dich selbst, sondern auch andere nicht enttäuschen. In unseren Programmen zum Beispiel verpflichtest du dich gegenüber unseren Coaches und anderen Mitarbeitern, da wir gemeinsam klare Ziele definieren und überprüfen, ob du sie einhältst. Noch wirkungsvoller ist es, wenn du deine Ziele auch anderen Teilnehmern mitteilst, etwa über unseren internen Discord-Server oder bei unseren Netzwerk-Events. Es ist sehr motivierend zu sehen, wenn jemand, der vor Monaten sein Ziel geteilt hat – vielleicht ein besonders anspruchsvolles Praktikum –, es dann tatsächlich erreicht. Wenn du in solch einer Gemeinschaft beginnst, deine Ziele zu kommunizieren, wirst du automatisch andere finden, die ähnliche Ziele verfolgen, und ihr könnt euch gegenseitig unterstützen.

Auch das Wissen, dass du die bestmöglichen Methoden und Systeme für dein Studium verwendest, trägt zu deiner dauerhaften Motivation bei. Bist du sicher, dass jede investierte Stunde maximalen Nutzen bringt, lernst du motivierter, als wenn du unsicher bist, ob deine Lernmethoden effektiv sind oder ob gute Noten wirklich von Vorteil sind, da du keine Strategie für deine Bewerbung für einen guten Job hast. Unsere Coaching-Mitglieder teilen diese Überzeugung – sie wissen, dass sie auf dem richtigen Weg sind und mit maximaler Effizienz vorankommen. Ein Profi-Fußballer, der weiß, dass er die besten Trainer an seiner Seite hat, wird eher bereit sein, alles zu geben und an seine Grenzen zu gehen, als jemand, der ohne Trainer ziellos trainiert.

## Fazit

Wie du sehen kannst, gibt es viele Aspekte zu optimieren, um exzellente Noten in deinem Studium zu erreichen. Es erfordert Zeit, alles selbst herauszufinden. Wenn du das geschafft hast, erntest du die Früchte deiner Anstrengungen in Form von Top-Noten. Solltest du keine Lust auf das »Trial-And-Error«-Prinzip haben und rasch auf Basis unserer Erfahrung Spitzenleistungen erreichen wollen, bewirb dich für eine persönliche Zusammenarbeit mit uns auf www.pumpkincareers.com.

Vergiss nicht: Die Lösung besteht nicht darin, übermäßig lange zu lernen. Solltest du hohe berufliche Ziele haben, so strebst du an, mit möglichst geringem Aufwand Top-Noten zu erreichen, um dich auf weitere karrierefördernde Aspekte konzentrieren zu können. Der Nutzen einer vollständigen Semesterplanung und des wöchentlichen Lernens besteht darin, maximale Ergebnisse mit minimalem Zeitaufwand zu erzielen. Man kann die Planung auch so anpassen, dass die anderen Bereiche bestmöglich eingebaut werden und du statt einem 2,5er-Schnitt dann trotzdem auf einen 1er-Schnitt kommst.

Ein verbreiteter Fehler unter Studenten ist es, zu glauben, ausschließlich Noten würden über ihre Karrierechancen entscheiden. Daher vernachlässigen sie andere wichtige Bereiche. Oft bekommen später nicht die Bestnoten-Studenten die besten Jobs, sondern jene, die gute Noten erzielen, ohne überproportional viel Zeit ins Lernen zu investieren. Sie investieren ihre Zeit in andere Bereiche. Wie bereits erwähnt, sinkt der Lerneffekt mit zunehmendem Aufwand. Um konstant Noten zwischen 1,7 und 2,0 zu erzielen, musst du natürlich viel

Zeit investieren. Um jedoch ein Niveau zu erreichen, auf dem du wahrscheinlich eine 1,0 oder 1,3 erreichst, musst du deutlich mehr Zeit investieren. Oft lohnt sich dies nicht, da die meisten Studenten in den anderen fünf Bereichen noch viel Optimierungspotenzial haben. Zum Beispiel war mein Mitgründer Jonas der Erste unseres Jahrgangs, der Praktika bei Top-Firmen wie Roland Berger, BCG oder Triton Partners absolvierte – und das, obwohl seine Noten bei weitem nicht zu den besten unseres Jahrgangs gehörten. Von den zahlreichen Studenten unseres Jahrgangs, die mit mir auf der Dean's List waren, schafften es nur wenige – und auch nur deutlich nach Jonas – zu den Top-Firmen.

Weitere Tipps zum Thema Bestnoten im Studium und eine Übersicht über die häufigsten Lernfehler, die du auf keinen Fall machen solltest, findest du im Rahmen des Online-Kurses zu diesem Buch (Seite 27).

## Anforderungskriterium 2: Prestige der Hochschule

Das Prestige deiner Hochschule ist das nächste Auswahlkriterium, auf das Top-Unternehmen achten. Man könnte meinen, es gebe in Deutschland oder Europa keine Eliteuniversitäten und es mache somit auch keinen Sinn, Bewerber basierend auf ihrer Universität zu beurteilen. Zugegeben, an den meisten Universitäten lernt man ähnliche Dinge. Dennoch gibt es sogenannte Target-Universitäten, deren Absolventen häufig in Top-Investment-Banken, führenden Unternehmensberatungen und Top-Private-Equity-Firmen landen.

An diesen Universitäten finden regelmäßig Events statt und es gibt viele relevante studentische Initiativen sowie Alumni, die man kontaktieren kann. Dadurch haben Studenten dieser Universitäten bessere Chancen, bei Top-Unternehmen eingestellt zu werden. Der hervorragende Ruf dieser Unis spricht sich unter Abiturienten herum, weshalb sich zunehmend ambitionierte Studienanfänger für sie entscheiden.

Als Student an einer renommierten Universität bist du von gleichgesinnt ambitionierten Menschen umgeben und dadurch motivierter, das Beste aus dir und deinem Studium zu machen.

So ging es mir persönlich beispielsweise bereits während meines Studiums an der Goethe-Universität Frankfurt, die definitiv eine renommierte Universität ist. Obwohl ich vor dem Studium keinerlei Karriereambitionen hatte, wurde ich durch meine Kommilitonen schnell in eine Richtung gelenkt, in der es völlig normal war, jede freie Minute entweder zum Lernen in der Bibliothek oder bei Praktika zu verbringen. Hätte ich mich für die lokale Fachhochschule in der Umgebung meines Heimatorts entschieden, hätte ich wahrscheinlich weniger ambitionierte Mitstudenten gehabt und wäre mein Studium ganz anders angegangen.

Die Tatsache, dass an diesen Universitäten automatisch mehr ambitionierte Studenten studieren, die sich gegenseitig zur Karriere anspornen, verstärkt den Aspekt, dass Top-Unternehmen gezielt von diesen Universitäten rekrutieren. Sie haben gute Erfahrungen mit ihren Absolventen gemacht und richten ihre begrenzten Ressourcen gezielt auf diese Target-Universitäten aus, da sie unmöglich an jeder Universität in der gesamten DACH-Region (Deutschland, Österreich und Schweiz) Workshops oder andere Recruiting-Events veranstalten können.

Diese Effekte schaukeln sich dann immer weiter hoch: Der Ruf dieser Unis wird immer besser, die Top-Unternehmen bieten dort öfter Workshops an, immer mehr Studenten dieser Hochschulen schaffen es zu den Top-Firmen und in der Folge strömen immer mehr ambitionierte Studienanfänger an diese Unis und der Kreislauf geht wieder von vorne los.

Es ist also durchaus sinnvoll, direkt mit dem Bachelorstudium an einer dieser Target-Universitäten zu beginnen. Wenn du nicht an einer solchen Universität studierst, ist das aber noch kein Ausschlusskriterium. In unserem Coaching haben viele, die nicht den Vorteil des Rufs einer Target-Universität genossen haben, es dennoch zu den Top-Unternehmen geschafft. Allerdings werden diese Kandidaten im Bewerbungsprozess häufig kritischer betrachtet und müssen eher mit ihrer Professionalität, ihren Noten oder anderen Pluspunkten überzeugen. Ob dies fair ist oder nicht, steht nicht zur Debatte – es spiegelt einfach die Realität der Bewerbungsverfahren in Unternehmen wider.

Wenn du zu Beginn deines Bachelorstudiums mit deiner Hochschule vollkommen unzufrieden bist und das Gefühl hast, der Einzige mit hohen beruflichen Ambitionen zu sein, könnte ein Wechsel an eine renommiertere Universität sinnvoll sein. Wenn du aber in deinem Studium schon weiter bist oder ein Universitätswechsel aus bestimmten Gründen nicht in Frage kommt, kann ein anschließendes Masterstudium an einer angesehenen Universität eine gute Alternative sein, besonders wenn du in Branchen wie Investment Banking, Strategieberatung oder Private Equity einsteigen möchtest.

Für dein Masterstudium gibt es in Europa einige Business Schools, die dafür bekannt sind, dass ihre Absolventen bei Top-Unternehmen in diesen Branchen einsteigen. Unsere Reports aus dem Online-Kurs zum Buch (siehe Seite 27) zeigen, dass rund 80 Prozent der Einsteiger bei Top-Investment-Banken in London oder Frankfurt ihren Master an nur zehn verschiedenen Universitäten gemacht haben. Ähnliche Trends gibt es in der Strategieberatung und im Private Equity. Die Bewerbungsverfahren für diese Hochschulen sind sehr unterschiedlich.

## Bewerbung im Bachelorstudium

Für die meisten staatlichen Universitäten und Fachhochschulen in Deutschland ist in erster Linie dein Abi-Schnitt relevant – je besser er ist, desto besser sind deine Chancen, an eine sehr renommierte Hochschule zu kommen. Für private Business Schools zählt meist eine Kombination aus Abiturnote, Lebenslauf und Anschreiben, um eine Einladung zu einem Vorstellungsgespräch oder Assessment Center zu erhalten. Hier gilt es meist, in verschiedenen Tests und einem persönlichen Gespräch zu überzeugen.

In manchen Ländern wie Österreich, der Schweiz oder den Niederlanden bekommt jeder mit einer Hochschulzugangsberechtigung die

Möglichkeit, an einem Auswahltest teilzunehmen – wer zu den Besten gehört, kann sein Studium beginnen, unabhängig vom Abi-Schnitt. An vielen besonders elitären Unis, insbesondere in England und den USA, zählt neben dem Abi-Schnitt und den Bewerbungsunterlagen auch extracurriculares und sportliches Engagement während der Schulzeit – wer hier nicht positiv punkten kann, hat kaum eine Chance.

## Bewerbung im Masterstudium

Für die Master-Bewerbungen wird bei den Bewerbungsunterlagen in erster Linie auf die Bachelor-Note, auf die Aussagekraft des Motivationsschreibens und auf den Lebenslauf geachtet. Insbesondere für sehr beliebte Master-Programme wird zusätzlich ein GMAT oder ein GRE von den Studierenden verlangt – dies ist ein standardisierter Test, auf den man sich in der Regel für mehrere Wochen vorbereitet. Er läuft für alle, die sich auf einen Master bewerben, gleich ab und liefert somit eine deutlich besser vergleichbare Aussage über die analytischen und kognitiven Fähigkeiten eines Bewerbers als die Bachelor-Note, die die Unterschiede im Niveau zwischen einzelnen Universitäten nicht richtig wiedergibt.

In unseren Coaching-Programmen gibt es intensive Vorbereitungsmaterialien für die Bachelor- und die Master-Bewerbung. Durch so eine Vorbereitung lässt sich die Wahrscheinlichkeit stark erhöhen, eine Zusage (und womöglich ein Stipendium) für seine Wunsch-Uni zu erhalten.

## Welche Universitäten sind geeignet?

In der DACH-Region und den europäischen Ländern gibt es viele angesehene Universitäten, die von Unternehmen in diesen Branchen hoch geschätzt werden. Einige sind private Business Schools, an denen ein Bachelorstudium etwa 50.000 Euro und ein Masterstudium zwischen 25.000 und 40.000 Euro kosten kann. Stipendien und andere Finanzierungsmöglichkeiten können diese Kosten jedoch erheblich senken. Es gibt auch staatliche Universitäten mit renommierten Wirtschaftsfakultäten, die bei Top-Unternehmen hoch im Kurs stehen. Während staatliche Universitäten in Deutschland oder Österreich nur wenige hundert Euro pro Semester kosten, können in anderen Ländern wie der Schweiz oder England auch staatliche Universitäten mittlere bis hohe fünfstellige Summen erreichen. Solch eine Investition kann sich im Fall einer erfolgreichen Karriere um ein Vielfaches auszahlen, sollte aber gut überlegt sein.

Im Folgenden gebe ich dir einige Beispiele für Universitäten, an denen viele deutschsprachige Studierende studieren, die anschließend einen erfolgreichen Berufseinstieg in Investment Banking, Strategieberatung und Private Equity schaffen. Grundsätzlich sind sie alle zu empfehlen, obwohl es auch unter diesen Universitäten Unterschiede gibt. Wer beispielsweise zu einem führenden Private-Equity-Fonds oder ins Londoner Investment Banking möchte, sollte an einer der absoluten Top-Business-Schools studieren. Jemand, der in die Unternehmensberatung möchte oder in Frankfurt ins Investment Banking einsteigen will, braucht nicht ganz so stark auf die Wahl der Universität zu achten. Führende Unis:

- Universität St. Gallen (HSG), Schweiz: führende Wirtschaftshochschule in Europa, Absolventen sehr gefragt bei Top-Unternehmen.
- WHU – Otto Beisheim School of Management, Deutschland: angesehene private Business School mit international anerkannten Programmen.
- Frankfurt School of Finance & Management, Deutschland: private Business School mit Schwerpunkt auf Finance und Management.
- Universität Mannheim, Deutschland: bekannt für ihre starke wirtschaftswissenschaftliche Fakultät, Absolventen häufig in Finanzbranche und Strategieberatung.

- Goethe-Universität Frankfurt, Deutschland: bekannt für Wirtschaftswissenschaften und Nähe zum Finanzzentrum Frankfurt.
- LMU München und TUM, Deutschland: renommierte Universitäten mit breiter Palette an Studiengängen, Absolventen bei Top-Unternehmen gefragt.
- WWU Münster, Deutschland: bekannt für Wirtschaftswissenschaften, Absolventen haben gute Chancen in Top-Branchen.
- Universität zu Köln, Deutschland: lange Tradition in Wirtschaftswissenschaften, Absolventen gefragt in Finanzbranche und Strategieberatung.
- ESB Business School Reutlingen, Deutschland: internationale Studiengänge und enge Zusammenarbeit mit der Wirtschaft.
- EBS Universität für Wirtschaft und Recht, Deutschland: führende private Wirtschaftshochschule mit internationalen Studiengängen.
- WU Wien, Österreich: größte Wirtschaftsuniversität Europas mit hervorragendem Ruf.

Außerhalb des DACH-Raums:

- London School of Economics and Political Science (LSE), Großbritannien: führende Hochschule im Bereich Sozialwissenschaften, Absolventen sehr gefragt.
- Maastricht University, Niederlande: führende Hochschule mit innovativem Studienkonzept, Absolventen sehr begehrt.
- INSEAD, Frankreich/Singapur: renommierte Business School, Absolventen gefragt in Finanzbranche und Strategieberatung.
- HEC Paris, Frankreich: angesehene Business School, Absolventen sehr begehrt bei Top-Unternehmen.
- Bocconi-Universität, Mailand, Italien: führende Wirtschaftshochschule in Europa, Absolventen gefragt in Finanzbranche und Strategieberatung.
- Rotterdam School of Management (RSM), Niederlande: führende Business School, breites Angebot an Studiengängen.

- Copenhagen Business School (CBS), Dänemark: große Wirtschaftshochschule, bekannt für umfassende Business-Studiengänge.
- Stockholm School of Economics (SSE), Schweden: führende Business School, bekannt für starke akademische Ausrichtung.
- ESADE, Barcelona, Spanien: weltweit anerkannte Wirtschaftshochschule, Absolventen oft in führenden Positionen.
- IE University, Madrid, Spanien: Vielzahl von Programmen, Fokus auf Unternehmertum und Innovation.
- Warwick University, Coventry, Großbritannien: führende Business School, bekannt für starke Verbindung zur Industrie.
- King's College London, Großbritannien: erstklassige Programme in Wirtschaft und Management, starke Verbindung zur Londoner Geschäftswelt.
- St. Andrews University, Großbritannien: alte, renommierte Universität mit starken Programmen in Wirtschaft, Management und International Relations.
- Imperial College London, Großbritannien: bekannt für Natur- und Ingenieurwissenschaften, auch hochrangige Wirtschaftsprogramme.
- University of Oxford/University of Cambridge, Großbritannien: weltweit bekannte Universitäten, hochrangige Wirtschafts- und Managementprogramme, Absolventen sehr gefragt bei Top-Unternehmen.

All diese Universitäten sind für ihre Studiengänge in wirtschaftswissenschaftlichen Fächern wie BWL, VWL, Business Administration, International Management oder Finance & Accounting bekannt. Wie genau der Studiengang heißt, den du studierst, ist insbesondere für Bachelor-Programme zweitrangig, solange du an einer dieser renommierten Universitäten studierst. So betreuen wir beispielsweise an der Uni Mannheim auch zahlreiche VWL-Studierende, die teilweise sogar noch bessere Angebote für ihren Berufseinstieg bekommen als die BWL-Studierenden.

Andere interessante Studiengänge sind Mix-Studiengänge wie Wirtschaftsingenieurwesen oder Wirtschaftsinformatik, die vor allem bei Unternehmensberatungen, aber auch Konzernen sehr hoch angesehen sind. Hierfür eignen sich in Deutschland vor allem renommierte Technische Universitäten wie die »TU9«: RWTH Aachen, die Technische Universität Berlin, die Technische Universität Braunschweig, die Technische Universität Darmstadt, die Technische Universität Dresden, die Leibniz Universität Hannover, das Karlsruher Institut für Technologie, die Technische Universität München und die Universität Stuttgart.

Jedoch musst du nicht zwangsläufig einen Wirtschaftsstudiengang wählen. Wenn du die anderen Prinzipien aus diesem Modul einhältst, kannst du grundsätzlich auch mit anderen Studiengängen wie Medizin, Jura, Soziologie, naturwissenschaftlichen Fächern wie Mathematik, Chemie oder Physik und selbst mit Fächern wie Theologie oder Archäologie in Wirtschaftsunternehmen kommen. Was zählt, ist dein Wille, wirklich zu den Besten zu gehören und am Puls der Wirtschaft mitzuarbeiten.

## Anforderungskriterium 3: Ehrenämter, Stipendien und Auslandserfahrung: Das i-Tüpfelchen auf der Bewerbung

Verhältnismäßig viele studieren an einer renommierten Universität und erzielen dort auch sehr gute Noten. Das allein ist jedoch noch kein Indikator für künftigen Erfolg als Bänker, Berater oder Investor. Daher richten viele Unternehmen, einschließlich der Top-Firmen in unseren Zielbranchen, ihren Blick nicht nur auf akademische Leistungen, sondern auch auf das sogenannte »extracurriculare Engagement«. Dazu zählen ehrenamtliche Tätigkeiten in Sportvereinen, studentischen Initiativen oder sozialen Vereinigungen, Auslandserfahrung, Stipendien oder besondere Leistungen in Wettbewerben. Es ist dabei weniger von Bedeutung, ob dein Engagement in direkter Verbindung mit deinem späteren Berufsziel steht oder nicht – viel wichtiger ist, dass du Eigeninitiative und Engagement über das Klassenzimmer oder die Universität hinaus beweist.

Es ist ratsam, Aktivitäten zu finden, die deinen persönlichen Interessen entsprechen und dir Freude bereiten. Betrachte sie nicht als reine Karriereschritte. Ehrenamtliche Tätigkeiten bieten gerade in den ersten Studienjahren hervorragende Möglichkeiten, wertvolle Erfahrungen zu sammeln, insbesondere wenn du noch nicht so viele Praktika gemacht hast.

## Ehrenamtliches Engagement: Warum es zählt und welche Möglichkeiten es gibt

Ehrenamtliches Engagement kann in vielerlei Hinsicht von Vorteil sein, wenn du in einer Top-Branche arbeiten möchtest. Es zeigt, du bist sozial engagiert und verfügst über Softskills wie Fähigkeit zur Teamarbeit, Organisationstalent und Führungsstärke, und kann dir ermöglichen, wertvolle Kontakte zu knüpfen und dein Netzwerk auszubauen. Hier nenne ich dir einige Möglichkeiten, wie du dich ehrenamtlich engagieren kannst:

- Viele Universitäten haben eine Vielzahl studentischer Organisationen und Initiativen. Du könntest beispielsweise Teil einer wirtschaftsnahen Organisation wie einer studentischen Unternehmensberatung werden oder dich in einer Nachhaltigkeitsinitiative engagieren.
- Leiste Freiwilligenarbeit! Engagier dich in deiner Freizeit bei einer gemeinnützigen Organisation oder in einem sozialen Projekt. Ob im Bereich Umweltschutz, Bildung oder soziale Gerechtigkeit – es gibt zahlreiche Möglichkeiten, einen Unterschied zu machen und gleichzeitig wertvolle Erfahrungen zu sammeln.
- Du könntest anderen Studierenden oder Schülern als Tutor oder Mentor zur Seite stehen und so dein Fachwissen weitergeben. So

zeigst du, dass du ein Experte auf deinem Gebiet bist und anderen helfen möchtest, erfolgreich zu sein.

Ehrenamtliche Engagements sind eine hervorragende Möglichkeit, insbesondere in den ersten Jahren deines Studiums, wenn du vielleicht noch nicht so viele Praktika hast, schon früh wertvolle Erfahrung neben dem Studium zu sammeln. Allerdings ist es wichtig, dass du deine Rolle im Ehrenamt nicht überbetonst und dein Studium und eventuelle Praktika vernachlässigst. Insbesondere Vorstandsmitglieder studentischer Initiativen neigen dazu, ihr Studium und ihre Praktika vollkommen der Initiative zu opfern, was langfristig eher ein Hindernis für die Karriereentwicklung darstellt.

Beginne so früh wie möglich mit ehrenamtlichem Engagement – am besten noch in der Schulzeit, beispielsweise als Schulsprecher, im Schulsanitätsdienst, im Jugendgemeinderat oder in einem lokalen Verein deiner Stadt. Denn je länger du ehrenamtliches Engagement aufweisen kannst, desto mehr erhöhen sich deine Chancen, ein Stipendium für dein Studium zu erhalten, was eine weitere Möglichkeit ist, dich positiv hervorzuheben.

Im Rahmen unserer Coaching-Programme besprechen wir mit unseren Teilnehmern immer individuell, welches Engagement sich in ihrer Situation empfehlen würde, und weisen sie auch nachdrücklich darauf hin, wenn sie in die Falle geraten, sich zu sehr zu engagieren und andere Dinge, die für ihre Karriere wichtig sind, zu vernachlässigen.

## Stipendien: Warum sie wichtig sind und wie du sie bekommen kannst

Stipendien können deinen Lebenslauf aufwerten, indem sie deine akademischen Leistungen, dein soziales Engagement und deine Führungsfähigkeiten unterstreichen. Darüber hinaus lohnen sich Stipendien meist auch finanziell und können dir Karriereschritte wie beispielsweise ein Studium an einer kostenintensiven privaten Business

School deutlich erleichtern. Du kannst verschiedene Stipendien in Betracht ziehen:

- **Begabtenförderungswerke:** In Deutschland existieren 13 bedeutende Begabtenförderungswerke, die herausragende Studierende aufgrund ihrer Leistungen und gesellschaftlichen Engagements unterstützen. Dazu gehören die Studienstiftung des deutschen Volkes, die Konrad-Adenauer-Stiftung, die Stiftung der Deutschen Wirtschaft und die Friedrich-Naumann-Stiftung. Während die Auswahlkriterien und Förderangebote variieren, umfassen diese Stipendien in der Regel finanzielle Unterstützung, ideelle Förderung und den Zugang zu einem umfangreichen Netzwerk von Alumni und Experten. Üblicherweise erhalten Stipendiaten bis zum Studienende monatlich mindestens 300 Euro, unabhängig vom Elterneinkommen. Zusätzlich kann bei einem Einkommen der Eltern unterhalb einer gewissen Grenze eine weitere Förderung gewährt werden, die das gesamte Stipendium in den vierstelligen Bereich erhöht. Oft decken diese Stipendien auch Studiengebühren im Ausland bis zu 10.000 Euro oder mehr pro Jahr ab und unterstützen bestimmte Forschungsprojekte.
- **Universitätsstipendien:** Viele Hochschulen bieten eigene Stipendien für außergewöhnlich begabte Studierende oder für Studierende mit besonderen Bedürfnissen an. Beispielsweise erhielten in den vergangenen Jahren zahlreiche unserer Coaching-Klienten, die sich für ein Bachelorstudium an der Frankfurt School beworben haben, aufgrund ihrer herausragenden Leistungen im Bewerbungsverfahren ein Stipendium, das 25 oder 50 Prozent der Studiengebühren abdeckt. Bei regulären Studiengebühren von etwa 50.000 Euro resultiert das in einer beachtlichen fünfstelligen Ersparnis. Ähnliche Stipendien existieren für andere Business Schools und für Bachelor- sowie Masterstudiengänge. Erkundige dich bei deiner Hochschule über die verfügbaren Sti-

pendien und die Bewerbungsvoraussetzungen. Die Anforderungen für solche Stipendien sind oft weniger streng als bei den Begabtenförderungswerken.

- **Branchenspezifische Stipendien:** Einige Branchen oder Berufsfelder bieten spezielle Stipendienprogramme an, die von Unternehmen oder Verbänden gesponsert werden. Sie können sowohl finanzielle Unterstützung als auch Praktikums- oder Arbeitsmöglichkeiten bieten. Solche Stipendien werden oft über einen Lehrstuhl einer Universität an besonders qualifizierte Studenten oder ehemalige Praktikanten des Unternehmens vergeben. Es lohnt sich, im Internet nach spezifischen Stipendien zu suchen, wobei die Erfolgschancen bei den Begabtenförderungswerken und den Universitätsstipendien oft höher sind.

In unseren Coaching-Programmen haben wir schon viele verschiedene Menschen erfolgreich bei Bewerbungen für diverse Stipendienprogramme begleitet. Daher weiß ich: Stipendien sind nicht nur etwas für 1,0er-Abiturienten – vielmehr kommt es darauf an, dass du dich im ersten Schritt überhaupt bewirbst und es dir anschließend gelingt, im Rahmen des Bewerbungsverfahrens glaubhaft zu vermitteln, dass du dich sehr gut mit den Werten des Stipendiums identifizieren kannst. Sinn und Zweck eines Stipendiums ist es in der Regel, jungen Menschen, die eine gewisse Wertevorstellung und hohe Ambitionen haben, zu helfen, ihre hohen Ziele besser zu erreichen, damit sie ihre Werte besser in die Welt hinaustragen können. Um das zu zeigen, gibt es vielfältige Maßnahmen, die man von langer Hand planen kann. Wenn beispielsweise jemand in unser Coaching-Programm kommt, der mit seiner aktuellen Ausgangslage noch keine hohe Wahrscheinlichkeit auf eine erfolgreiche Stipendiumsbewerbung hat, kann er in nur ein bis zwei Jahren mit sehr hoher Wahrscheinlichkeit genau die Erfahrungen gesammelt haben, die es ihm erlauben, im Rahmen seiner Bewerbung genau das zu zeigen, wonach die Auswahlkommission des

Stipendiums sucht. Vor allem, wenn du dich frühzeitig darum kümmerst, kann sich das sehr lohnen.

## Auslandserfahrung: Warum sie zählt und was sie beinhaltet

Auslandserfahrung kann einen enormen Mehrwert für deine Bewerbung bringen: Sie zeigt, du bist offen für neue Kulturen und Herausforderungen, verfügst über Anpassungsvermögen und bringst in der Regel auch Fremdsprachenkenntnisse mit. Insbesondere die Top-Strategieberatungen BCG, Bain und McKinsey achten sehr darauf, dass ihr Bewerber zum Zeitpunkt des Praktikums während einer mindestens dreimonatigen Auslandsphase seine interkulturellen Fähigkeiten demonstriert und erweitert hat. Hier einige Beispiele, wie du internationale Erfahrungen sammeln kannst:

- **Auslandssemester:** Ein Semester an einer ausländischen Universität ist eine hervorragende Möglichkeit, dein akademisches Profil zu erweitern, neue Kulturen kennenzulernen und deine Sprachkenntnisse zu verbessern. Viele Universitäten haben Austauschprogramme und Partnerschaften mit Hochschulen im Ausland, die das Prozedere erleichtern.
- **Auslandspraktika:** Bei einem Praktikum im Ausland kannst du wertvolle Arbeitserfahrung in einer internationalen Umgebung sammeln und dein berufliches Netzwerk erweitern. Es gibt viele Organisationen und Programme, die Praktika im Ausland vermitteln, aber du kannst auch selbstständig nach Praktikumsmöglichkeiten suchen.
- **Freiwilligenarbeit im Ausland:** Freiwilligenarbeit im Ausland kann dir helfen, soziale Verantwortung und interkulturelle Kompetenzen zu entwickeln. Es gibt zahlreiche Organisationen und Programme, die Freiwilligenarbeit in verschiedenen Ländern und Bereichen anbieten.

## Exzellenz in (sportlichen) Wettbewerben

Eine weitere Möglichkeit, wie ambitionierte Studierende sich auszeichnen können, besteht darin, ihren Kampfgeist und ihre hohen Ambitionen in Wettbewerben zu demonstrieren. Hierzu zählen Wirtschaftswettbewerbe wie der Jugendgründerpreis, künstlerische Wettbewerbe wie »Jugend musiziert« oder auch sportliche Wettbewerbe wie Fußball, Judo oder Schach. Wir haben festgestellt, dass eine im Vergleich zur »normalen« Bevölkerung sehr überdurchschnittliche Anzahl der Studierenden, die wir in unseren Coaching-Programmen betreuen, in ihrer Jugend in genau diesen Bereichen herausragende Leistungen erbracht hat.

Wer beispielsweise in der Jugend in einem Bundesligaverein Fußball gespielt und dabei sechsmal pro Woche trainiert hat, entwickelt eine hohe Disziplin, die sich hervorragend auf das spätere Berufsleben übertragen lässt. Das Gleiche gilt auch für Tennis, Reiten oder andere wettbewerbsaffine Sportarten. Wer in der Jugend sportlich aktiv war, wird häufig erfolgreich im Studium und später von Unternehmen gerne zum Bewerbungsverfahren eingeladen.

Es ist jedoch unrealistisch zu erwarten, dass man, ohne besondere Begabung im Fußball, plötzlich intensiv trainiert, um in eine Bundesligamannschaft zu kommen, nur um die Karrierechancen zu verbessern. Dennoch solltest du, vor allem während der Schulzeit oder auch später im Studium, immer auf der Suche nach Wettbewerben sein, an denen du Spaß haben könntest. Ob es sich nun um einen kleinen regionalen Wettbewerb handelt oder um einen nationalen oder internationalen Wettbewerb: Wer sich geschickt anstellt, kann die Teilnahme und Erfahrung gut in künftigen Bewerbungsverfahren nutzen und sich positiv von anderen abheben.

Dennoch solltest du nicht erwarten, durch ehrenamtliche Tätigkeiten, Stipendien, Auslandserfahrung oder die Teilnahme an Wettbewerben automatisch eine Einladung von deinem Wunscharbeitgeber zu erhalten. Diese Aspekte sind nur ergänzende Kriterien und es ist grundsätzlich möglich, zu Top-Unternehmen zu gelangen, wenn man in diesen Bereichen wenig vorweisen kann. Dennoch empfehle ich dir, dich möglichst breit aufgestellt weiterzuentwickeln. Es kann deinen Lebenslauf erheblich aufwerten.

## Anforderungskriterium 4: Praktika – die wahre Währung des Studiums

So relevant Aspekte wie die Universität, der Notenschnitt und sonstige außerschulische Aktivitäten auch sein mögen – ihre Bedeutung schwindet gegenüber der der bis zur Bewerbung absolvierten und anstehenden Praktika. Wer es schafft, trotz eines fehlenden Studiums an einer renommierten Universität, mittelmäßiger Noten oder ohne besonderes Engagement Praktika bei Top-Firmen zu absolvieren, hat sehr gute Chancen, auch einen Berufseinstieg in diesen Firmen zu erreichen.

Gleichzeitig kann es für jemanden, der an einer renommierten Universität studiert, hervorragende Noten hat und sich engagiert, aber bis zum Berufseinstieg kaum relevante Praktika absolviert hat, sehr schwierig werden, eine Einladung zu einem Vorstellungsgespräch bei einem Top-Unternehmen zu erhalten. Laut unseren Reports, die du im Online-Kurs zu diesem Buch findest (siehe Seite 27), haben Berufseinsteiger in diesen Firmen im Durchschnitt 3,5 Praktika absolviert. Aber warum legen diese Unternehmen so großen Wert auf die Anzahl der absolvierten Praktika?

Im Gegensatz zu vielen anderen Branchen, in denen Praktika in erster Linie dazu dienen, einen Einblick in den Arbeitsalltag zu bekommen, und die typischen Aufgaben meist nicht über Kaffeekochen und Kopieren hinausgehen, sind Praktikanten im Investment Banking, in der Beratung und im Private Equity fest in ein Team integriert. Sie sind von Anfang an in die tägliche Arbeit eingebunden und die Firma rechnet mit ihnen. Viele Banken und Beratungsunternehmen könnten ihre

Projekte tatsächlich nicht absolvieren, wenn sie plötzlich auf ihre Praktikanten verzichten müssten.

Praktikanten werden in diesen Branchen aus zwei Gründen stark in den Arbeitsalltag eingebunden: Zum einen sind sie für die Unternehmen kostengünstige, aber in den meisten Fällen kompetente und motivierte Arbeitskräfte. Selbst wenn die Praktikumsgehälter teilweise weit über 2000 Euro pro Monat liegen und bei manchen Firmen monatlich 5000 Euro oder mehr betragen, ist es im Vergleich immer noch deutlich günstiger, als eine Vollzeitkraft einzustellen. Weitaus wichtiger ist jedoch, dass Praktikanten einen wichtigen Recruiting-Kanal für diese Unternehmen darstellen. Es kommt häufig vor, dass Praktikanten am Ende ihres Praktikums ein Angebot für eine Festanstellung erhalten, wenn sie durch ihre Persönlichkeit und ihren Arbeitseinsatz überzeugt haben. Bei den Top-Unternehmen sind somit ein beachtlicher Anteil der Belegschaft und manchmal die Gesamtheit der Einsteiger ehemalige Praktikanten.

Werkstudentenjobs sind in der Regel nicht mit einem Praktikum gleichzusetzen. Üblicherweise arbeitest du als Werkstudent während des Semesters an zwei oder drei festgelegten Tagen pro Woche zu festen Zeiten und man erwartet, dass du auch in den folgenden Monaten zu diesen Zeiten verfügbar bist. Daher wirst du eher für tägliche Routineaufgaben eingesetzt. In der Strategieberatung oder im Private Equity gibt es tendenziell weniger offene Positionen für Werkstudenten, da es weniger Routineaufgaben gibt. Selbst wenn du eine Werkstudentenstelle in einer für deine Ziele relevanten Firma bekommst, ist die Erfahrung, die du durch Routineaufgaben sammelst, in der Regel nicht so wertvoll wie die eines Praktikanten, der quasi rund um die Uhr verfügbar ist und in zeitkritische und hochrelevante Projekte eingebunden werden kann. Auch wenn du als Werkstudent über einen längeren Zeitraum stärker Teil des Teams wirst, hat der Praktikant tendenziell die spannenderen Aufgaben und lernt mehr. Es gibt sicherlich Ausnahmen, aber in der Regel achten Firmen mehr auf Praktikumserfahrung als auf Werkstudentenjobs.

Den Praktikanten wird viel abverlangt und entsprechend wird viel erwartet. Sie sollen mehr oder weniger genauso wie Berufseinsteiger an großen Projekten mitarbeiten. Vor deinem ersten Praktikum wirst du jedoch noch keine Ahnung haben, wie es ist, in diesen Branchen zu arbeiten, und einige Fehler machen. Daher solltest du nicht erwarten, dein allererstes Praktikum bei einer der Top-Firmen absolvieren zu können. Diese Firmen bekommen so viele Bewerbungen, dass sie es sich leisten können, selbst bei Praktikanten bereits mehrere Vorpraktika vorauszusetzen. Bewirb dich stattdessen bei kleineren, unbekannteren Firmen in deiner Zielbranche.

Je besser deine Noten sind, je weiter du mit dem Studium bist, je renommierter deine Universität ist und je mehr außerschulisches Engagement du vorweisen kannst, hast du entsprechend bessere Chancen, ein Erstpraktikum bei besseren Unternehmen zu bekommen. Schon dein zweites Praktikum solltest du bei einer prestigeträchtigeren Firma mit höheren Anforderungskriterien und spannenderen Aufgaben absolvieren. Auf diese Weise steigerst du dich Schritt für Schritt und kommst deinen finalen Arbeitgebern immer näher. Das kannst du dir ähnlich vorstellen wie in einem Videospiel, in dem du deinen Charakter Level für Level nach oben bringst und dabei immer neue tolle Eigenschaften an ihm freischalten kannst. So verhält es sich auch in deinem Studium – nur sammelst du hier Praktika bei zunehmend bekannteren und renommierten Firmen und »freischalten« kannst du bessere Job- und Karrierechancen sowie spannendere Aufgaben.

In unserem Coaching haben wir dafür ein ausgeklügeltes System entwickelt, in dem wir über 1000 Investment Banken, Unternehmensberatungen, Konzerne, Start-ups und Vermögensverwalter analysiert und mit einem Rating von 1 bis 25 bewertet haben. Ein Rating von 25 steht dabei für – aus langfristiger Karrieresicht – höchstes Prestige, hierzu zählen beispielsweise Unternehmen wie Goldman Sachs und McKinsey. Firmen mit niedrigeren Ratings sind oft kleiner und weniger bekannt. Bei einigen kann man auch schon mit einem mittelmäßigen Notenschnitt nach dem zweiten Semester ein erstes Praktikum absolvieren, da sich hier weniger Bewerber melden, die zudem oft weniger qualifiziert sind. Je höher die Ratings, desto weniger Unternehmen gibt es auf diesem Level – an der Spitze des Bergs ist die Luft immer am dünnsten. Aus diesem Grund nutzen wir das Symbol einer Pyramide, um den idealen Aufbau der Praktika in deinem Studium zu erklären. Am Anfang, wenn du ganz unten stehst, hast du Dutzende Firmen zur Auswahl, wo du überall ein relevantes Praktikum machen kannst. Je weiter du vorankommst, desto weniger Firmen gibt es, die für dich noch ein Upgrade zu deinem vorherigen Praktikum darstellen, bis du ganz an der Spitze angekommen nur noch eine Handvoll Top-Firmen anvisierst.

Um Hunderte von Firmen in den mittleren und niedrigeren Ratings zu ermitteln, haben wir monatelang LinkedIn-Profile von erfolgreichen Einsteigern in diese Branchen analysiert. Wir haben zusammengefasst, bei welchen Firmen und zu welchem Zeitpunkt sie Praktika gemacht haben. Über vier Jahre konnten wir dieses System stetig ausbauen und verbessern, da wir beobachtet haben, wer von welchen Firmen zu einem Praktikum eingeladen wurde und wo die Kandidaten ihr nächstes Praktikum absolvierten.

Mit unserem System kannst du genau ermitteln, bei welchem Rating du dich als Nächstes bewerben solltest. Angenommen, für dein erstes Praktikum nach dem zweiten Semester empfiehlt dir unser System Firmen mit einem Rating von 6 bis 8, und du ergatterst ein Praktikum bei einer Firma mit Rating 7. Bei der Suche nach einem Praktikum nach dem vierten Semester könntest du dich dann – abhängig von deiner Universität, deinen Noten und deinem Engagement – bei Firmen mit einem Rating von 10 bis 18 bewerben. Je höher das Rating des Praktikums, bei desto höher eingestuften Firmen erhältst du in der übernächsten Bewerbungsphase eine Einladung und so weiter.

Theoretisch ist es möglich, auf diesem Weg mit nur zwei bis drei Praktika bis zu den absoluten Top-Firmen zu gelangen. Dies schaffen vor allem Studierende renommierter Universitäten, die sehr gute Noten haben und zusätzlich Stipendien oder besonderes Engagement vorweisen können. Wer kein herausragendes Profil hat, kann dieselbe Strategie anwenden, wird sich jedoch von Praktikum zu Praktikum nicht so stark steigern können.

Um klarer zu sehen, wann du dich für welches Praktikum bewerben kannst und welche Firmen in welcher Ratingstufe liegen, kannst du dir die folgenden beiden Schaubilder ansehen. Sie geben eine grobe und oberflächliche Orientierung darüber, wo welche Art von Firma in unseren Praktikumspyramiden eingeordnet ist. Schritt für Schritt steigerst du dich von den unbekannteren Firmen zu immer relevanteren Stellen bei immer größeren Unternehmen – je größer der Schritt, desto schneller kommst du ganz oben an. Ganz an der Spitze befinden sich logischerweise die absoluten Top-Firmen. Beachte jedoch bitte, dass wir einzelne Unternehmen gelegentlich in unserer Pyramide nach oben oder unten verschieben, basierend auf unseren Beobachtungen, wo Praktikanten ihr nächstes Praktikum absolvieren.

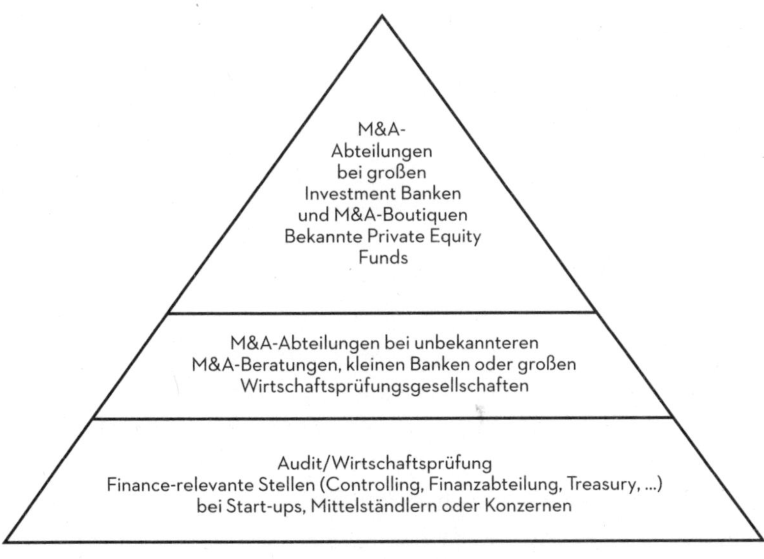


**Investment-Banking-Praktikumspyramide**

**Beratungs-Praktikumspyramide**

Dieser Ansatz lässt sich zur Planung deiner Praktika während des Studiums und zur Bestimmung des idealen Unternehmens für deinen Berufseinstieg nach dem Studium nutzen. Im Idealfall absolvierst du während des Studiums (vorzugsweise schon im Bachelor) ein Praktikum bei einer Top-Firma und bekommst dort aufgrund deiner Leistung ein Übernahmeangebot. Mit diesem sicheren Jobangebot kannst du dein Studium entspannt abschließen und hast bereits eine klare Perspektive für die Zeit danach.

Erhältst du während deines Studiums kein Vollzeitangebot, musst du dich spätestens nach deinem Master auf einen Berufseinstieg bewerben. Wenn du während deines Studiums nur ein Praktikum bei einer Firma mit niedrigem Rating gemacht hast, wird es schwierig, bei einer der Top-Adressen mit hohem Ranking einen Berufseinstieg zu bekommen. Wenn jedoch dein letztes Praktikum bei einer Firma war, die nur knapp unter deiner Wunschfirma liegt, stehen die Chancen gut, dass du auch bei einem deiner Wunschunternehmen zu einem Vorstellungsgespräch für eine Vollzeitstelle eingeladen wirst.

Doch nicht nur deine bisherige Position auf der Pyramide bestimmt, wie groß der Schritt sein kann, den du zwischen deinen Praktika und bis zum Berufseinstieg machen kannst. Zwei weitere maßgebliche Faktoren sind deine Leistung im Bewerbungsverfahren und dein Netzwerk. Diese beiden Aspekte sehen wir uns im Folgenden genauer an.

## Anforderungskriterium 5: Bei der Bewerbung trennt sich die Spreu vom Weizen

Das Bewerbungsverfahren für Einstiegspositionen oder Praktika in Bereichen wie Investment Banking, Strategieberatung oder Private Equity ist enorm wettbewerbsintensiv und äußerst anspruchsvoll. Je renommierter und begehrter die Unternehmen sind, bei denen du dich bewerben möchtest, desto wettbewerbsintensiver und anspruchsvoller werden auch die Bewerbungsverfahren. Denn solche Firmen ziehen mehr Bewerber pro Position an und können somit höhere Anforderungen an die Kandidaten stellen. Selbst für Praktika nach dem zweiten oder dritten Semester bereiten sich engagierte Studierende teilweise wochenlang auf Bewerbungsverfahren vor. Sie wissen, dass selbst Unternehmen, die in unseren Bewertungssystemen nur im Mittelfeld liegen, bis zu fünf Bewerbungsgespräche hintereinander führen können, bevor sie eine Zusage oder Absage für ein Praktikum erteilen.

Lass uns jetzt die einzelnen Schritte betrachten, die man absolvieren muss, um ein Jobangebot zu erhalten. Auch die Bewerbungsschritte bei renommierten Business Schools verlaufen ähnlich.

### Anschreiben und Lebenslauf

Schon die erste Hürde – das Einreichen von Anschreiben und Lebenslauf – stellt für viele Bewerber eine Herausforderung dar. Das Anschreiben sollte prägnant und individuell auf das Unternehmen zugeschnitten sein, wobei es deine Motivation sowie deine Qualifikationen und

Erfahrungen klar hervorheben sollte. Der Lebenslauf muss alle relevanten Stationen deiner akademischen und beruflichen Laufbahn übersichtlich und ansprechend darstellen. Ziel ist es, sich von der Vielzahl anderer qualifizierter Kandidaten abzuheben und die Personalverantwortlichen von den eigenen Fähigkeiten und dem Potenzial zu überzeugen. Es ist nicht ratsam, auf extravagante Anschreibetechniken oder Lebenslaufvorlagen zurückzugreifen. Halte es lieber einfach und konservativ. Der Lebenslauf sollte in erster Linie eine schnelle und unkomplizierte Vergleichbarkeit mit anderen Bewerbern ermöglichen. Vermeide also unnötige Komplikationen wie umständliche Darstellungen oder übermäßig kreative Layouts. Neben dem Inhalt deiner Bewerbung ist auch eine ansprechende und sorgfältige Formatierung relevant. Praktikanten bereiten ständig wichtige Präsentationen in PowerPoint vor, in denen jeder Strich an genau der richtigen Stelle sein muss. Wenn du es in deinen Bewerbungsunterlagen, die du ohne zeitlichen Druck erstellen kannst, nicht hinbekommst, überall einheitliche Zeilenabstände zu setzen, wird man dir kaum zutrauen, in einer stressigen Projektphase eine 40-seitige PowerPoint-Präsentation für eine wichtige Vorstandssitzung vorzubereiten.

So sollten deine Bewerbungsunterlagen in etwa aussehen:

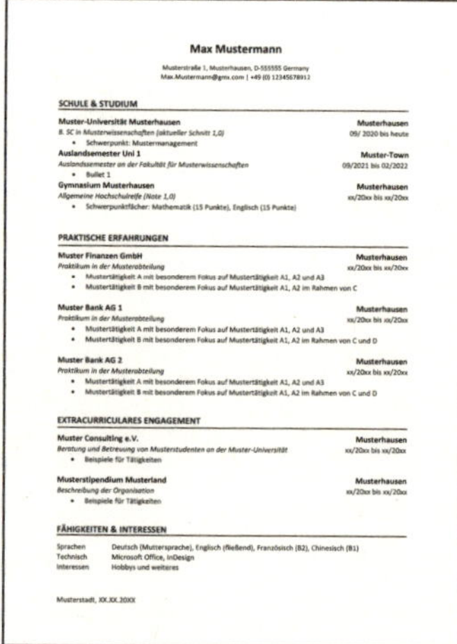

**Max Mustermann**

Musterstraße 1, Musterhausen, D-555555 Germany
Max.Mustermann@gmx.com | +49 (0) 12345678912

**SCHULE & STUDIUM**

**Muster-Universität Musterhausen** — **Musterhausen**
*B. SC in Musterwissenschaften (aktueller Schnitt 1,0)* — 09/ 2020 bis heute
- Schwerpunkt: Mustermanagement

**Auslandsemester Uni 1** — **Muster-Town**
*Auslandssemester an der Fakultät für Musterwissenschaften* — 09/2021 bis 02/2022
- Bullet 1

**Gymnasium Musterhausen** — **Musterhausen**
*Allgemeine Hochschulreife (Note 1,0)* — xx/20xx bis xx/20xx
- Schwerpunktfächer: Mathematik (15 Punkte), Englisch (15 Punkte)

**PRAKTISCHE ERFAHRUNGEN**

**Muster Finanzen GmbH** — **Musterhausen**
*Praktikum in der Musterabteilung* — xx/20xx bis xx/20xx
- Mustertätigkeit A mit besonderem Fokus auf Mustertätigkeit A1, A2 und A3
- Mustertätigkeit B mit besonderem Fokus auf Mustertätigkeit A1, A2 im Rahmen von C

**Muster Bank AG 1** — **Musterhausen**
*Praktikum in der Musterabteilung* — xx/20xx bis xx/20xx
- Mustertätigkeit A mit besonderem Fokus auf Mustertätigkeit A1, A2 und A3
- Mustertätigkeit B mit besonderem Fokus auf Mustertätigkeit A1, A2 im Rahmen von C und D

**Muster Bank AG 2** — **Musterhausen**
*Praktikum in der Musterabteilung* — xx/20xx bis xx/20xx
- Mustertätigkeit A mit besonderem Fokus auf Mustertätigkeit A1, A2 und A3
- Mustertätigkeit B mit besonderem Fokus auf Mustertätigkeit A1, A2 im Rahmen von C und D

**EXTRACURRICULARES ENGAGEMENT**

**Muster Consulting e.V.** — **Musterhausen**
*Beratung und Betreuung von Musterstudenten an der Muster-Universität* — xx/20xx bis xx/20xx
- Beispiele für Tätigkeiten

**Musterstipendium Musterland** — **Musterhausen**
*Beschreibung der Organisation* — xx/20xx bis xx/20xx
- Beispiele für Tätigkeiten

**FÄHIGKEITEN & INTERESSEN**

| | |
|---|---|
| Sprachen | Deutsch (Muttersprache), Englisch (fließend), Französisch (B2), Chinesisch (B1) |
| Technisch | Microsoft Office, InDesign |
| Interessen | Hobbys und weiteres |

Musterstadt, XX.XX.20XX

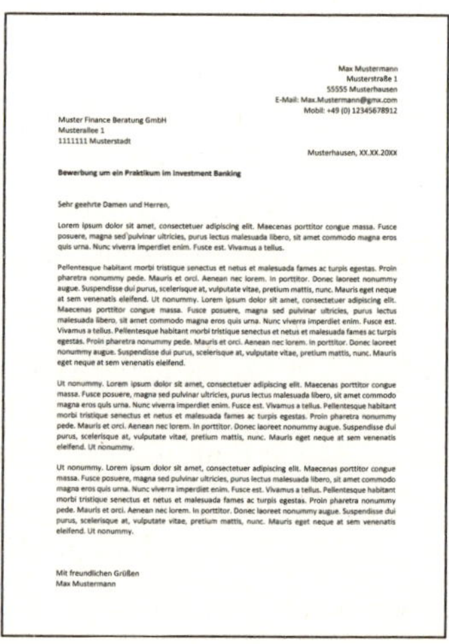

Max Mustermann
Musterstraße 1
55555 Musterhausen
E-Mail: Max.Mustermann@gmx.com
Mobil: +49 (0) 12345678912

Muster Finance Beratung GmbH
Musterallee 1
1111111 Musterstadt

Musterhausen, XX.XX.20XX

**Bewerbung um ein Praktikum im Investment Banking**

Sehr geehrte Damen und Herren,

Lorem ipsum dolor sit amet, consectetuer adipiscing elit. Maecenas porttitor congue massa. Fusce posuere, magna sed pulvinar ultricies, purus lectus malesuada libero, sit amet commodo magna eros quis urna. Nunc viverra imperdiet enim. Fusce est. Vivamus a tellus.

Pellentesque habitant morbi tristique senectus et netus et malesuada fames ac turpis egestas. Proin pharetra nonummy pede. Mauris et orci. Aenean nec lorem. In porttitor. Donec laoreet nonummy augue. Suspendisse dui purus, scelerisque at, vulputate vitae, pretium mattis, nunc. Mauris eget neque at sem venenatis eleifend. Ut nonummy. Lorem ipsum dolor sit amet, consectetuer adipiscing elit. Maecenas porttitor congue massa. Fusce posuere, magna sed pulvinar ultricies, purus lectus malesuada libero, sit amet commodo magna eros quis urna. Nunc viverra imperdiet enim. Fusce est. Vivamus a tellus. Pellentesque habitant morbi tristique senectus et netus et malesuada fames ac turpis egestas. Proin pharetra nonummy pede. Mauris et orci. Aenean nec lorem. In porttitor. Donec laoreet nonummy augue. Suspendisse dui purus, scelerisque at, vulputate vitae, pretium mattis, nunc. Mauris eget neque at sem venenatis eleifend.

Ut nonummy. Lorem ipsum dolor sit amet, consectetuer adipiscing elit. Maecenas porttitor congue massa. Fusce posuere, magna sed pulvinar ultricies, purus lectus malesuada libero, sit amet commodo magna eros quis urna. Nunc viverra imperdiet enim. Fusce est. Vivamus a tellus. Pellentesque habitant morbi tristique senectus et netus et malesuada fames ac turpis egestas. Proin pharetra nonummy pede. Mauris et orci. Aenean nec lorem. In porttitor. Donec laoreet nonummy augue. Suspendisse dui purus, scelerisque at, vulputate vitae, pretium mattis, nunc. Mauris eget neque at sem venenatis eleifend. Ut nonummy.

Ut nonummy. Lorem ipsum dolor sit amet, consectetuer adipiscing elit. Maecenas porttitor congue massa. Fusce posuere, magna sed pulvinar ultricies, purus lectus malesuada libero, sit amet commodo magna eros quis urna. Nunc viverra imperdiet enim. Fusce est. Vivamus a tellus. Pellentesque habitant morbi tristique senectus et netus et malesuada fames ac turpis egestas. Proin pharetra nonummy pede. Mauris et orci. Aenean nec lorem. In porttitor. Donec laoreet nonummy augue. Suspendisse dui purus, scelerisque at, vulputate vitae, pretium mattis, nunc. Mauris eget neque at sem venenatis eleifend. Ut nonummy.

Mit freundlichen Grüßen
Max Mustermann

Wenn du nicht genau weißt, wie du diese Unterlagen nachbauen kannst, findest du eine Vorlage für Microsoft Word im Rahmen des Online-Kurses zu diesem Buch (Seite 27).

Jede Bewerbung sollte individuell auf die spezifische Stelle und das betreffende Unternehmen zugeschnitten sein. Obwohl du dir für die Erstellung deiner Unterlagen viel Mühe geben solltest, darfst du nicht erwarten, immer auch eine Einladung zu einem Vorstellungsgespräch zu bekommen. Wer auf jede Bewerbung eine Einladung erhält, ist nicht unbedingt ein Bewerbungsgenie, sondern bewirbt sich vermutlich eher bei weniger anspruchsvollen Firmen und unterschätzt seinen eigenen Wert. Wenn du dich bei Unternehmen bewirbst, die laut unseres Bewertungssystems den optimalen nächsten Fortschritt für dich darstellen, erhältst du nur bei etwa 20 Prozent der Firmen eine Einladung zum Vorstellungsgespräch. Vorausgesetzt, deine Bewerbungsunterlagen waren fehlerfrei, ist dies ein gutes Zeichen, denn jede Firma, die dich einlädt, bietet dir die Gelegenheit, dich im Vorstellungsgespräch gegen hochqualifizierte Mitbewerber durchzusetzen. Denn 80 Prozent der anderen Firmen auf diesem Niveau laden dich ja nicht einmal zu einem Gespräch ein.

Damit du dennoch genug Einladungen zu Vorstellungsgesprächen erhältst, empfehlen wir für die Bewerbung um die ersten Praktika während des Studiums, sich bei 20 bis 30 verschiedenen Unternehmen zu bewerben, die alle in etwa auf der gleichen Stufe in der Praktikumspyramide liegen und für dich einen sehr guten Karriereschritt darstellen würden. Somit kannst du typischerweise mit einer Einladung zu drei bis sechs Vorstellungsgesprächen rechnen, was mit der entsprechenden Vorbereitung in der Zusage von mehreren Praktikumsangeboten resultieren sollte.

Schickst du weniger Bewerbungen ab, kann es sein, dass du zu wenig Einladungen zu Vorstellungsgesprächen erhältst und mit ein bisschen Pech ohne Praktika dastehst. Über die von uns empfohlene Anzahl an Bewerbungen hinauszugehen, ist jedoch auch nicht ratsam, da es unnötig Zeit kostet und entweder dazu führt, dass du nicht genug Zeit in deine Bewerbungen investierst und sie generisch und austauschbar werden oder du zwar viel Zeit aufwendest und viele Zusagen zu Interviews bekommst, aber dann im nächsten Schritt weniger Zeit für die erforderliche Vorbereitung der Gespräche zur Verfügung hast und zu wenige erfolgreich absolvieren kannst.

Im Rahmen unserer Coaching-Programme erhalten Teilnehmer maßgeschneiderte Formatvorlagen für Anschreiben und Lebenslauf sowie klare Anleitungen zur optimalen Individualisierung dieser Dokumente auf der Basis ihrer persönlichen Erfahrungen. Darüber hinaus bieten wir Services wie Bewerbungschecks und Unterstützung beim Umformulieren von Textpassagen, um sicherzustellen, dass deine Bewerbung garantiert aus der Masse hervorsticht und du nicht wegen vermeidbarer Fehler in deinen Unterlagen abgelehnt wirst.

Überlege dir immer: Die Firmen wissen im ersten Schritt *nichts* von dir – außer dem, was du ihnen in deinen Bewerbungsunterlagen mitteilst. Gib dir also viel Mühe, dich besonders positiv darzustellen. Mit sehr guten Unterlagen kannst du es schaffen, auch deutlich bessere Bewerber auszustechen und an ihrer Statt eine Einladung zum Vorstellungsgespräch zu erhalten.

Hätte ich im ersten Jahr meines Studiums nicht alles bei meinen Bewerbungsunterlagen perfekt gemacht, hätte ich wohl kaum eine Einladung zum Vorstellungsgespräch für mein UBS-Praktikum erhalten. Genau diese herausragenden Bewerbungsunterlagen in Kombination mit der richtigen Auswahl der Unternehmen sind auch der Grund dafür, weshalb so viele der Studenten, die mit uns in unseren Coaching-Programmen zusammenarbeiten, überhaupt die Möglichkeit bekommen, sich schon zu Anfang ihres Studiums (oder teilweise sogar schon davor) in Vorstellungsgesprächen unter Beweis stellen zu können, obwohl es theoretisch viele andere besser geeignete Bewerber geben würde.

## Weitere Unterlagen

Neben Anschreiben und Lebenslauf sind in der Regel weitere Unterlagen einzureichen, die deine Angaben untermauern. Dazu zählen beispielsweise Schul- und Universitätszeugnisse, Empfehlungsschreiben, Arbeitszeugnisse und Nachweise über außercurriculares Engagement. Manche Bewerber stehen hier vor Herausforderungen, etwa wenn sie ein Praktikumszeugnis, das älter als zwei Jahre ist, nicht mehr finden oder wenn sie nie ein Zertifikat für das Engagement in einer Initiative bekommen haben. Mein Rat ist, sich rechtzeitig um die Beschaffung dieser Unterlagen zu kümmern und sicherzustellen, dass sie ein positives Bild deiner Leistungen zeichnen.

Arbeitszeugnisse beinhalten oft einen »unwritten code«, den Personalverantwortliche nutzen, um indirekt die tatsächliche Leistung während eines Praktikums zu kommunizieren. Als Laie kann es schwierig sein, diese »Codierung« zu deuten. Eine Faustregel ist: Wenn dein Arbeitszeugnis deine Leistung nicht in den höchsten Tönen lobt, ist dies in der Regel kein gutes Zeichen. In diesem Fall solltest du eventuell erneut mit deinem ehemaligen Vorgesetzten sprechen, um das Zeugnis anzupassen. Achte daher stets darauf, bei jeder Station einen guten Eindruck zu hinterlassen und positiv bewertete Referenzen zu sammeln. Es kann vorkommen, dass der Personalverantwortliche des Unternehmens, bei dem du dich als Nächstes bewirbst, die Kontaktdaten deines ehemaligen Chefs besitzt. Wenn er ihn anruft und nach deiner Leistung im Praktikum fragt, ist es natürlich vorteilhaft, wenn du gelobt wirst und nicht von Mängeln in deiner Arbeit berichtet wird.

Unsere Coaching-Teilnehmer erhalten nicht nur professionelle Überprüfungen ihrer Arbeitszeugnisse, sondern auch Unterstützung dabei, ihre Praktika bestmöglich zu bewältigen und den Umgang mit ihren Vorgesetzten zu meistern, damit diese ein positives Bild von ihnen erhalten und bereit sind, Empfehlungsschreiben auszustellen.

## Einladung zu Online-Tests

Nachdem du alle schriftlichen Bewerbungsunterlagen eingereicht hast, wirst du bei großen Investment Banken und zunehmend auch bei anderen Unternehmen möglicherweise zu einem Online-Test eingeladen. In diesem standardisierten Format wird deine Eignung für die Stelle geprüft. Getestet werden dabei beispielsweise analytische Fähigkeiten, logisches Denken und bestimmte Persönlichkeitseigenschaften. Diese Tests ähneln in ihrer Struktur IQ-Tests und dienen dazu, die Bewerberzahl weiter einzugrenzen, um nur jene zu einem weiteren Auswahlverfahren einzuladen, die den hohen Anforderungen der Unternehmen gerecht werden können.

Mit ausreichender Vorbereitung ist es durchaus möglich, diese Online-Tests erfolgreich zu bestehen. Zuerst kannst du mit Kandidaten sprechen, die den Online-Test bereits gemeistert haben. Es werden häufig ähnliche Fragen gestellt, nur mit unterschiedlichen Zahlen und Kontexten. Zudem gibt es Online-Anbieter, die gegen eine relativ geringe Gebühr Übungstests anbieten. So kannst du dich mit dem Testformat vertraut machen und Sicherheit in der Beantwortung der Fragen zu erlangen.

In unserem Coaching-Programm stellen wir eine umfangreiche Sammlung früherer Online-Tests verschiedener Unternehmen zur Verfügung. Zusammen mit unseren Coaches kannst du eine optimale Strategie zur Bearbeitung dieser Tests entwickeln und dich mit anderen Teilnehmern austauschen, die solche Tests bereits vor dir absolviert haben.

## HireVue-Interviews

Solltest du zu den besten Kandidaten der Online-Tests gehören, erhältst du oft eine Einladung zu einem sogenannten HireVue-Interview. Dabei handelt es sich um Video-Interviews, in denen Kandidaten auf Fragen reagieren, die ihnen auf dem Bildschirm gestellt werden. Meist hast du nach dem Lesen der Frage nur 30 bis 60 Sekunden Zeit, bevor deine Webcam eine Aufzeichnung startet und du innerhalb eines vorgegebenen Zeitfensters von meist ein bis zwei Minuten deine Antwort geben musst. Die aufgezeichneten Antworten werden anschließend von Personalverantwortlichen oder KI-gestützten Systemen bewertet.

Ziel ist es, die Kommunikationsfähigkeit und Persönlichkeit der Bewerber einzuschätzen und einen ersten Eindruck von ihrem Auftreten zu bekommen.

Hier ist es von großem Vorteil, bereits mit den Fragen vertraut zu sein, die anderen Bewerbern gestellt wurden. Es existiert oft nur ein begrenzter Pool von Fragen, daher ist die Wahrscheinlichkeit hoch, dass du ähnliche Fragen wie andere Kandidaten erhältst. Die Herausforderung besteht dann darin, die vorbereitete Antwort so zu formulieren, dass sie nicht einstudiert, sondern authentisch und spontan klingt. Das mag gegenüber anderen Bewerbern unfair erscheinen, aber aus persönlicher Erfahrung kann ich sagen: Viele Bewerber in diesen Branchen sind gut vernetzt und kennen diese HireVue-Fragen und sie bereiten sich ebenso darauf vor.

Falls du nicht vorbereitet bist und spontan auf Fragen reagieren musst wie »Nennen Sie uns drei Beispiele, in denen Sie sich aus einer vermeintlich aussichtslosen Situation befreit haben, und erläutern Sie, wie Sie die dabei gewonnenen Erkenntnisse im Rahmen des Praktikums bei uns anwenden würden«, hast du im Vergleich zu Bewerbern, die ihre Antworten tagelang vorbereiten konnten, einen deutlichen Nachteil.

Mitglieder unseres Coaching-Programms haben die Möglichkeit, sich mit anderen Teilnehmern auszutauschen und zu erfahren, welche Fragen bei ihren HireVue-Interviews gestellt wurden. Mit Hilfe unserer Coaches können sie sich explizit auf diese Interviews vorbereiten und lernen, in ihren Antworten genau das zu kommunizieren, was die Personalverantwortlichen hören wollen.

## Vorstellungsgespräche

Sobald du eine Einladung zum Vorstellungsgespräch erhältst, kannst du davon ausgehen, dass 50 bis 90 Prozent der Mitbewerber, die sich um dieselbe Stelle beworben haben, bereits aus dem Rennen sind. Es ist jedoch auch zu berücksichtigen, dass viele der verbleibenden Kandidaten, die zusammen mit dir zum Gespräch eingeladen wurden, wahrscheinlich rein von ihren Qualifikationen her besser aufgestellt sind. Schließlich hast du dich bei hochkarätigen Unternehmen beworben. Eine intensive Vorbereitung ist unerlässlich.

Obwohl die vorherigen Bewerbungsschritte, die ja überhaupt erst dafür sorgen, dass du eine Einladung zu einem Vorstellungsgespräch erhältst, von genauso hoher Relevanz sind, ist ein großer Fokus im Rahmen der Zusammenarbeit mit unseren Coaching-Mitgliedern auf der Vorbereitung auf Interviews. Schließlich ist es die letzte Hürde, die noch zwischen dir und deinem Job steht, und alle anderen Bewerber bereiten sich ebenfalls intensiv darauf vor. Auch die Firmen bekommen im Vorstellungsgespräch das intensivste Bild von dir und eine unzureichende Vorbereitung wird schnell auffallen. Daher hat dieser Part in diesem Kapitel im Vergleich zu den anderen Phasen der Bewerbung einen größeren Anteil.

Vorstellungsgespräche sind nicht nur anspruchsvoll, sondern oft auch in mehrere Runden unterteilt – gelegentlich finden sogar bis zu acht Interviews bei einem einzigen Unternehmen statt. Ein Hauptaugenmerk liegt dabei auf dem Personal Fit, also der Frage, wie gut du in das Team und die Unternehmenskultur passt. In diesem Zusammenhang werden Fragen zu deinem persönlichen Werdegang, deinen Stärken und Schwächen und zu deinen Zielen gestellt.

### Personal-Fit-Interview

Viele Bewerber unterschätzen den Stellenwert des Personal-Fit-Interviews, weil sie glauben, ihre angenehme Art mache sie automatisch zu bevorzugten Gesprächspartnern. Mit dieser Einstellung entgeht dir jedoch die Chance, im persönlichen Gespräch positiv hervorzustechen. Denn die meisten Anwärter auf eine Karriere in der Strategieberatung oder im Investment Banking sind überdurchschnittlich kommunikationsstark. Das heißt, die anderen Kandidaten, die ebenfalls zum Interview eingeladen wurden, können wahrscheinlich ebenso gut mit ihren Gesprächspartnern interagieren. Durch eine sorgfältige Vorbereitung auf den Personal-Fit-Teil kannst du jedoch erreichen, dass deine persönliche Geschichte einen klaren roten Faden aufweist und viele kritische Fragen im Vorfeld beantwortet.

In der Zusammenarbeit mit unseren Coaching-Mitgliedern ist die Selbstpräsentation eines der zentralen Elemente der Interviewvorbereitung. Diese drei- bis fünfminütige Präsentation bietet dir Gelegenheit, dich und deinen Werdegang vorzustellen. Ohne entsprechende Vorbereitung könntest du aufgrund von Nervosität im Interview wichtige Punkte wiederholen, auslassen oder nicht ausreichend betonen. Wenn du dich jedoch gründlich vorbereitest und das Ganze mehrfach mit einem unserer erfahrenen Coaches übst, passieren dir solche Fehler nicht. Du sammelst bereits in den ersten Minuten des Interviews wertvolle Pluspunkte. Auch wenn die Interviewer darauf trainiert sind, sich nicht zu schnell eine Meinung über einen Kandidaten zu bilden, können sie ihre menschlichen Instinkte, die dazu führen, dass sie sich innerhalb der ersten Minuten ein Bild von jemandem machen, nicht völlig ausschalten.

Eine Übersicht über den beispielhaften Ablauf eines solchen Personal-Fit-Interviews sowie die häufigsten Fehler, die du auf keinen Fall machen darfst, findest du im Online-Kurs zu diesem Buch, zu dem du unter https://nach-ganz-oben.de/online-kurs/ einen kostenfreien Zugang bekommen kannst.

Neben dem Personal-Fit-Interview gibt es auch immer einen technischen Teil, in dem überprüft wird, wie gut du im eigentlichen Arbeitsalltag sein wirst. Je prestigeträchtiger die Unternehmen werden, bei denen du dich um Praktika bewirbst, desto anspruchsvoller wird dieser Teil des Vorstellungsgesprächs.

### Technischer Teil – Unternehmensberatung

In der Unternehmensberatung ist das die sogenannte Case Study. Hier geht es darum, eine vereinfachte reale Problemstellung innerhalb von kurzer Zeit oberflächlich zu lösen.

Ein typisches Beispiel für eine Case-Study-Frage könnte sein: »Unser Klient ist ein führender Hersteller von Sportbekleidung und hat kürzlich einen Umsatzrückgang festgestellt. Sie möchten einen Plan zur Umsatzsteigerung entwickeln. Wie würden Sie vorgehen?«

In diesem Fall würde man erwarten, dass du einen strukturierten Lösungsansatz vorschlägst, um das Problem zu lösen. Hier ist ein beispielhafter Ansatz, wie du die Aufgabe angehen könntest:

1. **Problemanalyse:** Du würdest zunächst mehr Informationen über das Problem sammeln wollen. Wie signifikant ist der Umsatzrückgang? Ist er auf einen bestimmten geografischen Markt oder eine bestimmte Produktlinie beschränkt? Gab es jüngst Änderungen in der Wettbewerbslandschaft oder im Konsumentenverhalten, die diesen Rückgang erklären könnten?
2. **Strukturierung des Problems:** Basierend auf den gesammelten Informationen würdest du das Problem in kleinere, handhabbare Teile zerlegen. Dies könnte beispielsweise eine Aufteilung nach Produktlinien, Kundensegmenten oder geografischen Märkten sein.
3. **Entwicklung von Hypothesen und Lösungsansätzen:** Für jedes der identifizierten Teilprobleme würdest du Hypothesen aufstellen, die den Umsatzrückgang erklären könnten, und mögliche Lösungsansätze entwickeln. Beispielsweise könnten Umsatzrückgänge in einer bestimmten Produktlinie durch Qualitätsprobleme oder veränderte Konsumentenpräferenzen bedingt sein, die durch Produktverbesserungen oder Marketingmaßnahmen adressiert werden könnten.
4. **Ausarbeitung eines Umsetzungsplans:** Schließlich würdest du einen konkreten Aktionsplan entwickeln, um die identifizierten Lösungsansätze umzusetzen. Dieser Plan sollte Prioritäten, Zeitrahmen, Verantwortlichkeiten und Ressourcenanforderungen berücksichtigen.

Es ist wichtig zu beachten, dass es bei Case Studies weniger um die »richtige« Antwort geht als vielmehr darum, wie du das Problem angehst, Informationen sammelst und analysierst, Hypothesen aufstellst und diese überzeugend präsentierst. Aus diesem Grund solltest du immer bemüht sein, deinen Denkprozess transparent zu machen und deinen Ansatz klar und logisch zu kommunizieren. Es wird von dir erwartet, dass du zeigst, dass du unter Zeitdruck logisch und strukturiert denken kannst, dabei kreativ bist und Lösungen vorschlägst, die sowohl strategisch als auch praktisch umsetzbar sind.

Wer sich ernsthaft auf diesen Teil des Interviews vorbereiten möchte, sollte in der Zeit vor dem Gespräch mindestens einige Dutzend Fallstudien (sogenannte Cases) durcharbeiten. In unserem Coaching-Programm bieten wir unseren Mitgliedern eine umfangreiche Sammlung realer Cases und optimale Lösungswege an. Die Vorbereitung auf diese Cases erfolgt mit erfahrenen Coaches. Einige von ihnen haben früher selbst bei renommierten Unternehmen wie McKinsey gearbeitet und dort Interviews geführt.

### Technischer Teil – Investment Banking

Im Investment Banking wird im technischen Interview in der Regel in einer technischen Prüfung oder einem Technical Interview dein Wissen über Finanzkonzepte und dein Verständnis von Finanzmodellen geprüft.

Es ist wichtig zu bedenken, dass von dir in technischen Interviews im Investment Banking erwartet wird, dass du finanzielle Konzepte und Verfahren sicher beherrschst und anwenden kannst. Daher ist es unerlässlich, dass du vor dem Interview grundlegende finanzielle Konzepte und Modelle gründlich verstehst und in der Lage bist, sie klar und präzise zu erläutern. Gerade in den ersten Semestern deines Studiums wirst du kaum Kenntnisse im Bereich Corporate Finance erwerben, daher liegt die Verantwortung für die Aneignung dieses Wissens bei dir. Aber auch in höheren Semestern ist das an den meisten Universitäten vermittelte Wissen oft zu theoretisch, um es auf reale Problemstellungen in Investment-Banking-Interviews anzuwenden. Daher ist es unumgänglich, dieses Wissen eigenständig zu erwerben.

Es gibt zwar Fachbücher, die sich mit diesen Themen befassen, aber sie sind in der Regel sehr umfangreich und nicht speziell auf das bevorstehende Interview zugeschnitten. In der Zusammenarbeit mit unseren Kunden nutzen wir den Vorteil, auf das Wissen ehemaliger und derzeitiger Investment Banker zurückgreifen zu können. So können wir dir nicht nur sagen, was in deinem spezifischen Interview bei deinem spezifischen Unternehmen von dir erwartet wird, sondern es dir auch so erklären, dass du es verstehst. Zudem stehen wir dir für Rückfragen zur Verfügung. Auf diese Weise kannst du in kürzerer Zeit ein tiefergehendes Wissen aufbauen als andere Bewerber.

### Technischer Teil – Private Equity

Im Private Equity muss man beide Fähigkeiten mitbringen. Das kann dann entweder getrennt überprüft (Cases aus der Strategieberatung und technische Fragen/Financial Modelling von LBO aus dem Investment Banking) oder direkt miteinander verknüpft werden. Wenn es verknüpft werden soll, wird beispielsweise ein Teaser oder ein Investment-Memorandum vorgelegt und der Kandidat muss anhand dieser Informationen die Eignung eines Investments bewerten oder mit anderen Möglichkeiten vergleichen. Der Fokus liegt hierbei häufig auf dem Prüfen deiner Fähigkeiten zur Geschäfts- und Finanzanalyse, zum Verständnis von Kapitalstrukturen und zur Bewertung von Unternehmen. Gleichzeitig achten deine Interviewer aber auch darauf, wie kreativ du eigene Ideen entwickeln kannst, wie Unternehmen neue Wachstumspfade erschließen oder Kosten senken können. Da du ein Praktikum im Private Equity meist erst absolvierst, nachdem du zuvor Erfahrung in der Beratung oder im Investment Banking gesammelt hast, solltest du diese Fragen gut beantworten können.

### Tipps für die Interview-Vorbereitung

#### Kenne die Interview-Skripte

Insbesondere bei den ersten Praktika deines Studiums greifen viele Firmen für ihre Vorstellungsgespräche auf vorgefertigte Skripte oder

Interviewleitfäden zurück. Es gibt also eine klar definierte Liste an Fragen, die von den Interviewern Schritt für Schritt abgearbeitet werden, wobei sie objektiv bewerten sollen, wie gut du jede Frage beantwortet hast. Wenn du diese Fragen bereits kennst – zum Beispiel, weil du durch ein Karrierenetzwerk wie pumpkincareers im Vorfeld mit anderen Kandidaten sprechen konntest, die kürzlich bei demselben Unternehmen interviewt wurden –, bist du teilweise schon mit deiner aktuellen Antwort auf die nächste Frage vorbereitet. Das ermöglicht dir eine perfekte Vorbereitung auf die Interviews, erhöht deine Überzeugungskraft und steigert deine Chancen auf eine Zusage erheblich.

Besonders die Vorbereitung auf den technischen Teil des Interviews wird dadurch stark vereinfacht. Für den Personal-Fit-Teil gibt es normalerweise immer die gleichen Fragen, auf die man sich vorbereiten muss. Nur wenige Unternehmen stellen ganz ungewöhnliche Fragen, um zu sehen, wie du mit unerwarteten Situationen im Arbeitsalltag umgehst. Aber wenn du von anderen weißt, dass solche Fragen auf dich zukommen könnten, kannst du dich gezielt darauf vorbereiten.

Im technischen Teil des Interviews können theoretisch Hunderte verschiedener Fragen gestellt werden, zumindest wenn man der gängigen Interviewvorbereitungsliteratur glaubt, die viele Studierende in der Zeit vor pumpkincareers zur Vorbereitung auf solche Gespräche verwendet haben.

In einem echten Interview musst du jedoch nur einen Bruchteil dieser Bereiche beherrschen. Anstatt also deine Zeit damit zu verbringen, sehr viel auswendig zu lernen, das in der Realität wahrscheinlich nicht abgefragt wird, kannst du dich effizienter und gezielter auf die Interviews vorbereiten, wenn du genau abschätzen kannst, welche Themen die Unternehmen in der Regel abfragen – und welche nicht. So kannst du dich auf einem viel höheren Niveau auf das vorbereiten, was dich tatsächlich erwartet, als Kandidaten, die sich breiter vorbereiten und daher nicht so viel Zeit in die Bereiche investieren können, die wirklich relevant sind.

**Beginne rechtzeitig mit der Interview-Vorbereitung**

Es ist von immenser Bedeutung, dass du ausreichend Zeit für deine Interview-Vorbereitung einplanst. Solltest du eine Einladung zu einem Vorstellungsgespräch erhalten, darf diese einmalige Chance nicht aufgrund mangelnder Vorbereitung ungenutzt bleiben. Es wäre grob fahrlässig zu glauben, dass wenige Stunden Vorbereitungszeit ausreichen. Du musst dir stets bewusst sein, dass es andere Bewerber gibt, die nicht nur qualifizierter sein könnten, sondern auch erheblich mehr Zeit in die Vorbereitung investiert haben als du. Um jedoch all die notwendige Arbeit für eine umfassende Interviewvorbereitung rechtzeitig zu bewältigen, solltest du frühzeitig damit beginnen – idealerweise parallel zur Erstellung deiner Bewerbungsunterlagen.

Vor allem bei den Unternehmen für deine ersten Praktika, aber auch regelmäßig bei Firmen auf höherem Niveau kann es vorkommen, dass du nur wenige Tage nach dem Absenden deiner Bewerbungsunterlagen bereits eine Einladung zum Vorstellungsgespräch erhältst. Wenn du bis zu diesem Zeitpunkt noch nicht einmal dein Personal-Fit-Interview geübt hast und dir noch keinen Überblick über alle technischen Fragen verschafft hast, die im Interview gestellt werden könnten, stehen deine Chancen auf Erfolg schlecht. Selbst unseren Coaching-Mitgliedern passiert es oft, dass sie diesen Faktor unterschätzen und plötzlich nach dem Absenden ihrer ersten Bewerbungsrunde zahlreiche Interviews anstehen, obwohl sie eigentlich noch keine Zeit für die Vorbereitung hatten. Geh also nicht davon aus, dass du nach dem Absenden deiner ersten Bewerbungen für einige Wochen nichts hörst – manchmal kommen die Intervieweinladungen schneller als gedacht.

Wie viel Zeit du für deine Interviewvorbereitung einplanen solltest, hängt von deiner individuellen Ausgangslage ab und auch davon, wie effektiv du dich vorbereitest. Im Rahmen einer Zusammenarbeit mit uns sind manche Kandidaten schon innerhalb von weniger als einer Woche fit für ihre Interviews. Für eine gründliche Interviewvorbereitung solltest du dennoch mindestens zwei bis vier Wochen einplanen – je mehr, desto besser. Das gibt dir ausreichend Übungszeit, um deine Antworten authentisch zu präsentieren und dich auf das jeweilige Unternehmen vorzubereiten.

**Richtig Üben ist dein A und O**

Das Positive an Vorstellungsgesprächen ist, dass du sie unendlich oft simulieren kannst, sofern du genügend Zeit dafür aufwendest. Kennst du die Fragen, die dich in einem Vorstellungsgespräch erwarten, und hast du dir überlegt, wie du auf diese Fragen antworten möchtest, kannst du solche Interviews und deine Antworten entweder alleine oder mit einem Sparringpartner simulieren. Dabei kannst du daran arbeiten, deine Antworten flüssiger und automatischer zu formulieren, sodass das eigentliche Interview sich anfühlt wie eine weitere Übungssession mit einem Freund.

Übe aber nicht nur mit Personen, die sich auf dem gleichen Niveau wie du befinden. Jemand, der noch nie ein erfolgreiches Vorstellungsgespräch bei der Firma hatte, bei der du dich bewerben möchtest, kann dir kaum wertvolles Feedback geben. Deshalb haben die Coaches, die bei pumpkincareers in unseren Coaching-Programmen Interviews mit dir üben, alle die Bewerbungsverfahren bis zu den Top-Branchen selbst durchlaufen und kennen auch die Perspektive eines Interviewers, weil sie selbst nach einigen Monaten im Job Interviews mit potenziellen Kandidaten geführt haben.

Doch selbst das ist noch keine Garantie dafür, dass dir jemand während deiner Übungssessions wirklich wertvolles Feedback geben kann. Ein richtig guter Sparringpartner kann darüber hinaus auf eine Vielzahl von Vergleichswerten zurückgreifen, was erfolgreiche Bewerber richtig gemacht haben und welche Fehler du bei deinen Interviews unbedingt vermeiden solltest. Wenn er bei dem Feedback, das er dir gibt, nur auf seine eigenen Erfahrungen zurückgreift, kann er dir nicht auf alles, was du sagst, eine verlässliche Einschätzung geben.

Doch wenn er zusätzlich die Erfahrungswerte zahlreicher anderer Personen kennt, weiß er, was gut funktioniert und was nicht. Wenn er beispielsweise schon 50 Leute begleitet hat, die ihre Selbstpräsentation mit einer lustigen Anekdote aus ihrer Kindheit beginnen, und diese mit 50 Leuten vergleicht, die ihre Selbstpräsentation nicht mit einer lustigen Anekdote beginnen, dann kann er vermutlich sehr genau erkennen, welche der beiden Varianten tendenziell besser funktioniert.

Genau das ist bei den Coaches von pumpkincareers gegeben, die seit Jahren mehrmals pro Woche mit unseren Coaching-Mitgliedern Interviews üben und sie durch die Bewerbungsverfahren begleiten. Durch die Übungssessions auf hohem Niveau, für die unsere Coaching-Teilnehmer sich bereits durch etliche Video-Lektionen und Beispielfragen und -antworten umfangreich vorbereiten, ist der Erfahrungswert unserer Coaches nahezu einzigartig.

Wenn du dich mit solchen Fachleuten auf deine Interviews vorbereitest, wirst du nach einer Übungssession wahrscheinlich bereits wertvolleres Feedback erhalten als nach 40 Übungssessions mit jemandem, der weniger Erfahrung in diesem Bereich mitbringt. Unsere Mitglieder nutzen meist eine Kombination aus Übungssessions mit unseren Coaches und Übungssessions mit anderen Kursteilnehmern. Dabei profitieren sie sowohl von den Inhalten, die wir zur Verfügung stellen, als auch von der Qualität ihrer Sparringpartner.

**Bereite dich bei Top-Firmen anders vor**

Du solltest nicht den Fehler begehen, dich auf Interviews bei Top-Firmen genauso vorzubereiten wie auf jene bei Unternehmen mit niedrigerem Ranking. Ab den Tier-3-Investment-Banken erhöhen sich Umfang und Schwierigkeit der Interviews drastisch – im Bereich der Strategieberatungen steigt der Anspruch in der Regel ab den Tier-2-Beratungen stark an. Bei Unternehmen mit weniger anspruchsvollen Kriterien reicht es oft aus, die idealen Antworten auf Fragen, die dich im Vorstellungsgespräch erwarten könnten, einfach auswendig zu lernen, um mit hoher Wahrscheinlichkeit eine Zusage zu erhalten. Bei den Top-Firmen hingegen wird ein tiefgreifendes Verständnis gefordert.

Es wird erwartet, dass du detaillierte Kenntnisse über viele verschiedene Branchen hast, regelmäßig relevante Wirtschaftsnachrichten verfolgst und diese Themen richtig einordnen kannst. Vor allem wird erwartet, dass du dich intensiv mit der Kultur des Unternehmens auseinandergesetzt hast, bei dem du dich bewirbst. In unserem fortgeschrittenen Programm bieten wir unseren Teilnehmern beispielsweise mehrmals pro Woche die Gelegenheit, mit ehemaligen Mitarbeitern der Top-Firmen Interviews zu üben und Einblicke in viele verschiedene Industrien zu gewinnen.

Es ist äußerst hilfreich, nicht nur mit Personen zu sprechen, die bereits Interviews bei der Firma geführt haben, sondern auch mit jenen, die bereits mehrere Monate oder Jahre bei dieser Firma gearbeitet haben. Sowohl bei den Strategieberatungen als auch bei den Investment Banken gibt es große Kulturunterschiede zwischen den Büros in verschiedenen Städten, und es ist wichtig, sie zu kennen.

Da du bei Bewerbungen bei Top-Firmen sowieso nur sehr wenige zur Auswahl hast und wahrscheinlich nur von wenigen zu einem Vorstellungsgespräch eingeladen wirst, lohnt sich diese intensive Vorbereitungszeit enorm. Wenn du den Interviewprozess nicht ernst nimmst und aussortiert wirst, ist all deine Arbeit der vorherigen Jahre vergebens. Wenn du einmal nach einem Vorstellungsgespräch eine Absage erhalten hast, kannst du dich nur in seltenen Fällen wenige Monate später erneut bei dieser Firma bewerben. In Ausnahmefällen haben wir bei pumpkincareers in jüngerer Zeit zwar Teilnehmer erfolgreich dabei begleitet, erneut ein Interview bei einer Firma zu bekommen, bei der sie eigentlich bereits abgelehnt wurden, doch in der Regel ist so etwas nicht möglich. Du solltest also nicht darauf vertrauen, dass dir so ein gravierender Fehler vergeben wird.

### Fazit

Die intensive Vorbereitung auf Interviews ist von höchster Wichtigkeit, wenn du deine Chancen maximieren und schnellstmöglich bei Top-Unternehmen landen möchtest. Große Sprünge zwischen einzelnen Praktika sind selten, daher ist es wichtig, jede sich bietende Gelegenheit zu nutzen. Viele Studierende bereiten sich unzureichend auf

Interviews vor und erhalten daher lediglich in 10 bis 20 Prozent eine Zusage. Nach unserer Erfahrung kann eine gründliche Vorbereitung diese Wahrscheinlichkeit auf 50 bis 80 Prozent erhöhen, sodass du mit drei bis vier Einladungen zu Vorstellungsgesprächen mindestens ein Angebot erhalten solltest.

Achte trotzdem sorgsam darauf, nicht zu viel Zeit in die Vorbereitung auf Interviews zu investieren, da du meist parallel für die Universität lernen und dich an deinen außeruniversitären Engagements beteiligen musst. Vielleicht hast du sogar noch einen Nebenjob oder ein Praktikum. Achte also darauf, dass du dich so effizient wie möglich vorbereitest und genau weißt, was dich in den anstehenden Interviews erwartet und wie du dich am besten darauf vorbereitest.

## Anforderungskriterium 6: Dein Netzwerk ist dein Ass im Ärmel

Am komplexesten und am schwersten zu bewerten, jedoch gleichzeitig der größte Hebel für deinen akademischen Erfolg, deinen Berufseinstieg und deine langfristige Karriere ist dein Netzwerk. Es kommt häufig vor, dass Leute, die weder besonders gute Noten haben noch sich umfassend auf Vorstellungsgespräche vorbereiten, eine beeindruckende Praktikumsstelle nach der anderen erhalten – einfach aufgrund ihrer Verbindungen, zum Beispiel durch ihre Eltern. Es gibt sogar Fälle, in denen Schüler vor Studienbeginn ein Praktikum bei Firmen wie McKinsey absolvieren oder die Kinder wichtiger Kunden eines Investment Bankunternehmens nach dem Studium bei der Bank ein Jobangebot bekommen, obwohl sie kaum verstehen, was Investment Banking tatsächlich beinhaltet, und während ihres gesamten Studiums mit dieser Branche keinerlei Berührungspunkte hatten.

Du hast nun zwei Möglichkeiten, mit dieser Realität umzugehen. Einerseits kannst du dich dafür entscheiden, dich über die vermeintliche Ungerechtigkeit des Systems aufzuregen. Es mag unfair erscheinen, dass jemand, der weniger qualifiziert und ehrgeizig ist als du, dir eine Stelle wegschnappt, nur weil er die richtigen Leute kennt. Sich auf diese Weise damit auseinanderzusetzen, kann zu einem gewissen Grad Selbstmitleid hervorrufen, aber es ändert nichts an deiner Situation. Alternativ kannst du dich entscheiden, selbst ein starkes Netzwerk aufzubauen. Du kannst vielleicht nicht ändern, welche Verbindungen dir durch die Umstände deiner Geburt zur Verfügung stehen, aber wenn du dich wirklich einmal mit vollem Fokus für mehrere Monate oder Jahre darauf konzentrierst, interessante Leute kennenzulernen, kannst du in der Lage sein, ein umfangreicheres Netzwerk aufzubauen als jedes Rich Kid, das keine wirklichen Ambitionen hat. Der Schlüssel dazu ist dein Wille und das richtige Vorgehen.

Jene, die es bis nach ganz oben an die Spitze der Wirtschaft schaffen, haben erkannt, dass ihr Netzwerk einen der größten Hebel darstellt, um ihre Karrierechancen drastisch zu verbessern. Im Folgenden lernst du einige Gründe, warum es sich lohnt, schon während deines Studiums mit dem Aufbau eines Netzwerks zu beginnen, sowohl mit deinen Kommilitonen als auch mit älteren Personen, die bereits in deiner Zielbranche tätig sind.

## Warum lohnt es sich, sich schon im Studium sein Netzwerk aufzubauen?

### Du hast einen massiven Vorteil in Bewerbungsverfahren

Ein ausgezeichnetes Netzwerk bietet dir bei Bewerbungen für Praktika, den Berufseinstieg und selbst bei Positionswechseln im weiteren Verlauf deiner Karriere erhebliche Vorteile. Wenn du Leute kennst, die kürzlich zu einem Interview bei deinem Zielunternehmen eingeladen wurden oder dort ein Praktikum absolviert haben, erhältst du aus erster Hand Einblick in die Bewerbungsverfahren dieses Unternehmens. Du erfährst, was dich erwartet und worauf du achten solltest. In unserem Coaching-Programm haben unsere Mitglieder beispielsweise Zugang zu Hunderten Interview-Erfahrungsberichten von Leuten, die in den vergangenen Jahren Vorstellungsgespräche bei Beratungsunternehmen, Banken und vielen Konzernen und Start-ups absolviert haben. Dadurch, dass du genau weißt, was dich in deinem Vorstellungsgespräch erwartet, können solche Erfahrungsberichte dir einen erheblichen Vorteil verschaffen.

Noch wichtiger ist ein Netzwerk mit älteren Personen, die bereits in deiner Zielbranche tätig sind. Selbst wenn sie nicht über Jobangebote in ihrer Firma entscheiden können, können sie dir meist immerhin den Kontakt zu der entscheidenden Person vermitteln oder dir wertvolle Einblicke in die Unternehmenskultur und die Bewerbungsverfahren geben. Fast alle, die während ihres Studiums oder beim Berufseinstieg außerordentliche Fortschritte gemacht haben, die laut den Voraussagen unserer Coaching-Systematik weit über die für sie eigentlich angedachte Rating-Stufe der Unternehmen hinausgehen, konnten diese Fortschritte erzielen, weil eine hochrangige Person innerhalb der Firma für sie ein gutes Wort eingelegt hatte und sie so im gesamten Bewerbungsprozess stark begünstigt wurden.

Du kannst mit solchen hochrangigen Personen beispielsweise über LinkedIn Kontakt aufnehmen und sie bei Networking-Events oder Karrieremessen kennenlernen. Auch im Rahmen unseres Coachings hast du etwa ein- bis zweimal im Monat die Möglichkeit, in einem sogenannten Gäste-Live-Call mit erfahrenen Profis aus deinem Zielbereich zu sprechen. Wenn du diese Kontakte auch über die ersten Jahre deiner Karriere hinweg aufrechterhältst, wirst du dich bei späteren Bewerbungen für den nächsten Karriereschritt besser behaupten können und auch in deinem Unternehmen Fürsprecher haben, wenn es beispielsweise um eine Beförderung geht.

### Du erhältst zuerst Informationen über offene Stellen und relevante Nachrichten

Es kommt regelmäßig vor, dass Firmen kurzfristig einen Praktikumsplatz neu besetzen, wenn ein Praktikant abspringt. Sie müssen dann ihre Anforderungen oft kurzfristig senken, um die Stelle, die bereits fest eingeplant war, zu besetzen. Verfügst du über ein breites Netzwerk an Personen, die wissen, dass du auf der Suche nach einem Praktikum bist, ist die Wahrscheinlichkeit hoch, dass du davon schnell erfährst und deinen Lebenslauf einreichen kannst, bevor andere es tun. Mit etwas Glück kann das zu einem großen Karrieresprung führen. Auch im weiteren Verlauf deiner Karriere werden die wirklich interessanten Stellen meist über den »verborgenen Arbeitsmarkt« vergeben. Was bedeutet: Stellen in einer großen Private-Equity-Firma, eine interessante Position im Wirtschaftsministerium oder als Vorstandsassistent werden oft nicht auf Jobplattformen ausgeschrieben, sondern durch das Netzwerk der suchenden Person besetzt. Wenn du dein Studium und die ersten Jahre deiner Karriere als Einzelgänger verbracht hast, ist die Wahrscheinlichkeit gering, davon zu erfahren. Und um in deinem Job als Wirtschaftslenker gut zu sein, musst du später ohnehin alle möglichen bedeutenden Leute kennen, um frühzeitig von bestimmten Marktentwicklungen mitzubekommen und immer zu wissen, wen du für welches Projekt kontaktieren kannst. Je früher du anfängst, diese Leute kennenzulernen, desto besser.

### Du gewinnst lebenslange Freunde

Ein oft übersehener Aspekt des Networkings ist die Möglichkeit, echte, lebenslange Freundschaften zu schließen. Wenn du beginnst, ein Netzwerk gleichgesinnter Studenten und Menschen aufzubauen, die bereits dort arbeiten, wo du hinmöchtest, sind diese Leute dir wahrscheinlich sehr ähnlich. Es ist natürlich wichtig, den Kontakt zu Freunden aus deinem »alten« Umfeld aufrechtzuerhalten. Aber du solltest auch in die Zukunft blicken und anerkennen, dass es nicht viele Menschen gibt, die deinen geplanten Lebensstil wirklich verstehen. Es ist leichter, hart für die Universität zu lernen und lange Arbeitszeiten in Praktika und in den ersten Jahren deiner Karriere in Kauf zu nehmen, wenn du das Gefühl hast, dass du dies nicht alleine tust. Durch das richtige Netzwerk profitierst du von einem Umfeld, in dem viele andere die gleichen Ambitionen und Ziele haben und dir Unterstützung und Rat bieten können, wenn du Probleme hast.

Du hast vermutlich nun verstanden, warum es sinnvoll ist, ein starkes Netzwerk aufzubauen, und dass dies ein entscheidender Hebel für deine gesamte Karriere sein kann. Dabei gibt es einige Punkte, die du unbedingt beachten solltest.

## Wie baust du dir ein Netzwerk auf?

Beginne so früh wie möglich mit dem Aufbau deines Netzwerks. Wenn du erst eine Woche vor einem anstehenden Vorstellungsgespräch beginnst, Leute zu kontaktieren, die bereits bei der betreffenden Firma gearbeitet haben oder dort ein Praktikum absolviert haben, um sie um einen Gefallen zu bitten, könnte dein Verhalten als opportunistisch wahrgenommen werden. Im Gegensatz dazu wird jemand, den du bereits seit einigen Monaten oder Jahren kennst, dir eher bereitwillig helfen, vor allem, wenn du ihm in der Vergangenheit auch schon einen Gefallen getan hast.

Strebe an, ein möglichst vielfältiges Netzwerk aufzubauen. Viele Menschen investieren eine beträchtliche Summe, um an einer renommierten Business School zu studieren, vor allem wegen des Netzwerks. Allerdings ist das dortige Netzwerk häufig sehr homogen, bestehend aus Studenten, die zur gleichen Zeit an der gleichen Schule studieren. Obwohl dies sicherlich wertvoll ist, weil man eine richtig eingeschworene Truppe wird, ist ein diverses Netzwerk, das Personen von verschiedenen Hochschulen beinhaltet, noch vorteilhafter.

Wenn du dir dein Netzwerk bildlich vorstellst, macht das viel Sinn: Du kannst nicht nur auf dein enges Netzwerk zurückgreifen, sondern auch vom Netzwerk deines Netzwerks profitieren. Wenn du beispielsweise dein Bachelorstudium an einer renommierten Business School beginnst und dort ausschließlich deine Kommilitonen kennenlernst, hast du zwar eine sehr enge Gruppe von Freunden an deiner Uni, bekommst aber nur wenig von dem mit, was außerhalb passiert. Stattdessen wäre es sinnvoller, einen Teil deiner Zeit und Energie darauf zu verwenden, Studierende vieler anderer Hochschulen kennenzulernen. Du musst nicht den gesamten Jahrgang jeder Hochschule in Europa kennenlernen – es reicht aus, wenn du von jeder Hochschule einige Leute kennst. Falls du dann nämlich einmal einen Gefallen von jemandem an einer anderen Hochschule benötigst, den du selbst nicht persönlich kennst, ist die Wahrscheinlichkeit hoch, dass die Person, die du von dieser Hochschule kennst, den Kontakt zu dieser anderen Person herstellen kann. Wenn es dir also gelingt, während deines Studiums ein Netzwerk aus Personen von vielen verschiedenen Hochschulen und Unternehmen aufzubauen, dann wirst du langfristig einen enormen Vorteil haben.

Genau das gelingt den Teilnehmerinnen und Teilnehmern in unserem Coaching-Programm, da sie automatisch Teil eines Netzwerks mit über 1000 Studierenden von mehr als 140 verschiedenen Hochschulen sind und somit auch alle kontaktieren können, die die anderen Pumpkin-Members kennen – ob sie nun ebenfalls Mitglied unseres Netzwerks sind oder nicht. Sie unterstützen sich proaktiv und haben zahlreiche Gelegenheiten, sich bei unseren regelmäßigen Offline-Netzwerktreffen, Karrieremessen oder Partys persönlich kennenzulernen. Dies resultiert in einem unglaublich umfangreichen und starken Netzwerk. Viele unserer ehemaligen Coaching-Mitglieder sind bereits heute in renommierten Unternehmen in der Beratungs- und Finanzbranche tätig. Es ist ziemlich offensichtlich, dass diejenigen, die sich schon während ihres Studiums auf eine professionelle Karriere vorbereiten, es langfristig auch in Spitzenpositionen schaffen.

Neben dem Studium an einer renommierten Business School sowie einer Teilnahme bei pumpkincareers gibt es weitere wertvolle Wege, wie du als junger Mensch beginnen kannst, dir ein wertvolles Netzwerk aufzubauen, das dich auf deinem Weg an die Spitze der Wirtschaft unterstützen wird.

Denke daran: Es reicht aus, nur einmal den Anstoß zu geben – du musst also nicht jeden dieser Wege wahrnehmen. Sobald du mit dem Aufbau deines initialen Netzwerks begonnen hast, lernst du automatisch Leute aus dem Netzwerk deines Netzwerks kennen und gelangst in eine sich selbst verstärkende Aufwärtsspirale. Deine Herausforderung wird dann darin bestehen, den Kontakt zu allen aufrechtzuerhalten, mit denen du gesprochen hast.

**Beteilige dich an Wettbewerben und tritt Vereinen oder Initiativen bei, die Personen mit ähnlichen Interessen anziehen.**

In der Schule gibt es oft die Möglichkeit, an regionalen oder überregionalen Wirtschaftswettbewerben teilzunehmen. Sobald du im Studium bist, erweitern sich deine Möglichkeiten erheblich. An sogenannten Zieluniversitäten, aber auch an vielen anderen Hochschulen gibt es eine Vielzahl relevanter Initiativen wie studentische Börsenvereine, ehrenamtliche Unternehmensberatungen oder Finanzverbände. Hier triffst du viele Gleichgesinnte, die Teil deines initialen Netzwerks werden können. Wenn du politisch interessiert bist, kannst du auch einer politischen Partei beitreten. In vielen Städten gibt es zudem Wirtschaftsvereine wie die »Wirtschaftsjunioren« oder den »Wirtschaftsverband«, die Netzwerk-Veranstaltungen organisieren, zu denen junge Angestellte, Unternehmer, Führungskräfte und Studierende eingeladen sind. Nur wenige Studenten wissen von diesen Verbänden, daher kannst du positiv auffallen, wenn du dich dort engagierst. Die Beteiligung an solchen Initiativen und Vereinen bietet dir viele Vorteile. Du lernst Gleichgesinnte in deinem Alter kennen, die wichtige Weggefährten für deine Zukunft sein können. Du erhältst inhaltliche Weiterbildung, indem du mehr über das Wirtschaftsthema lernst, das dich interessiert. Durch solche Initiativen und Vereine kannst du ein Netzwerk von Personen aufbauen, die bereits dort arbeiten, wo auch du später arbeiten möchtest. Da der Besuch von Netzwerk-Events solcher Vereine oft nicht viel Zeit in Anspruch nimmt und du in kurzer Zeit viele interessante Menschen kennenlernen kannst, solltest du diese Möglichkeit unbedingt in Betracht ziehen.

**Engagiere dich in Netzwerken, die Studierende mit hohen Zielen über Hochschulen hinweg verbinden.**

Eine Möglichkeit, dir ein hochschulübergreifendes Netzwerk außerhalb des pumpkincareers-Netzwerks aufzubauen, bietet ein Stipendium. Insbesondere als Stipendiat bei einem der 13 großen Begabtenförderwerke, aber auch bei vielen anderen Stipendien gibt es regelmäßige Netzwerktreffen der Stipendiaten sowie der Alumni des Stipendiums. Hier hast du die Möglichkeit, schnell viele interessante Leute kennenzulernen, die zwar oft aus anderen Bereichen stammen als du, aber dennoch bereichernd für dein Netzwerk sein können. Die Tatsache, dass auch sie einen selektiven Auswahlprozess durchlaufen haben, gibt dir Gewissheit, dass sie sich in ihrer weiteren Karriere – egal in welchem Feld – durchsetzen werden.

**Nutze Online-Netzwerke wie LinkedIn oder Xing, um Kontakte zu knüpfen, und vereinbare Telefonate oder persönliche Treffen.**

Diesen Tipp kann ich nicht genug betonen: Du kannst heute über das Internet eine extrem große Anzahl an Personen kennenlernen, die ähnliche Ziele verfolgen wie du. Es ist sinnvoll, über LinkedIn sowohl mit Menschen in Kontakt zu treten, die auf der gleichen Stufe stehen wie du, als auch mit jenen, die einige Schritte voraus oder hinter dir sind. Selbst jemand, der zum Beispiel drei Semester unter dir studiert, kann früher oder später eine wertvolle Ergänzung für dein Netzwerk oder sogar ein echter Freund werden. In der ersten Nachricht, mit der du Kontakt aufnimmst, ist es am einfachsten, eine Gemeinsamkeit hervorzuheben oder dich von einer Person, die bereits Teil deines Netzwerks ist, vorstellen zu lassen. Dies verringert die Hemmschwelle des anderen, dir zu antworten, und es kann sich ein persönlicher Austausch entwickeln. Im ersten persönlichen Austausch sollte es vor allem darum gehen, einander von seinem Werdegang und seinen Zielen zu erzählen und zu überlegen, wie man sich gegenseitig unterstützen könnte. Wenn du feststellst, dass die Chemie auf persönlicher Ebene stimmt, kannst du dich natürlich auch zu einem persönlichen Treffen verabreden und regelmäßig in Kontakt bleiben. Stellst du jedoch fest, dass du mit deinem Gegenüber vor allem im beruflichen Kontext zu tun haben wirst, wird der zukünftige Kontakt vermutlich etwas sporadischer sein. Aber denke daran: Es gibt kaum einen Kontakt, der dir nichts für deine zukünftige Karriere bringen kann. Nutze unbedingt die Möglichkeiten, die dir LinkedIn und Xing bieten. Wenn du wissen möchtest, wie du ein professionelles LinkedIn- oder Xing-Profil erstellst, findest du dazu eine ausführliche Lektion im Rahmen des Online-Kurses zu diesem Buch (Seite 27).

**Nutze Offline-Events, die für dich interessant sind.**

Dazu zählen vor allem Karrieremessen in deiner Zielbranche, Workshops von Unternehmen, die du ins Auge gefasst hast, Gastvorlesungen an deiner Universität oder Fachmessen. Solche Veranstaltungen ermöglichen den direkten Kontakt mit Vertretern aus Unternehmen deiner Zielbranche, ein unschätzbares Netzwerk, besonders wenn du eines Tages bei einem dieser Unternehmen arbeiten möchtest. Strebe sowohl Kontakte zu Mitarbeitern aus der Personalabteilung deiner Wunschunternehmen an als auch zu Personen, die in dem Bereich tätig sind, in dem du dich siehst. Wenn du beispielsweise auf einer Karrieremesse oder einem Recruiting-Workshop mit Vertretern des Unternehmens in Kontakt trittst und dich regelmäßig mit Updates bei ihnen meldest, wird das Unternehmen dich sehr wahrscheinlich zu einem Vorstellungsgespräch einladen, wenn du dich für ein Praktikum oder den Berufseinstieg bewirbst. Sie haben mit der Zeit eine persönliche Bindung zu dir aufgebaut und werden dich als Person schätzen, vorausgesetzt, du hast dich angemessen verhalten.

Es kann durchaus sinnvoll sein, früh im Studium Kontakte zu Mitarbeitern der Unternehmen aufzubauen, bei denen du dich gegen Ende deines Studiums oder vielleicht erst nach einigen Berufsjahren bewerben möchtest. In Vorstellungsgesprächen kannst du dann deutlich überzeugender auf Fragen antworten wie: »Warum haben Sie sich gerade bei uns beworben?«. Du kannst schon eine echte Verbindung zum Unternehmen herstellen und über Mitarbeiter sprechen, die du kennst. Außerdem triffst du bei diesen Veranstaltungen auf Menschen deines Alters, die ihre Karriere ernst nehmen, sonst würden sie vermutlich nicht teilnehmen. Wenn du in einer Stadt wohnst, in der viele

Menschen in deiner Zielbranche arbeiten, etwa in Großstädten wie Berlin, Frankfurt oder München, kann es auch hilfreich sein, herauszufinden, welche Lokalitäten diese Menschen bevorzugen. Hier ist jedoch Fingerspitzengefühl gefragt, denn du willst niemanden in seiner Freizeit mit beruflichen Angelegenheiten belästigen. Aber wenn du jemand bist, der in Bars oder Clubs schnell neue Leute kennenlernt, kann es sich durchaus lohnen, gezielt Orte zu besuchen, die von Personen deiner Zielgruppe frequentiert werden. Achte dabei jedoch darauf, dass du den Networking-Aspekt nicht zu offensichtlich betonst, da diese Aktivitäten in einem privaten und nicht in einem beruflichen Kontext stattfinden. Es ist wichtig, niemandem zu sehr auf die Füße zu treten.

**Nutze Werkstudentenstellen oder Praktika in deiner Zielbranche.**

Wenn du in einem Unternehmen arbeitest, das viele andere Studenten beschäftigt, bieten sich zahlreiche Vernetzungsmöglichkeiten. Häufig gibt es wöchentliche Stammtische für Praktikanten oder organisierte Veranstaltungen, etwa ein Dinner mit dem CEO. Bei der UBS konnte ich genau solche Erfahrungen sammeln und enge Beziehungen zu Praktikanten in meinem Bereich knüpfen und auch Mitarbeiter aus dem Investment-Banking-Team kennenlernen und mit ihnen Mittagspausen oder After-Work-Abende verbringen.

Praktika oder Werkstudentenjobs ermöglichen dir zudem, erfahrene Mentoren in dein Netzwerk aufzunehmen, die schon seit Jahren in deinem Unternehmen arbeiten. Selbst wenn sie nicht bei einem Unternehmen sind, bei dem du nach deinem Studium einsteigen möchtest, sind diese Kontakte wertvoll. Die Leute, die du während deines Praktikums oder deiner Werkstudententätigkeit kennenlernst, kennen wiederum viele andere Menschen und können dir bei Bewerbungsverfahren in anderen Unternehmen helfen, wenn sie dich schätzen.

Achte also darauf, bei jedem Praktikum oder Werkstudentenjob mit so vielen verschiedenen Menschen wie möglich in Kontakt zu kommen. Lade sie proaktiv zu einem persönlichen Mittagessen oder Kaffee ein, statt nur als Einzelkämpfer deine Aufgaben zu erledigen und keine Kontakte aufzubauen. Sonst lässt du viel Potenzial ungenutzt.

Scheue dich auch nicht davor, trotz deines jungen Alters beispielsweise über das Intranet Kontakt zu hochrangigen Personen aus dem Top-Management deines Unternehmens aufzunehmen. Selbst wenn du in deinem Praktikum eigentlich nichts mit Vorstandsmitgliedern zu tun hast, könntest du, wenn du sie oder ihre Sekretärinnen kontaktierst, eine positive Antwort für ein gemeinsames Mittagessen bekommen. Ein solcher Kontakt kann für deine weitere Karriere von großer Bedeutung sein.

**Sei stets offen, egal wo du dich gerade befindest.**

Selbst wenn du dich in einer Umgebung aufhältst, in der du nicht zwangsläufig erwartest, karrierefördernde Bekanntschaften zu machen, solltest du gegenüber jedem, den du triffst, freundlich, offen und hilfsbereit sein und versuchen, mehr über diesen Menschen zu erfahren. Es gab bereits viele Fälle, in denen Teilnehmer unserer Coaching-Programme von einem Skiurlaub zurückkehrten und aufgeregt berichteten, wie sie zufällig im Skilift jemanden kennengelernt haben, der ihnen ein Praktikum ermöglicht hat. Solche Begegnungen können überall passieren – ob im Urlaub, an der Supermarktkasse oder auf einer ICE-Fahrt.

Selbst wenn ein langes Gespräch letztlich nicht zu einer beruflichen Chance führt, kostet es dich nichts und du könntest deinem Gegenüber zumindest durch ein angenehmes Gespräch ein Lächeln ins Gesicht zaubern. Diese Fähigkeit, andere stets freundlich und respektvoll zu behandeln, wird auch in deiner Karriere von großem Vorteil sein. Denn sobald du Führungsverantwortung übernimmst, spüren deine Mitarbeiter, ob du sie und ihre Arbeit wertschätzt oder nicht. Es lohnt sich, diese Eigenschaft so früh wie möglich zu entwickeln.

# BEISPIELE AUS MEINER COACHING-ERFAHRUNG

Gratulation! Du hast nun einen detaillierten Überblick über die Anforderungen führender Firmen in Investment Banking, Strategieberatung und Private Equity erhalten und weißt zumindest theoretisch, wie du sie erfüllen kannst. Allerdings ist es wichtig zu betonen, dass die praktische Umsetzung oft deutlich anspruchsvoller ist als die Theorie. Aus diesem Grund präsentiere ich dir nun einige beispielhafte Werdegänge von Menschen, mit denen wir im Rahmen unserer Coaching-Programme in den vergangenen Jahren gearbeitet und die in diesem Buch vorgestellten Methoden erfolgreich angewandt haben. Diese Praxisbeispiele sollen einerseits verdeutlichen, wie du diese Techniken optimal umsetzen kannst, und andererseits eine Inspirationsquelle sein, damit du nachvollziehen kannst, dass diese Schritte auch für dich erreichbar sind.

Es geht um Erfolgsgeschichten von Personen mit unterschiedlichen Ausgangssituationen und du kannst selbst ermitteln, welche Situation dir am ähnlichsten ist. Aus Gründen der Anonymität habe ich die Namen und Universitäten der Studierenden, die ich dir präsentiere, geändert und die Firmen, bei denen sie Zusagen bekommen haben, in Einzelfällen durch eine Firma auf dem gleichen Niveau (bedeutet: gleiches Ranking in unserer Liste und damit gleiche Anforderungskriterien) ersetzt. Für weitere, öffentlich einsehbare Erfahrungsberichte von Personen, die du gerne über LinkedIn oder Instagram für Rückfragen zu ihrem Werdegang kontaktieren kannst, besuche bitte unsere Webseite unter www.pumpkincareers.com/erfahrungen.

# Beispiel #1: Sebastian – vom 1er-Abitur zu Bain

Beginnen wir mit dem ersten Beispiel, Sebastian, einem unserer ersten Coaching-Mitglieder. Sebastian schloss sein Abitur mit einem sehr guten Durchschnitt (besser als 1,5) ab und befand sich mitten im ersten Semester seines BWL-Studiums an der Universität Münster, als er zu uns stieß. Sein anfängliches Ziel war es, den Einstieg in die Strategieberatung zu schaffen.

In der ersten Phase des Coachings haben wir seine Lerntechniken für die Prüfungen im ersten Semester optimiert, da er in einigen Fächern einen besseren Lernfortschritt als in anderen hatte. Durch unsere gemeinsame Erstellung eines Semesterplans konnten wir die verbleibenden Wochen bis zur Prüfung maximal effizient gestalten. Auf diese Weise war Sebastian optimal vorbereitet und konnte, motiviert durch seine klare Zielsetzung, ausgezeichnete Noten erzielen.

Nachdem er das erste Semester mit sehr guten Noten abgeschlossen hatte, lag unser Fokus in der zweiten Phase auf der Suche nach einem Praktikum nach dem zweiten Semester, da es zum Start des Coachings bereits zu spät war, um noch ein Praktikum nach dem ersten Semester anzustreben. Da Sebastian zuvor noch nie professionelle Bewerbungsunterlagen erstellt hatte, war es für ihn eine komplett neue Erfahrung, zu lernen, wie man diese korrekt erstellt. Dabei konnten wir Sebastians hervorragendes Abitur und seine ehrenamtliche Tätigkeit als Schiedsrichter im Jugendleistungssport hervorheben.

Trotz dieser starken Punkte in seinem Lebenslauf war er unsicher, ob er so früh im Studium ein Praktikum in einer Unternehmensberatung bekommen würde. Allerdings verfügten wir bereits zu dieser Zeit (Anfang 2020) über umfangreiche Unternehmenslisten. Darunter befanden sich auch kleinere Unternehmensberatungen mit weniger strengen Anforderungen an die Bewerber. So konnten wir Sebastian problemlos mehrere Dutzend Unternehmen präsentieren, bei denen er realistische Chancen auf ein Praktikum hatte und die einen wichtigen Schritt in Richtung seines Karriereziels darstellten.

Nachdem er seine erste Einladung zu einem Vorstellungsgespräch erhalten hatte, bekam Sebastian von uns detaillierte Anweisungen, wie er sich auf sein erstes Interview in der Unternehmensberatung vorbereiten sollte. Mit Jonas konnte er seine Antworten mehrfach üben, bis er sie sicher beherrschte. Das Resultat war eine Zusage für ein Praktikum bei einer mittelständischen Unternehmensberatung nach dem zweiten Semester.

Mit hoher Motivation startete er in sein zweites Semester. Jedoch stieß er auf seinen ersten richtigen Rückschlag: Sein Praktikum wurde aufgrund der Unsicherheiten, die im Sommer 2020 durch den Ausbruch der Corona-Pandemie in der deutschen Wirtschaft aufkamen, kurz vor Beginn abgesagt. Aber Sebastian ließ sich nicht entmutigen. Nach einer kurzen Abstimmung mit uns bewarb er sich kurzfristig auf andere Stellen. Er erhielt schließlich die Zusage für ein Praktikum im Bereich Business Development bei einem Start-up. Zwar rangierte dieses Praktikum niedriger als das Praktikum in der Unternehmensberatung, aber es war deutlich besser als kein Praktikum und bot ihm wichtige Lernerfahrungen.

Das restliche zweite Semester verlief für Sebastian sehr gut. Mit einer guten Semesterplanung von Beginn an meisterte er seine Klausuren mit Bestnoten. Er gehörte zu den besten Studenten seines Jahrgangs und erhielt über einen Professor die Möglichkeit, sich für ein Stipendium der Studienstiftung des deutschen Volkes zu bewerben. Obwohl die Nominierung für die Studienstiftung meist durch die Schulleitung an die Jahrgangsbesten der Schule erfolgt, können auch herausragende Universitätsstudenten von ihren Professoren vorgeschlagen werden. In Zusammenarbeit mit unseren Coaches, die für die Stipendienbewerbungen zuständig sind, arbeitete Sebastian mehrere Wochen an seiner Bewerbung für die Studienstiftung und reichte sie über seinen Hochschulprofessor ein. Neben seinen hervorragenden Noten und seinem ehrenamtlichen Engagement als Schiedsrichter konnte er auch seine aktive Beteiligung in verschiedenen studentischen Initiativen an der Universität Münster positiv hervorheben.

Als Sebastian sein drittes Semester begann, bewarb er sich erneut für Praktika in der Unternehmensberatung, diesmal auch bei Unternehmen mit höheren Ratings. Sein Fortschritt im Studium und sein Praktikum bei einem Start-up stärkten sein Profil. Er war wieder erfolgreich und konnte nach dem dritten Semester sein erstes Beratungspraktikum absolvieren, welches dieses Mal nicht kurz vorher abgesagt wurde.

Nun war der Knoten geplatzt und auch beim Assessment Center der Studienstiftung konnte Sebastian dank intensiver Vorbereitung und dem Austausch mit anderen Stipendiaten aus unserem Coaching überzeugen und erhielt die Zusage. Das Stipendium, das einen großen Teil potenzieller Studien- und Auslandsaufenthaltskosten deckte und monatlich mehrere hundert Euro betrug, ermöglichte es ihm, seine Nebenjobs aufzugeben und sich voll auf sein Studium und seine Karriere zu konzentrieren. Daraufhin verbesserten sich seine Noten noch weiter und er rangierte zeitweise auf dem ersten Platz seines Jahrgangs.

In den folgenden Semesterferien absolvierte er erneut ein Praktikum in der Beratung, diesmal bei einer Tier-3-Strategieberatung. Nach seinem hervorragenden Abitur, sehr guten Studienleistungen, der Mitgliedschaft in einer der führenden Stiftungen Deutschlands und dem Praktikum bei einer Tier-3-Beratung schlug unser Rating-System vor, dass er sich schon bei den Tier-1-Beratungen bewerben könne.

Sebastian entschied sich jedoch, vorsichtiger vorzugehen, da er noch einen Master absolvieren wollte und somit keinen Zeitdruck verspürte. Er bewarb sich bei den Tier-2-Strategieberatungen, erhielt mehrere Intervieweinladungen und Zusagen und entschied sich für ein Praktikum bei Strategy&. Danach fühlte er sich bereit, sich bei den Top-Strategieberatungen zu bewerben, und erhielt eine Zusage für ein Praktikum bei Bain, welches er noch vor dem Beginn seines Masters antreten würde.

Als er kurz vor dem Abschluss seines Bachelorstudiums stand, bewarb er sich für einen Masterstudiengang. Da die Studienstiftung des deutschen Volkes einen großen Teil seiner Studiengebühren für ein Auslandsstudium übernehmen würde, entschied er sich, diese Gelegenheit zu nutzen. Mit Hilfe unserer Coaches und anderer Coaching-Teilnehmer bereitete er sich auf den GMAT vor, den er mit hervorragendem Ergebnis abschloss. Er bewarb sich dann an verschiedenen europäischen Business Schools und erhielt die Zusage für seinen Wunschmaster an einer führenden europäischen Business School, den er als Nächstes begann.

Was wir von Sebastian lernen können:

1. Wenn du früh genug anfängst und keinen Zeitdruck verspürst, musst du dich zwischen den einzelnen Praktika gar nicht zu sehr steigern – Hauptsache, es geht konstant nach oben. Sebastian hatte nie extreme Sprünge der Ratings seiner Praktika geschafft und dennoch landete er noch vor Beginn seines Masters ganz oben.
2. Mit der richtigen Planung ist es möglich, auch an einer Target-Uni zu den besten Studenten zu gehören und parallel dazu noch genug Zeit zu haben, auch in allen anderen Feldern sehr erfolgreich zu sein.
3. Von Absagen solltest du dich nicht entmutigen lassen, sondern einfach kontinuierlich am Ball bleiben und weitermachen. Wenn das System, das du befolgst, für andere sehr gut funktioniert, dann wird es auch für dich funktionieren.

## Beispiel #2: Sophie – vom 2,5er-Schnitt zu BCG

Auch wenn man nicht schon in der Schulzeit immer zu den Besten gezählt hat, ist der Aufstieg an die Spitze möglich, sofern man bereit ist, grundlegende Veränderungen vorzunehmen. Ein Paradebeispiel hierfür ist Sophie. Sie kam nach der ersten Hälfte ihres Bachelorstudiums an einer unbekannten Uni in England zu uns. Zu Studienbeginn waren ihre Ambitionen noch bescheiden. Nach dem Abitur, das sie mit einem Schnitt von 2,5 abschloss, und einem Auslandsjahr in Australien entschied sie sich für ein Wirtschaftsstudium im Ausland, da sie unschlüssig war, welche Fachrichtung sie sonst wählen sollte, aber später auf jeden Fall international tätig sein wollte. Ihre Studienleistungen waren eher durchwachsen, weder besonders gut noch besonders schlecht. Es schien, als würde sie eine durchschnittliche Wirtschaftsabsolventin werden, die einen normalen Bürojob annimmt, ohne besondere Vorteile zu genießen.

Doch dann erfuhr Sophie durch meinen YouTube-Kanal von den Jobmöglichkeiten in der Unternehmensberatung und beschloss, mehr aus ihrem Studium herauszuholen. In den ersten Wochen unserer Zusammenarbeit fokussierten wir uns darauf, ihr chaotisches Lernverhalten zu ordnen. Bis dahin hatte sie wenig Zeit in ihr Studium investiert, da sie auch unter der Woche regelmäßig feierte und viel in verschiedene Initiativen an ihrer Uni eingebunden war. Ihre Konzentration in den Vorlesungen litt darunter und sie verpasste viele Inhalte.

Zunächst erstellten wir einen Semesterplan für die verbleibenden Wochen, um genau zu wissen, welche Fortschritte wir in welchem Fach anstreben mussten. Da uns nur wenig Zeit bis zu den Prüfungen blieb und Sophie mit dem Studienstoff weit zurücklag, zielten wir nicht darauf ab, in jeder Prüfung eine 1,0 zu erreichen. Stattdessen fokussierten wir uns darauf, schlechte Noten zu vermeiden und in jedem Fach auf einem guten bis sehr guten Niveau zur Prüfung anzutreten.

Sophie war motiviert, als sie merkte, dass sie zum ersten Mal einen strukturierten Plan hatte. Woche für Woche optimierten wir ihre Wochen- und Tagesplanung, ihren Lebensstil und ihre Lerntechniken, was ihre Disziplin stärkte und täglich zu deutlichen Fortschritten führte. Auch am Wochenende setzte sie einige Stunden zum Lernen ein und unternahm nur abends etwas mit ihren Freunden – ein Wandel, der vor wenigen Wochen noch undenkbar für sie gewesen wäre.

Aber ihre harte Arbeit zahlte sich aus: Sie hatte zum ersten Mal keine Angst vor den Prüfungen und ein gutes Gefühl, das sich im Ergebnis bestätigte.

Nach dieser intensiven Prüfungsphase war Sophies Ehrgeiz endgültig geweckt und wir bewarben uns auf ihr erstes Praktikum in der Unternehmensberatung. Obwohl wir ihre bisherigen Erfahrungen in den Bewerbungsunterlagen stark aufwerteten, blieb die Bewerbungsphase erfolglos. Wir waren bereits dabei, eine neue Bewerbungsrunde zu starten, als sie überraschend zu einem Case-Workshop einer angesehenen Tier-3-Beratung eingeladen wurde, von der sie zuvor eine Absage erhalten hatte. Sie erkannte die Chance, die ein solcher Workshop bietet, um im Anschluss ein Interview zu ergattern. Gemeinsam mit uns bereitete sie sich intensiv darauf vor und machte einen so positiven Eindruck bei den Beratern der Firma, dass sie zu einem Vorstellungsgespräch eingeladen wurde. Obwohl dies ihr erstes Vorstellungsgespräch in der Unternehmensberatung war, fühlte sie sich dank der Vorbereitung mit unseren Coaches und anderen Kursteilnehmern sehr gut vorbereitet und erhielt eine Zusage.

Sophies Beispiel zeigt die Vorteile von Networking – trotz mäßiger Noten und anfänglicher Ablehnung konnte sie sich durch einen starken persönlichen Eindruck ein Praktikum sichern.

Im nächsten Semester arbeiteten wir weiter konsequent an der Verbesserung ihres Notenschnittes. Sie investierte mehr Zeit in ihr Studium, blieb jedoch sozial aktiv und ging ihrem Nebenjob nach. Sie hatte sogar den Ehrgeiz, sich in verschiedenen studentischen Initiativen zu engagieren, um sich danach auf ein Stipendium bewerben zu können. Da Noten in der Unternehmensberatung jedoch sehr wichtig sind und ihr Gesamtschnitt in Kombination mit ihrer Abi-Note immer noch nicht im idealen Bereich lag, rieten wir ihr davon ab, bis ihre Noten kein Hindernis mehr für einen späteren Berufseinstieg darstellen würden.

In der folgenden Bewerbungsphase erhielt sie eine weitere Zusage für ein Beratungspraktikum in einer Tier-3-Beratung mit einem noch besseren Ranking als ihr erstes Praktikum. Sie verbesserte ihre Noten so sehr, dass sie endlich einen Einser-Schnitt erreichte. Vor Kurzem erhielt sie sogar eine Einladung zu einem Interview bei BCG, in dem sie sich auch eine Zusage sichern konnte – und das, noch bevor sie ihren Master beginnen wird.

Sophie hätte sich niemals träumen lassen, dass sie in nur zwei Jahren von einer durchschnittlichen Studentin zu einer Studentin aufsteigt, die eine Einladung von einer der führenden Strategieberatungen erhält.

Was wir von Sophie lernen können:

1. Nur, weil du gerade nicht auf dem optimalen Weg zu deinem Ziel bist, heißt das nicht, dass es für immer so bleibt. Deine Noten und auch dein restlicher Lebenslauf können sich innerhalb von wenigen Monaten drastisch verbessern, wenn du dich wirklich ins Zeug legst.
2. Insbesondere mit einer durchschnittlichen Ausgangslage ist Networking ein massiver Hebel, um schnell große Praktikumssprünge zu schaffen. Nimm so viele Events wahr, wie es geht.
3. Um erfolgreich zu werden, musst du nicht automatisch dein gesamtes Privatleben aufgeben. Und die Dinge, auf die du verzichten musst, wirst du nach kurzer Zeit vermutlich gar nicht mehr vermissen.

## Beispiel #3: Samir – von einer normalen Bank zu Goldman Sachs

Im Gegensatz zu Sophia war Samir von Anfang an ein zielstrebiger Student. Er hatte klar definierte Ziele und war auch erfolgreich in der Umsetzung der Schritte, wollte aber auf Nummer sicher gehen, seinen Berufseinstieg bei einer führenden Investment Bank auch wirklich zu erreichen, und kam daher zu uns.

Er studierte an der Universität zu Köln und schloss sein Studium mit einem guten Einser-Schnitt ab. Vor seiner Teilnahme an unserem Coaching hatte er bereits eigenständig ein Praktikum im Bereich Mergers & Acquisitions (M&A) bei einer kleinen Investment Bank absolviert und sich eine weitere Zusage für ein kleines Private-Equity-Praktikum gesichert, bevor es für sein Masterstudium an die Universität St. Gallen gehen sollte.

Dadurch, dass er bereits erste Erfahrungen in seiner Zielbranche sammeln konnte, war ihm enorm bewusst, wie kompetitiv der Berufseinstieg bei den Top-Firmen ist und dass jede Kleinigkeit entscheidend ist, um eine der wenigen verfügbaren Stellen zu bekommen. Da er bei früheren Bewerbungen festgestellt hatte, dass seine Vorbereitung teilweise nicht ideal war, und er einige unerklärliche Absagen erhalten hatte, entschloss er sich für die letzten Schritte seiner Karriere, zu uns ins Coaching zu kommen und alles aus seinem Potenzial herauszuholen.

Zunächst analysierten wir Samirs bisherigen Lebenslauf und planten seine Bewerbungsstrategie. Wir entschieden, dass er sich für sein erstes Master-Praktikum bei einer Top-Investment-Bank bewerben sollte. Für das zweite Praktikum zielten wir auf ein weiteres Private-Equity-Praktikum ab, dieses Mal bei einem international renommierten Fonds. Diese Reihenfolge wählten wir, da ihm führende Private-Equity-Fonds ohne Erfahrung bei einer Top-Investment-Bank vermutlich keine Einladung zum Vorstellungsgespräch aussprechen würden. Samirs langfristiges Ziel war es, im Private-Equity-Bereich tätig zu sein, und ein weiteres Praktikum bei einem renommierten Unternehmen würde seinem Lebenslauf erheblich zugutekommen.

Unser Hauptziel während des Bewerbungsprozederes war es, seinen Lebenslauf optimal zu formatieren und seine bisherigen Praktika, insbesondere das M&A-Praktikum bei der kleinen Investment Bank und das anstehende Private-Equity-Praktikum, detailliert darzustellen. Trotz einer soliden Basis gab es Raum für Verbesserungen, insbesondere bei der Beschreibung seiner bisherigen praktischen Erfahrung.

Im Anschreiben zielten wir darauf ab, positiv aufzufallen. Je mehr Praktika man gesammelt hat, desto weniger Gewicht hat das Anschreiben und desto wichtiger wird der Lebenslauf. Einige versuchen, mit einem einleitenden Zitat im Anschreiben zu punkten, doch bei fortgeschrittenem Studium empfiehlt es sich, dies zu vermeiden.

Nachdem wir seine Bewerbungsunterlagen abgeschickt hatten, erhielt Samir rasch Einladungen zu Online-Tests und Interviews von großen Investment Banken. Unsere Coaches, einige selbst im Investment Banking tätig, bereiteten ihn intensiv darauf vor. Dank seiner Praktika und des Masterstudiums war er technisch gut vorbereitet, daher konzentrierten wir uns vor allem darauf, seine Passung zur jeweiligen Unternehmenskultur herauszuarbeiten.

Nachdem Samir eine Zusage für ein Praktikum bei Goldman Sachs erhalten und angenommen hatte, starteten wir sofort mit der nächsten Bewerbungsrunde für das geplante Praktikum im Private Equity. Mit dem bevorstehenden Praktikum bei Goldman Sachs als Gütesiegel in seinem Lebenslauf fiel es ihm leicht, Einladungen zu Vorstellungsgesprächen zu erhalten. Letztendlich sicherte er sich die Zusage bei einem führenden amerikanischen Private-Equity-Fonds.

Danach lag unser restlicher Fokus in der Zusammenarbeit mit ihm einzig und allein darauf, in diesem Praktikum bestmöglich zu überzeugen, um ein Angebot zur Festanstellung zu erhalten. Bei Goldman Sachs, wie bei vielen anderen Investment Banken, stammen sehr viele der Berufseinsteiger aus ehemaligen Praktikanten. Tatsächlich konnte Samir, nachdem er während des Praktikums sehr oft die Extra-Meile gegangen war (sprich Überstunden gemacht und überdurchschnittliche Leistungen erbracht hatte) und ein gutes Verhältnis zu vielen seiner Kollegen aufgebaut hatte, sich ein Angebot für eine Vollzeit-Übernahme sichern, da er im Praktikum mehr überzeugen konnte als viele seiner Mit-Praktikanten. Jetzt konnte er seinen Master in St. Gallen mit einem sehr guten Gefühl abschließen, da er genau wusste, wie es danach für ihn weitergehen würde.

Was wir von Samir lernen können:

1. Wenn du schon mit deinem Bachelorstudium durch bist, sollte jede Bewerbungsrunde sitzen, damit du noch den Top-Einstieg schaffen kannst.
2. Je weiter du nach oben kommst, desto weniger Firmen gibt es, wo du dich bewerben kannst. Um dort erfolgreich zu sein, ist entscheidend, was du bisher alles gemacht hast (Lebenslauf) und wie gut du persönlich zu der Firma passt (Netzwerk und Personal-Fit-Interview).
3. Deine Performance in deinen letzten Praktika kann maßgeblich darüber bestimmen, bei welcher Firma dir ein Berufseinstieg gelingt.

## Beispiel #4: Tamara – vom dualen Studium zum internationalen Private-Equity-Fonds

Ein weiteres Beispiel ist Tamara, eine Teilnehmerin unseres Programms, die beabsichtigt, in der Private-Equity-Branche zu arbeiten. Nach ihrem Abitur, das sie mit einem soliden Einser-Schnitt abschloss, entschied sie sich auf Ratschlag ihrer Eltern für ein duales Studium bei einem großen Automobilkonzern. Zu diesem Zeitpunkt hatte sie noch nie von Bereichen wie Strategieberatung, Investment Banking oder Private Equity gehört. Mit der Zeit lernte sie diese Branchen jedoch kennen und begann ein Jahr vor dem Abschluss ihres dualen Studiums mit dem Coaching bei uns.

Bei dualen Studenten konzentrieren wir uns gewöhnlich auf drei Bereiche: Notenoptimierung, Erfahrung in relevanten Praxisfeldern und Vorbereitung auf die nächsten Karriereschritte. Tamara hatte bereits sehr gute Noten und es gelang ihr, die Inhouse-Beratung ihres Konzerns zu überzeugen, ihr die seltene Gelegenheit zu geben, ihre letzte Praxisphase dort zu absolvieren. Eine andere Option wäre die interne M&A-Abteilung gewesen, die viele große Konzerne bieten und die sich ebenso für eine Praxisphase eignet.

Nachdem sie in diesen beiden Bereichen bereits sehr gut aufgestellt war, konzentrierten wir uns mit ihr auf die Vorbereitung auf die nächste Phase nach ihrem dualen Studium. Da sie ein ausgezeichnetes Abitur, sehr gute Noten im Studium und relevante Praxiserfahrungen bei einem renommierten Konzern vorweisen konnte, war der einzige Nachteil in ihrem Lebenslauf ihre Hochschule, da duale Hochschulen von Top-Arbeitgebern in den Bereichen Investment Banking, Strategieberatung und Private Equity oft weniger geschätzt werden. Trotzdem entschieden wir uns dazu, zu sehen, wie weit sie kommen würde, ohne sofort einen Master anzutreten.

Wir arbeiteten sorgfältig an ihrem Lebenslauf und Anschreiben, um herauszustellen, welche wertvollen Fähigkeiten sie während ihrer Praxisphasen entwickelt hatte und welchen Mehrwert sie für ihren Praxispartner schaffen konnte. Wir bewarben uns bei mehreren renommierten Strategieberatungen. Um ins Private Equity einzusteigen, kann man entweder Praktika im Investment Banking oder in der Strategieberatung absolvieren. Für Tamara war es naheliegend, sich für Praktika in der Strategieberatung zu bewerben, da sie während ihres dualen Studiums bereits relevante Vorerfahrungen gesammelt hatte. Sie erhielt, wenig überraschend, mehrere Einladungen zu Vorstellungsgesprächen und infolgedessen auch mehrere Praktikumszusagen, da sie dank unserer umfassenden Erfahrung sehr genau wusste, was sie in den Interviews erwartete, und ausreichend Gelegenheit hatte, diese mit unseren Coaches zu üben.

Als Nächstes bewarben wir uns bei den führenden Strategieberatungen McKinsey, BCG und Bain. Von McKinsey erhielt sie tatsächlich eine Intervieweinladung und konnte eine Zusage erreichen. Mit diesem geplanten Praktikum im Lebenslauf bewarben wir uns abschließend auch bei Top-Investment-Banken und führenden internationalen Private-Equity-Fonds. Sie erhielt ebenfalls mehrere Zusagen von diesen Einrichtungen.

So gelang es, Tamara trotz eines dualen Studiums an einer Non-Target-Hochschule den Weg an die Spitze zu ebnen. Sie bekam ein

Praktikum bei einem Private-Equity-Fonds, was eine noch größere Herausforderung darstellt als ein Praktikum in einer Top-Investment-Bank oder Unternehmensberatung.

Was wir von Tamara lernen können:

1. Wenn alle anderen Kriterien wie Noten und Praxiserfahrungen passen, brauchst du nicht zwingend eine Target-Uni für den bestmöglichen Berufseinstieg.
2. Traue dich ruhig, auch einmal sehr ambitionierte Bewerbungsrunden zu starten, auch, wenn du nicht direkt damit rechnest, dass sie gelingen.
3. Mach immer das Beste aus deiner aktuellen Situation. Tamara hat sich nicht von ihrem dualen Studium davon abhalten lassen, für ihr Berufsziel relevante Praxiserfahrungen zu sammeln, und hat durch sehr gute Noten dafür gesorgt, dass ihr danach maximale Chancen offenstanden.

## Beispiel #5: Thomas – von der Fachhochschule zur Bank of America

Auch Thomas aus unserem nächsten Beispiel hatte hohe Ambitionen, obwohl er nicht an einer renommierten Zieluniversität studierte. Im Vergleich zu Sophia war seine Ausgangssituation jedoch erheblich schwieriger. Nach einem Abitur mit mittelmäßigem Zweierschnitt verbrachte er zwei Jahre mit einer Selbstständigkeit im E-Commerce und hielt sich mit Nebenjobs über Wasser. Da er sich unsicher war, welches Studienfach er wählen sollte, entschied er sich für BWL an einer kleinen Fachhochschule in seiner Nähe.

Er bemerkte schnell, dass er ambitionierter als seine Kommilitonen war, und bewarb sich für unser Coaching, um seine Ambitionen gezielt ausrichten zu können. Nachdem er jedoch die ersten Semester seines Studiums mit durchschnittlichen Noten bestanden hatte, setzten wir für sein erstes Praktikum auf ein Unternehmen mit einem niedrigen Rating. Thomas war am Investment Banking interessiert und bewarb sich daher für sein erstes Praktikum bei kleineren mittelständischen M&A-Beratungen.

Nach zahlreichen Bewerbungsverfahren und vielen Absagen erhielt Thomas endlich die ersehnte Zusage für sein erstes M&A-Praktikum. Es gab jedoch einen Haken: Die M&A-Beratung verlangte eine Mindestpraktikumsdauer von sechs Monaten. Da dies das einzige Angebot war, das wir erhielten, entschieden wir uns gemeinsam, dass er dieses Praktikum annehmen sollte. Bereits im ersten Semester, das er mit unseren Lerntechniken aus dem Coaching durchlief, konnte er mit relativ geringem Aufwand sehr gute Noten erzielen. Daher gingen wir davon aus, dass er in der Lage sein würde, parallel zum Praktikum das nächste Semester zu absolvieren und dennoch mit guten bis sehr guten Noten zu bestehen.

Nun begann für Thomas ein langer, harter Weg, der sich über knapp drei Jahre erstreckte, bis er endlich ein Angebot von einer internationalen Investment Bank erhielt. Nachdem er sein erstes sechsmonatiges M&A-Praktikum begonnen hatte, bewarb er sich direkt auf ein Folgepraktikum bei Unternehmen, deren Rating in unseren Listen nur leicht über seinem aktuellen Praktikum lag. Er hatte während seiner ersten Bewerbungsrunde bemerkt, dass es ihm trotz herausragender Bewerbungsunterlagen aufgrund seiner schlechten Noten, der Lücke in seinem Lebenslauf und seiner Fachhochschule ohne großen Namen sehr schwer fiel, Einladungen zu Vorstellungsgesprächen zu erhalten.

Einer der Vorteile unserer Unternehmenslisten für Investment Banking und Unternehmensberatungspraktika ist, dass sie jeweils Hunderte von Unternehmen umfassen. Daher konnte er für jede Praktikumsbewerbung Dutzende von Firmen auswählen, die eine Verbesserung zu seinem aktuellen Praktikum darstellten, aber nicht so ehrgeizig waren, dass er zu viele Absagen erhielt. So sicherte er sich sein nächstes Praktikum wieder bei einer kleinen M&A-Beratung, die jedoch etwas größere Deals betreute und etwas bekannter war, was zu einem leicht höheren Rating in unserer Liste führte. Diesen Ansatz verfolgte er konsequent über einen Zeitraum von etwa zwei Jahren, in dem er zwischen seinen Praktika nur sehr kurze Pausen hatte, während derer er hauptsächlich für seine Universitätsklausuren lernte. Nachdem er über fünf verschiedene M&A- und Private-Equity-Praktika bei immer bekannteren Unternehmen absolviert, seine Noten an seiner Fachhochschule auf einen guten Einserschnitt verbessert und sich darüber hinaus in zahlreichen landesweiten Finanzinitiativen engagiert hatte, erreichte er schließlich den Punkt, sich bei bekannteren Investment Banken auf unserer Praktikumsliste bewerben zu können.

Seine Bemühungen in den vergangenen zwei Jahren, sowohl im über 800 Mitglieder starken pumpkin-Netzwerk als auch während seiner Praktika, hatten sich ausgezahlt. Thomas hatte immer einen guten Eindruck hinterlassen und konnte viele Fürsprecher gewinnen, die es beeindruckend fanden, wie er sich trotz seiner anfangs schwierigen Ausgangslage immer weiter nach oben gearbeitet hatte. Er konnte auf ein umfangreiches Netzwerk zurückgreifen, das ihn zusätzlich dabei unterstützte, Intervieweinladungen bei international tätigen Investment Banken zu bekommen und die umfangreichen Interviewprozesse, die teilweise über fünf Runden gingen, zu bestehen.

Letztendlich erhielt er Zusagen von verschiedenen internationalen Investment Banken und entschied sich für ein Praktikum bei der Bank of America, das er nach Abschluss seines Bachelorstudiums antreten wird. Für den Fall, dass er in diesem Praktikum kein Übernahmeangebot erhält, bewerben wir uns zur Sicherheit noch für verschiedene prestigeträchtige Masterprogramme an führenden Finance Business Schools in Europa. So hätte er im Notfall noch Zeit für weitere Praktika, falls der direkte Berufseinstieg nicht gelingen sollte.

Was wir von Thomas lernen können:

1. Harte Arbeit zahlt sich immer aus. Wenn du dazu bereit bist, für mehrere Jahre am Stück unermüdlich dafür zu arbeiten,

einen bestmöglichen Berufseinstieg zu schaffen, dann kannst du dich von allen absetzen, die nicht so hart arbeiten wie du.

2. Insbesondere, wenn du an einer Hochschule studierst, an der du nur wenige andere ambitionierte Kommilitonen hast, ist es machbar, auch parallel zum Semester Praktika zu machen und dennoch sehr gute Noten zu schreiben.
3. Lass dich nicht von Lücken im Lebenslauf oder einer schlechten Abiturnote verunsichern. Du wirst dich zwar nicht stark zwischen den einzelnen Praktika steigern können, doch solange du kontinuierlich den »Zug zum Tor« hast und dich in die richtige Richtung bewegst, kannst du es auch bis nach ganz oben schaffen.

## Beispiel #6: Anastasia – als Wirtschaftsingenieurin zu McKinsey

Studierende, die nicht klassisch BWL oder Wirtschaftswissenschaften studieren, finden oft Schwierigkeiten, viele Praktika in ihr Studium zu integrieren. In vielen Studiengängen nehmen Hausarbeiten oder Klausuren während der Semesterferien so viel Zeit in Anspruch, dass man kaum die Gelegenheit findet, sich eine längere Auszeit für Praktika zu nehmen. Das war auch der Fall bei Anastasia, die am Ende ihres Bachelors in Wirtschaftsingenieurwesen an der Uni Augsburg zu uns ins Coaching kam.

Anastasia hatte schon früh den Wunsch, nach ihrem Studium in der Unternehmensberatung zu arbeiten, konnte jedoch nur neben ihrem Studium bei der studentischen Unternehmensberatung der Uni Augsburg mitwirken. Praktika im Consulting konnte sie aus Zeitmangel nicht wahrnehmen und ihre Praxiserfahrung beschränkte sich auf ein technisches Vorpraktikum sowie einige nicht wirklich relevante Aushilfsjobs.

Im Frühjahr schloss Anastasia ihren Bachelor ab und die Masterprogramme beginnen im Herbst. So hatten wir ein halbes Jahr Zeit, relevante Praxiserfahrung zu sammeln. Ihre Abiturnoten lagen im guten

Zweierbereich und ihr Bachelorstudium hatte sie mit guten bis sehr guten Noten absolviert – exzellent waren sie allerdings nicht. Aus diesem Grund bewarben wir uns für ihr erstes Praktikum nach dem Bachelor bei Firmen, die etwa im Mittelfeld unserer Bewertungsliste standen. Hier erhielt Anastasia schnell einige Zusagen und absolvierte ein Praktikum in der internen Beratung eines großen DAX-Konzerns.

Nach diesem Erfolg bewarben wir uns auf Praktika bei den Tier-3-Strategieberatungen und sie erhielt eine Zusage von EY-Parthenon, dem Strategieberatungsarm der großen Wirtschaftsprüfungsgesellschaft Ernst and Young. Hier konnte sie von den Inhalten in unserem Coaching sowie vom Feedback der Coaches enorm profitieren. Durch unser Coaching und die Übungssessions mit unseren Coaches fühlte sie sich sehr gut vorbereitet.

Da Anastasia erst sehr spät mit ihren Praktika beginnen konnte und zusätzlich einen Master machen wollte, suchten wir nach geeigneten Masterprogrammen. Aufgrund der höheren Schwierigkeitsstufe eines Wirtschaftsingenieurstudiums im Vergleich zu einem klassischen BWL-Studium und der fehlenden Zeit für eine intensive Vorbereitung auf den GMAT entschieden wir uns für einen Management-Master an der renommierten deutschen Business School WHU. Sie hatte im Vergleich zu anderen europäischen Business Schools weniger strenge Aufnahmekriterien. Anastasia wurde angenommen und begann dort ihr Studium.

Nachdem sie ihre Semesterplanung und ihre Lerntechniken auf das neue Studium angepasst und die ersten Klausuren mit sehr guten Noten abgeschlossen hatte, setzten wir alles auf eine Karte und bewarben uns für Praktika bei den Tier-1- und Tier-2-Strategieberatungen. Hierbei konzentrierten wir uns vor allem auf die Case Interviews und die Herstellung eines persönlichen Bezugs zu den jeweiligen Firmen. Dank der engen Zusammenarbeit mit unseren Coaches war Anastasia erfolgreich und erhielt Praktikumsangebote sowohl von Bain als auch von McKinsey.

Sie nutzte die Möglichkeit, beide Praktika nacheinander während der Sommerferien ihres Masterstudiums zu absolvieren. Bei beiden führte ihre herausragende Leistung zu Angeboten für einen Berufseinstieg nach ihrem Masterstudium.

Dies gab ihr die einzigartige Chance, sich zwischen zwei der weltweit führenden Strategieberatungen zu entscheiden. Anastasia konnte die Wahl treffen, die am besten zu ihr passte, und sich für die Firma entscheiden, deren Kultur sie am meisten ansprach. Jetzt blickt sie optimistisch in ihre Zukunft, sich ihrer Wahl sicher und gut vorbereitet auf ihre Karriere in der Unternehmensberatung. Ihre Geschichte zeigt, dass mit der richtigen Unterstützung und Vorbereitung auch Studierende außerhalb der klassischen BWL und Wirtschaftswissenschaften erfolgreich in der Beratungsbranche Fuß fassen können.

Was wir von Anastasia lernen können:

1. Wenn du dich für einen anderen Studiengang als BWL entscheidest, prüfe zuvor den genauen Aufbau des Studiums, um sicherzustellen, dass du Praktika in dein Studium integrieren kannst.
2. Bewerber, die einen Bachelor in einem naturwissenschaftlichen Bereich absolvieren und im Master zu BWL wechseln, sind insbesondere bei den Top-Strategieberatungen sehr beliebt.
3. Das Idealszenario hast du dann erreicht, wenn du in deinem Studium Praktika bei mehreren verschiedenen Tier-1-Arbeitgebern absolvieren und in ein Übernahmeangebot verwandeln kannst. So kannst du mit allerhöchster Wahrscheinlichkeit sicher sein, dass du dich für genau den Arbeitgeber entscheidest, der dir am besten gefällt.

## Beispiel #7: Simon – Schritt für Schritt bis zu J.P. Morgan

Simon, mein letztes Beispiel für dich, entschied sich als Erstakademiker in seiner Familie nach seinem Abitur, das er mit der Note 1,9 abschloss, für ein Wirtschaftsstudium an der Frankfurt School of Finance and Management, obwohl seine Eltern die Studiengebühren von etwa 50.000 Euro für den gesamten Bachelor nicht übernehmen konnten. Inspiriert wurde seine Entscheidung durch meine YouTube-Videos. Simon war fest entschlossen, nach seinem Studium in der Bankenbranche zu arbeiten, und er sah das Studium an der Frankfurt School als große Chance, diesem Ziel näher zu kommen. Daher nahm er das Angebot eines Dienstleisters an, der einen sogenannten umgekehrten Generationenvertrag anbot. Das funktionierte so: Der Dienstleister übernahm die Studiengebühren für die Frankfurt School und Simon verpflichtete sich dafür, in den ersten Jahren seiner Berufslaufbahn einen prozentualen Anteil seines Einkommens an den Dienstleister zurückzuzahlen. Sollte er keinen Job finden, müsste er nichts zurückzahlen. Sollte er nur einen schlecht bezahlten Job bekommen, wäre die Rückzahlung entsprechend gering. Simon glaubte fest an sich und war zuversichtlich, bei einer führenden Investment Bank Fuß fassen zu können. Trotz des Risikos, bei einem hohen Einstiegsgehalt mehr als die 50.000 Euro zurückzahlen zu müssen, zog er den umgekehrten Generationenvertrag einem klassischen Studentenkredit vor, da er das Risiko hoher Kosten bei Nichterfüllung seiner Ziele geringer einschätzte.

Simon hatte viel riskiert, um sein Studium zu beginnen, und bemerkte im ersten Semester, dass es schwieriger war als gedacht. Nach mehreren Absagen in seiner ersten Bewerbungsphase und den Anfangsschwierigkeiten an der Uni entschloss er sich, mich über LinkedIn zu kontaktieren, um Infos über eine mögliche Zusammenarbeit mit uns einzuholen. Unsere Kosten waren niedriger, als er erwartet hatte, und wir boten verschiedene Finanzierungsmöglichkeiten an, sodass er nicht den gesamten Betrag auf einmal zahlen musste. Daher entschied er sich schnell dazu, gegen Ende seines ersten Semesters unser Coaching in Anspruch zu nehmen.

Unser erstes Ziel war es, sicherzustellen, dass er nach seinem zweiten Semester an der Frankfurt School sein erstes Investment-Banking-Praktikum absolvieren könnte. Als ich Simons Bewerbungsunterlagen sah, wurde mir klar, warum er bisher nur Absagen erhalten hatte. Seine Unterlagen waren noch ziemlich rudimentär, ohne echten Bezug zum Investment Banking, und er hatte nicht alle formellen Anforderungen eingehalten. Darüber hinaus hatte er sich nur bei wenigen Unternehmen beworben, die laut unserer Rankingliste zu diesem frühen Zeitpunkt in seinem Studium sinnvoll gewesen wären. Er hatte sich hauptsächlich bei großen, bekannten Firmen beworben, für die es noch zu früh war. Nachdem wir ihm zeigten, wo er sich stattdessen bewerben sollte, und seine Unterlagen optimiert hatten, erhielt Simon schnell verschiedene Einladungen zu Vorstellungsgesprächen. Mit unseren Vorbereitungsmaterialien konnte er sich effizient auf diese Gespräche vorbereiten. Innerhalb weniger Wochen nach Beginn unserer Zusammenarbeit sicherte er sich sein erstes Praktikum im Investment Banking.

Simons Motivation stieg nach seinem ersten Praktikumserfolg und er nutzte sein Studium fortan optimal, um seine ambitionierten Ziele zu erreichen. Im zweiten Semester steigerte er deutlich seine Leistung und verbesserte seine Noten. Im dritten Semester konzentrierten wir uns auf die sogenannten Spring-Week-Programme. Diese einwöchigen Orientierungspraktika, die von führenden Investment Banken in London und teils auch in Frankfurt angeboten werden, richten sich an Studierende im ersten Jahr eines dreijährigen oder im zweiten Jahr eines vierjährigen Bachelor-Programms. Da Simons Bachelorstudium an der Frankfurt School sieben Semester dauert, war es möglich, sich im dritten Semester auf diese Programme zu bewerben. Da sich jedoch ambitionierte Studenten aus ganz Europa auf diese Spring Weeks bewerben, braucht man ein vielversprechendes Profil und sehr viel Disziplin und Wissen, um sich in den kompetitiven Bewerbungsphasen durchzusetzen.

Zu Beginn seines ersten Semesters hatte Simon sich bereits eigenständig auf die Spring Week beworben, aber nur Absagen erhalten. Mit seinen stark verbesserten Bewerbungsunterlagen und einem ersten relevanten Investment-Banking-Praktikum im Lebenslauf wagten wir nun erneut einen Anlauf – diesmal mit Erfolg. Nach zahlreichen Online-

Tests und Interviews erhielt Simon eine Zusage für eine Spring Week bei J.P. Morgan.

Wir bereiteten ihn intensiv auf diese Woche vor, denn besonders erfolgreiche Kandidaten erhalten am Ende einer Spring Week die Möglichkeit eines Interviews für ein vollwertiges Investment-Banking-Praktikum im folgenden Sommer. Die Spring Weeks sind somit eine echte Abkürzung, um früh im Studium ein Praktikum bei einer Top-Investment-Bank zu bekommen. Und Simon gelang es, sich ein Investment-Banking-Praktikum bei J.P. Morgan in London für das folgende Jahr zu sichern. Er hatte somit schon nach seinem dritten Semester eine Zusage für das Praktikum, das er nach dem sechsten Semester bei einer erstklassigen Investment Bank absolvieren würde. Dadurch konnte er sein Studium mit der Gewissheit genießen, sein Ziel bereits während seines Bachelors erreicht zu haben.

Da er inzwischen im Bereich Praktika gut aufgestellt war und seinen Notenschnitt auf 1,3 verbessert hatte, lag unser nächster Fokus auf dem Bereich Engagement und Stipendien. Hier waren wir ebenfalls erfolgreich. Simon hatte sich bereits in seiner Schulzeit und an der Frankfurt School ehrenamtlich engagiert und bewarb sich nun für Stipendien der Stiftung der Deutschen Wirtschaft und der Friedrich-Naumann-Stiftung. Bei Letzterer erhielt er eine Einladung zum Assessment Center, auf das er sich mit Hilfe unserer Coaches und anderer Stipendiaten vorbereitete. Nach dem Assessment Center war seine Erfolgsgeschichte komplett: Er bekam eine Zusage und eine monatliche Förderung von etwa 1000 Euro für den Rest seines Studiums. Auch für sein anstehendes Auslandssemester in den USA erhielt er zusätzliche finanzielle Unterstützung und hatte die Gewissheit, dass große Teile seiner Mastergebühren, falls er einen Master machen wollte, ebenfalls übernommen würden.

Was wir von Simon lernen können:

1. Wenn du wirklich hohe Ziele hast und daran glaubst, sie erreichen zu können, kann es sich lohnen, Risiken einzugehen, die dich deinen Zielen einen großen Schritt näherbringen werden.

2. Wenn du auf dem allerschnellsten Weg ein Investment-Banking-Praktikum bei einer führenden Firma bekommen willst, bewirb dich auf die Spring Weeks, was jedoch nur Sinn macht, wenn deine Qualifikation eine realistische Chance bietet, eine Zusage zu bekommen.
3. Um ein Stipendium bei einem großen Begabtenförderwerk zu bekommen, brauchst du nicht zwingend einen 1,0er-Schnitt. Viel wichtiger ist, dass du im Rahmen deiner Bewerbung zeigst, dass du die Anforderungskriterien der Stiftung verstehst und sie erfüllst.

## Fazit und Ausblick

Nun hast du verschiedene Beispiele gesehen, wie sich der in diesem Kapitel präsentierte Weg in der Realität gehen lässt. Du hast detaillierte Kenntnisse über die Anforderungen von Spitzenunternehmen im Investment Banking, in der Strategieberatung und im Private Equity erlangt und dir ist klar geworden, wie du während deines Studiums planen kannst, um die besten Chancen auf ein Angebot von einer führenden Wirtschaftsfirma zu haben. Mit einem solchen Angebot in der Tasche brauchst du »nur« noch deine Aufgaben gut zu erfüllen und wirst dann etwa alle zwei bis drei Jahre befördert, bis du eines Tages als Partner oder Managing Director maßgeblichen Einfluss auf die Wirtschaft nehmen kannst. Alternativ könnte dein Weg auch zu einem erfolgreichen Start-up, in die Politik oder zu einer Karriere als Top-Manager bei einem Konzern oder mittelständischen Unternehmen führen. Mit der in diesem Kapitel erklärten Methodik kannst du einen essentiellen Grundstein für eine solche Karriere legen und es bis *nach ganz oben* schaffen. Wiederhole einfach Semester für Semester die Optimierungen in den einzelnen Bereichen und du kannst dieses Ziel erreichen.

Allerdings darfst du die Umsetzung dieser Schritte nicht auf die leichte Schulter nehmen. Es gibt sehr viele, die es bis nach ganz oben schaffen wollen und auf diesem Weg scheitern, obwohl sie die notwendigen Schritte kannten und anfangs hochmotiviert waren. Die Schwierigkeit in der Umsetzung dieser Schritte ist gleichermaßen die Existenzberechtigung von pumpkincareers, denn durch eine Zusammenarbeit mit unseren Coaches stellen unsere Klienten sicher, dass sie auf ihrem Weg keine Fehler machen und mit der schnellstmöglichen Geschwindigkeit ihre Ziele erreichen.

Mir ist jedoch auch bewusst, dass diese Branchen nur für sehr wenige ein realistisches Berufsziel darstellen. Viele Leser dieses Buchs haben entweder kein Interesse am Arbeitsalltag in diesen Branchen, möchten nicht so intensiv arbeiten, wie es dort erforderlich ist, oder sind in ihrer Karriere vielleicht schon zu weit fortgeschritten. Auch unter meinen über 200.000 Followern auf den Social-Media-Plattformen streben nicht alle eine Karriere in diesen Branchen an. Das ist auch gut so, denn für deutschsprachige Absolventen gibt es jedes Jahr nur wenige hundert Stellen bei absoluten Top-Firmen dieser Branchen.

Doch auch wenn du nicht das Ziel hast, in einer Top-Investment-Bank, einer führenden Strategieberatung oder einer renommierten Private-Equity-Firma zu arbeiten, kannst du viele Erkenntnisse aus diesem Buch für dein Studium und deinen Karriereweg nutzen. Wer sein Studium auch nur ansatzweise mit so viel Ehrgeiz angeht, hat auch bei vielen anderen Wunschfirmen deutlich bessere Jobchancen.

Nach drei Jahren Fokus auf Studierende, die eine Karriere in den Top-Unternehmen im Investment Banking, der Unternehmensberatung oder im Private Equity anstreben, haben daher auch wir bei pumpkincareers unser Angebot erweitert. Wir unterstützen inzwischen auch Studierende mit anderen beruflichen Zielen, sei es der Direkteinstieg in ein großes oder ein mittelständisches Unternehmen, der Weg zum Steuerberater oder Wirtschaftsprüfer, eine klassischere Karriere in der Finanzindustrie oder eine Anstellung in einem Start-up. Denn auch hier gibt es einen Konkurrenzkampf um die allerbesten Stellen.

In welchen Bereich du auch schaust: Überall gibt es Leute mit einem extrem erfolgreichen Werdegang, die es mit maximaler Geschwindigkeit in ihrer Zielbranche bis nach ganz oben schaffen, während viele andere daran scheitern.

Im nächsten Kapitel lernst du, was besonders Erfolgreiche von jenen unterscheidet, denen die Umsetzung der empfohlenen Schritte nicht wirklich gelingt. Durch die enge Betreuung von weit über 1000 ambitionierten Studierenden sowie in meinen zahlreichen Gesprächen mit erfolgreichen Wirtschaftsentscheidern konnte ich einige übergeordnete Erfolgsprinzipien feststellen, die ihnen massiv geholfen haben, ihre Ziele zu erreichen und es bis nach ganz oben zu schaffen. Gleichzeitig habe ich auch oft mit Leuten gesprochen, die auf diesem Weg gescheitert sind – viele von ihnen haben einige oder sogar alle dieser Erfolgsprinzipien missachtet. Damit es dir gelingt, die Techniken und Systeme, die du in diesem Kapitel kennengelernt hast, bestmöglich umzusetzen, präsentiere ich dir im nächsten Kapitel die sechs Erfolgsprinzipien der Top-Manager, Unternehmer, Investment Banker, Finanzinvestoren und Unternehmensberater von morgen. Egal, was für berufliche Ziele du hast, du wirst sie auch auf deine Situation anwenden können.

KAPITEL 4

# DIE ERFOLGS-PRINZIPIEN DER WIRTSCHAFTSELITE IN DER PRAXIS

In den vergangenen Jahren habe ich eine Reihe übergeordneter Erfolgsprinzipien identifiziert, die nicht nur auf Mitarbeiter in Top-Investment-Banken, Beratungsfirmen und Private-Equity-Fonds zutreffen, sondern universell anwendbar sind. Unabhängig davon, ob du aktuell ein Studium absolvierst und später in der Wirtschaft tätig sein möchtest, ob deine Ambitionen vielleicht nicht ganz so hoch sind, ob du noch zur Schule gehst, in einem völlig anderen Bereich studierst oder bereits fest im Berufsleben stehst – die Erfolgsprinzipien der Wirtschaftselite lassen sich auf deine persönliche Situation übertragen.

Wenn du diese Erfolgsprinzipien anwendest, kannst du die häufigsten Fehler vermeiden, die ich bei Leuten gesehen habe, die hohe berufliche Ziele hatten, theoretisch wussten, was zu tun ist, und dennoch auf ihrem Weg gescheitert sind. Hierbei handelt es sich nicht um alltägliche Fehler, wie eine unzureichende Vorbereitung auf ein Vorstellungsgespräch oder einen Rechenfehler in einer Matheprüfung, sondern um universelle Fehltritte auf einer Metaebene, unabhängig von deinen spezifischen Lebenszielen.

Wenn du dein Potenzial voll ausschöpfen und es bis nach ganz oben schaffen willst, wende diese Erfolgsprinzipien der Wirtschaftselite an, sodass nichts mehr zwischen dir und deinen hohen Zielen steht.

# ERFOLGSPRINZIP 1: ZIELE DEFINIEREN UND VERFOLGEN – SO FRÜH WIE MÖGLICH

Wer seine beruflichen Ziele früh definiert und sie stetig verfolgt, hat einen Vorteil. Schauen wir uns die Werdegänge der Menschen an, denen der Einstieg besonders schnell gelungen ist, so finden wir häufig frühzeitiges Engagement bereits während der Schulzeit. Teilnahme an Börsenwettbewerben, Übernahme von Verantwortung als Schülersprecher oder im Jugendgemeinderat und Praktika zur Berufsorientierung zeichnen den Pfad vieler erfolgreicher Karrieren vor. Hervorragende Schulabschlüsse und eine frühzeitige Planung des Studiums öffnen zudem die Tore zu Eliteuniversitäten wie Harvard, Yale, Oxford oder Cambridge. Aber selbst wer berufliche Ziele erst während des Bachelorstudiums klar definiert, kann noch eine erfolgreiche Karriere starten. Dieser Prozess umfasst das Absolvieren von Praktika, eine hohe Bereitschaft, sich im Studium anzustrengen, Netzwerkarbeit, Bewerbungen für Stipendien und vieles mehr. Wer später Erfolg haben will, ist sich der Bedeutung der ersten Berufsjahre für den weiteren Werdegang bewusst und setzt alles daran, einen erfolgreichen Start in die Arbeitswelt zu erzielen. Wer dieses Ziel zu spät verfolgt, für den wird es immer enger. Es ist zwar möglich, auch ohne herausragende akademische Leistungen, zahlreiche Praktika oder einen Einstieg in eine Top-Firma eine herausragende Karriere zu machen, erfordert aber deutlich größere Anstrengungen. Im Vergleich dazu scheint der Weg nahezu mühelos, wenn man bereits ab dem 14. Lebensjahr gezielte Schritte unternimmt.

Je früher du ein klares Ziel setzt und die erforderlichen Schritte in Angriff nimmst, desto leichter erreichst du es. In einem frühen Stadium gibt es weniger Konkurrenz und Fortschritt ist leichter zu erzielen. Im Abitur, wo nur den wenigsten die Wichtigkeit ihrer Noten wirklich bewusst ist, ist es beispielsweise viel leichter, Bestnoten zu schreiben und zu den besten Absolventen deines Jahrgangs zu gehören, als später im Studium an einer renommierten Uni, wenn zahlreiche andere Studenten alles dafür geben, um nach ihrem Studium einen tollen Job zu bekommen.

Wenn du deine beruflichen Ziele früh gesetzt hast, kannst du schon in jungen Jahren damit beginnen, dir dein Netzwerk aufzubauen. Wie du bereits gelernt hast, reift dein Netzwerk wie ein guter Wein und du profitierst von zahlreichen Vorteilen, wenn du schon vor deinem Berufseinstieg viele Leute in deiner Zielbranche kennst. Neben dem Vorteil, dass du leichter jemanden um einen Gefallen bitten kannst, den du schon lange kennst, fällt es dir in den frühen Jahren deiner Karriere leichter, dein Netzwerk aufzubauen. Wenn du noch in der Schule oder im Studium bist, sehen deine Kontaktpersonen dich als jemanden, der wirklich an ihrem Weg interessiert ist und dem sie gerne helfen, eine ähnliche Karriere zu erreichen. Kontaktierst du hingegen als Mitte-40-jähriger Topmanager jemanden, wird der andere vermutlich annehmen, dass du etwas Konkretes von ihm möchtest. Zuletzt profitierst du auch von der Vernetzung deines Netzwerks. Wenn du jemanden früh kennenlernst, der dich regelmäßig auf deinem Werdegang begleitet, kann er dir vielleicht jemanden vorstellen, der eine Lösung für dich parat hat. Du hättest vielleicht nicht einmal geahnt, dass es jemanden gibt, der dir in deiner Situation helfen kann, selbst wenn du aktiv nach Unterstützung gesucht hättest.

Wenn du schon in jungen Jahren ein klares Berufsziel hast, kannst du besser planen und vermeidest Umwege. Ohne eine solche Klarheit könntest du unpassende Studiengänge wählen, eine Ausbildung in einem unpassenden Bereich absolvieren oder auf andere Weise Zeit verlieren. Früher oder später musst du dich für einen Karriereweg entscheiden, und statt diese Entscheidung hinauszuzögern und dir so immer mehr Chancen zu verbauen, solltest du zusehen, von allen Vorteilen profitieren zu können, die eine frühe Entscheidung mit sich bringt.

Das Prinzip der frühzeitigen Zielsetzung gilt nicht nur für die berufliche Laufbahn, sondern lässt sich auf viele andere Lebensbereiche übertragen. Solltest du beispielsweise das Ziel haben, an deinem 30. Geburtstag in der Lage zu sein, einen Marathon in einer sehr ambitionierten Mindestzeit zu laufen, wäre es sinnvoll, dieses Ziel bereits an deinem 20. Geburtstag zu setzen. So kannst du Jahr für Jahr in einem gemäßigten Tempo trainieren, statt dich intensiven und anspruchsvollen Trainingseinheiten auszusetzen, wenn du dein Ziel erst fünf Monate vor deinem 30. Geburtstag festlegst. Mit zehn Jahren Vorbereitungszeit ist die Wahrscheinlichkeit, dein Ziel zu erreichen, deutlich höher als mit nur fünf Monaten.

Durch eine frühe berufliche Zielsetzung vermeidest du hohe Opportunitätskosten. Was auch immer du machst, solltest du dich fragen: Wie viel Potenzial steckt in mir, wenn ich ab sofort wirklich alles richtig machen würde?

Wenn du hohe Ambitionen in deinem Leben hast, kostet dich jeder Schritt, der dich nicht direkt auf dem schnellsten Weg zu deinem Ziel führt, extrem viel. Durch solche Fehlschritte entfaltest du weniger von deinem vollen Potenzial und kannst eine Gelegenheit, die sich dir ohne diesen Fehler womöglich geboten hätte, nicht nutzen. Nach diesem Prinzip der Opportunitätskosten schließt jede Entscheidung, die du triffst, die Vorteile alternativer Optionen aus: Diese »Kosten« musst du in deine Überlegungen einbeziehen.

Hier einige Beispiele für Opportunitätskosten, die durch Fehler auf deinem Weg zum Ziel entstehen können:

Falls du planst, nach deinem Studium in einer Top-Investment-Bank einzusteigen, und deine Praktikumsbewerbungen nicht optimal sind, weil du dich zu spät damit beschäftigt hast, und du deshalb erst ein Jahr später ein Jobangebot von deinem Wunschunternehmen bekommst, dann verursachen diese Fehler Opportunitätskosten in Höhe eines gesamten Jahresgehalts. Du verdienst in diesem Jahr weniger Geld, als du ohne diese Fehler hättest verdienen können.

Wenn du bereits berufstätig bist und beispielsweise in einer Unternehmensberatung arbeitest und dich entscheidest, zu einem kleineren mittelständischen Unternehmen zu wechseln, weil du dich nicht ausreichend über andere berufliche Möglichkeiten informiert hast oder den Fehler gemacht hast, dir während deines Studiums oder in den ersten Jahren deiner Karriere kein ausreichendes Netzwerk aufzubauen, verpasst du möglicherweise ein Angebot von einer anderen Firma.

Bei dieser anderen Firma könnten die Arbeitsbedingungen ähnlich gut sein, das Gehalt jedoch 20 Prozent höher. In diesem Fall hast du durch diesen Fehler Opportunitätskosten in Höhe von 20 Prozent deines Gehalts.

Behalte dieses Prinzip immer im Hinterkopf! Vermeide Fehler, die daher stammen, dass du nicht weißt, wo du später arbeiten willst, und deshalb keine klare To-do-Liste hast. Selbst wenn deine Fehler nicht so schwerwiegend sind, dass sie deine Ziele dauerhaft untergraben, können sie aufgrund des Prinzips der Opportunitätskosten langfristig schmerzhafte Folgen für dich haben.

Zudem hast du ja auch nicht unendlich Zeit, um an dein Ziel zu kommen. Du wirst mir zustimmen, dass es vermutlich deutlich verlockender ist, mit Mitte 40 schon genügend Geld zur Seite gelegt zu haben, um dich in Ruhe in Frührente zu begeben, als bis Mitte 60 noch arbeiten zu müssen, weil dir gewisse berufliche Schritte aufgrund einer zu späten Zielsetzung für immer verwehrt geblieben sind.

Doch wie kannst du dieses Erfolgsprinzip der Wirtschaftselite anwenden und dich frühzeitig beruflich orientieren?

## Das Internet als erste Orientierung

Die Vorstellung, dass du erst durch Praktika herausfinden kannst, was dich wirklich interessiert, diese Praktika erst spät in deinem Bildungsweg absolvieren kannst und daher keine Möglichkeit hast, dich vor dem Ende deines Studiums umfassend beruflich zu orientieren, ist in Zeiten des Internets völlig überholt. Plattformen wie YouTube oder TikTok bieten zahlreiche Interviews und Erfahrungsberichte zu nahezu jedem erdenklichen Berufsbild. Besonders im englischsprachigen Raum gibt es auf Social Media viele Vlogger, die über ihren Arbeitsalltag berichten und detaillierte Einblicke in ihre Berufe sowie deren Vor- und Nachteile geben. Auch über Google findest du schnell viele Blogartikel, die Berufsfelder genauer beleuchten, die dich interessieren könnten.

Auch im Online-Kurs zu diesem Buch (Seite 27) kannst du durch zahlreiche Erfahrungsberichte aus erster Hand erfahren, wie es ist, in vielen spannenden, in diesem Buch beleuchteten Branchen zu arbeiten.

## Austausch mit erfahrenen Mentoren

Nachdem du dir online einen ersten Überblick verschafft hast, versuche mit Menschen ins Gespräch zu kommen, die bereits in deinem Wunschbereich tätig sind. Karrierenetzwerke wie LinkedIn oder Xing bieten ideale Möglichkeiten zur Kontaktaufnahme. Leute, die eine beeindruckende Karriere vorweisen können, sind oft offener als gedacht, wenn sie merken, dass du ernsthaft an ihrem Werdegang und ihrer Arbeit interessiert bist. Viele hatten selbst Mentoren und freuen sich, für jemanden, der es wirklich ernst meint, diese Rolle zu übernehmen. Beginne mit einigen freundlichen Worten über die Chatfunktion, um dich für ein kurzes Telefonat oder einen gemeinsamen Kaffee zu einem persönlichen Austauch zu verabreden. Unterschätze nicht, wie wertvoll es sein kann, deine beruflichen Ziele deiner Familie und deinen Freunden mitzuteilen. Auf diese Weise sind sie in der Lage, dich zu unterstützen und gegebenenfalls auch Verbindungen zu Personen herzustellen, die in dem Bereich arbeiten, in dem du dich siehst. Vielleicht besteht eine Verbindung zu jemandem, der in deinem gewünschten Arbeitsbereich tätig ist, von der du vielleicht noch nichts weißt. Je mehr Menschen in deinem Umfeld über deine beruflichen Ziele informiert sind, desto mehr Unterstützung kannst du erwarten. Es passiert oft, dass Studenten, die wir in unseren Coaching-Programmen betreuen, innerhalb weniger Wochen in ihrem persönlichen Netzwerk Menschen finden, die ihnen helfen können, etwa um ein relevantes Praktikum zu bekommen.

Dieser Ratschlag ist nicht nur für Studenten, sondern auch für Berufstätige wertvoll. Wenn es in deinem Unternehmen eine Führungskraft gibt, die du besonders bewunderst und deren Karriereweg du gerne einschlagen möchtest, zögere nicht, sie darauf anzusprechen. Solange du nicht den Eindruck erweckst, dass du sie aus ihrem Job verdrängen möchtest, wird sie dich wahrscheinlich gerne in Mentoring-Sessions unterstützen.

Ähnlich verhält es sich, wenn du über LinkedIn jemanden findest, der aus einer ähnlichen Position wie du in eine Position gewechselt ist, die dich sehr interessiert. Zögere nicht, Kontakt aufzunehmen und nachzufragen, wie der Wechsel gelungen ist. Viele Menschen sind bereit zu helfen, besonders wenn sie jemanden sehen, der in der gleichen Situation ist, wie sie es selbst waren. Sei jedoch immer respektvoll gegenüber der Zeit und dem Terminkalender anderer Menschen. Vermeide es, unangemessene Anfragen zu stellen oder zu erwarten, dass jemand, der sehr beschäftigt ist, sich sofort zwei Stunden Zeit für ein ausführliches Videogespräch mit dir nimmt. Solange du bescheiden bleibst und dich mit kurzen, informativen Antworten zufriedengibst, fällst du niemandem zur Last. Und wenn du später einmal eine spannende Position hast, findest du vielleicht eine Möglichkeit, dich zu revanchieren.

Menschen, die bereits in Positionen arbeiten, die du anstrebst, können dir bei der beruflichen Orientierung behilflich sein, eine wertvolle Ergänzung für dein langfristiges Netzwerk sein und dir viele Türen öffnen.

## Systematische Unterstützung durch Coaches

Ein Coach kann dir helfen, schnell zu klären, in welchem Bereich du wirklich arbeiten möchtest, und dir ein tiefgehendes Verständnis von deinem potenziellen Zielberuf und dessen Anforderungen vermitteln. Sollte dein Coach nicht direkt in deinem gewünschten Bereich gearbeitet haben, kann er durch sein Netzwerk Kontakte zu Leuten herstellen, die in dieser Branche tätig sind. Unsere Erfahrungen bei der Arbeit mit über 1000 ambitionierten Studierenden innerhalb von vier Jahren ermöglichten uns wertvolle Einblicke, wer in welchen Jobs glücklich und erfolgreich geworden ist. Als Coaches können wir dir möglicherweise Kontakte zu Leuten herstellen, mit denen du unbedingt sprechen solltest, da sie in Positionen arbeiten, die für dich interessant sind.

Gute Coaches verwenden klare systematische Ansätze, um dir dabei zu helfen, deine beruflichen Ziele zu setzen. Ihre Effektivität steigt mit dem Umfang ihrer Erfahrungen, insbesondere mit Leuten, die in einer ähnlichen Situation sind wie du. Achte bei der Auswahl einer Karriereberatung auf ihr Renommee, lies Erfahrungsberichte und sprich mit Leuten, die ihre Dienste bereits in Anspruch genommen haben. Kann ein Coach keine Referenzen vorweisen, die eine ähnliche Ausgangslage wie du hatten, könnte dies ein Warnsignal sein. Gute Coaches helfen dir, deine Ziele zu definieren, und können dir konkrete Anleitungen geben, wie du diese Ziele schnellstmöglich erreichst, und dich dann bei der Umsetzung dieser Schritte unterstützen. Wenn du diese Unterstützung mit einem frühen Start kombinierst, sind deine Chancen auf Erfolg sehr hoch. Du beginnst früher als andere, die richtigen Schritte zu unternehmen, und durchläufst sie effizienter als die meisten anderen.

## Zweifler ausblenden

Wenn du früher als andere anfängst, berufliche Ziele zu identifizieren und zu verfolgen, wird das bemerkt. Einige Menschen werden dies positiv aufnehmen und sich umso mehr für dich interessieren und dich unterstützen. So könnte etwa dein Wirtschaftslehrer es begrüßen, dass du dich proaktiv nach Möglichkeiten für Wettbewerbsteilnahmen erkundigst, und dir helfen, deine Ziele zu erreichen.

Leider beobachten wir oft, dass Menschen um dich herum versuchen könnten, dich auszubremsen, damit du nicht so hohe Ziele anstrebst. So könnten deine Eltern dir nahelegen, langsamer zu machen und Dinge auf dich zukommen zu lassen. Professoren könnten dir sagen, ein Praktikum sei erst nach vier Semestern sinnvoll, oder Leute, die bereits dort arbeiten, wo du später arbeiten möchtest, könnten dir sagen, es sei nicht notwendig, sich so sehr anzustrengen.

Zwar sind diese Ratschläge meist gut gemeint, aber du solltest sie kritisch hinterfragen. Kommen solche Hinweise von Leuten, die wirklich keine Ahnung haben, was du tun musst, um deine Ziele zu erreichen, ist es relativ klar, dass du diese Ratschläge ignorieren kannst. Und selbst bei Tipps von Leuten, die vor vielen Jahren den Berufseinstieg geschafft haben, solltest du vorsichtig sein, da die Anforderungen heute anders sein können als damals. Sei dir bewusst, dass es wahrscheinlich auch Menschen in deinem Umfeld gibt, die dir deinen Erfolg nicht gönnen und lieber sehen würden, dass du scheiterst. Zum Beispiel könnten Kommilitonen versuchen, dich davon abzubringen, nach dem ersten oder zweiten Semester ein Praktikum zu machen, weil sie sich im Vergleich zu dir schlecht fühlen, wenn sie selbst keins machen. Sie sagen dir nicht direkt, dass sie das aus diesem Grund tun, sondern finden andere Gründe, warum du kein Praktikum machen solltest. Hinterfrage also stets, warum jemand versucht, dich davon abzubringen, deine Ziele frühzeitig zu verfolgen.

# ERFOLGSPRINZIP 2: ZIELE PRIORISIEREN

Was man ganz klar in den Werdegängen sämtlicher erfolgreicher Wirtschaftslenker erkennt: Beruf und Arbeit haben in ihrem Leben eine hohe Priorität. Das bedeutet nicht automatisch, dass sich ihr gesamtes Leben nur um Arbeit dreht und es für sie nichts Wichtigeres als ihren Job gibt. Aber es bedeutet, dass sie bereit sind, in so gut wie allen anderen Lebensbereichen erhebliche Opfer zu bringen, um ihren Erfolg zu sichern. Auch wichtige Entscheidungen wie die Investition für eine exzellente akademische Ausbildung oder einen berufsbedingten Umzug treffen sie in dem Wissen, dass sie etwas tun, das ihnen wirklich wichtig ist und wofür sie bereit sind, Nachteile in Kauf zu nehmen. Letztendlich sind sie in der Lage, Menschen aus ihrem Leben zu verbannen, die sie davon abhalten, ihre hohen Ziele zu verfolgen.

## Nicht auf mehreren Hochzeiten gleichzeitig tanzen

Die Arbeitsbelastung in Branchen wie Investment Banking, Strategieberatung und Private Equity ist immens. Schon während des Studiums musst du extrem hart arbeiten, um die hohen Anforderungen zu erfüllen. Vielen, die eine solche Karriere anstreben, wird spätestens nach den ersten Praktika klar, dass ihre beruflichen Ziele nicht mit ihrem derzeitigen Privatleben vereinbar sind. Dies realisieren früher oder später fast alle, die diese Karrierewege einschlagen wollen. Auch angehende Profi-Sportler müssen sich beispielsweise fragen, ob sie viele Beeinträchtigungen im Privatleben in Kauf nehmen möchten, wie den Verzicht auf regelmäßige Partys oder ungesunde Ernährung. Die Frage ist, wie du damit umgehst und ob du damit umgehen kannst.

Die extremste Lösung besteht darin, dein gesamtes Privatleben auf die Karriere auszurichten und alles zu streichen, was dir beruflich nichts nutzt. Diese Entscheidung habe ich in meinem ersten Studienjahr getroffen: Ich war nur zweimal für wenige Tage in meiner Heimatstadt, um meine Mutter und meine Großeltern zu besuchen. Für meine Freunde aus der Schulzeit konnte und wollte ich mir keine Zeit nehmen. Partys oder Treffen mit Freunden außerhalb des Universitätsalltags habe ich fast vollständig vermieden. Urlaub war für mich ein Fremdwort und meine sportlichen Aktivitäten, die ohnehin begrenzt waren, da ich keinen Mannschafts- oder Vereinssport betrieb und lediglich ins Fitnessstudio und ab und zu joggen ging, habe ich auf ein Minimum reduziert.

Diese Methode funktioniert für eine gewisse Zeit recht gut, wenn du dich wirklich zu 100 Prozent auf dein Studium und deine Karriere konzentrieren kannst. Langfristig empfehle ich sie allerdings nicht, da du Gefahr läufst, außerhalb der Arbeit kein Leben mehr zu haben, was nicht unbedingt zu deiner Erfüllung beiträgt.

Die in meinen Augen sinnvollste und nachhaltigste Methode, um mit dieser Problematik umzugehen und dennoch deine Karriereziele zu erreichen, besteht darin, dein Umfeld und dein Privatleben schrittweise auf deine hochgesteckten Ziele vorzubereiten. Selbst wenn deine Eltern oder alte Schulkameraden beispielsweise nichts mit Investment Banking, Strategieberatung oder Private Equity zu tun haben, kannst du ihnen wahrscheinlich nachvollziehbar erklären, warum du in diese Branchen einsteigen möchtest und was du dafür tun musst.

Gemeinsam mit deinem Umfeld solltest du ein Verständnis dafür entwickeln, dass man im Leben nicht überall gleichzeitig sein kann.

Du solltest nicht erwarten, dass du eine erfolgreiche Karriere im Finanzsektor beginnen und gleichzeitig noch genug Zeit haben kannst, um beispielsweise dreimal die Woche Fußball zu spielen, dich zweimal die Woche mit Freunden zu treffen, täglich Klavier zu üben, morgens joggen zu gehen, abends im Fitnessstudio zu trainieren und regelmäßig mit deinen Eltern und Großeltern zu telefonieren. Und noch genug Zeit für deine Partnerin oder deinen Partner zu haben und alle paar Wochen einen Kurzurlaub zu machen, ist unrealistisch.

Nicht jeder ist jedoch bereit, diesen Kompromiss einzugehen, und das ist völlig in Ordnung. Manche erkennen nach einigen Monaten oder Jahren, dass ihnen der Fußballverein und die Zeit mit Familie und Freunden wichtiger sind oder sie nicht ihr komplettes Leben der Karriere widmen möchten. Wenn du wirklich zur Wirtschaftselite gehören willst, musst du auch bereit sein, für eine gute Gelegenheit in eine fremde Stadt oder in ein fremdes Land zu ziehen. Viele der Leute, mit denen wir zusammenarbeiten, sind dafür sehr aufgeschlossen. Aber wenn du merkst, dass du sehr heimatverbunden bist, ist dieser Weg vielleicht nicht der richtige für dich. Je früher du dies erkennst, desto besser. Es ist wichtig, dass du den Mut hast, dir dies einzugestehen, sobald du es bemerkst, um dann einen anderen Karriereweg einzuschlagen. Es gibt viele spannende Jobs, für die du deine privaten Ziele nicht so extrem unterordnen musst. Es nutzt dir nichts, Karriere zu machen und von Jahr zu Jahr unglücklicher zu werden, weil du außerhalb deines Berufs keine Erfüllung findest.

Es gibt auch Menschen, die ihr gesamtes Privatleben gern der Karriere unterordnen würden, es aber einfach nicht können. So habe ich mit Menschen zusammengearbeitet, die sich neben ihrem Studium um ein schwerkrankes Familienmitglied kümmern mussten und daher an ihre Heimat gebunden waren. In solchen Fällen waren wir bei der Suche nach Praktika stärker eingeschränkt als ohne diese örtliche Bindung. Auch hier gilt: Es gibt einige Dinge im Leben, die wichtiger sind als berufliche Erfüllung und Karriere, und dazu zählt definitiv deine Gesundheit und die deiner engsten Familienmitglieder. Wenn du deine Karriere nicht zur absoluten Priorität in deinem Leben machen willst oder kannst, ist das vollkommen in Ordnung. Wichtig ist nur, dass du dies rechtzeitig erkennst, akzeptierst und nach der bestmöglichen Lösung suchst, die mit deinen Zielen vereinbar ist.

Probleme entstehen vor allem dann, wenn du dir deiner Ziele nicht vollständig bewusst bist und versuchst, allen gerecht zu werden, ohne Anpassungen vorzunehmen. Wenn du versuchst, alles für deine Karriere zu geben, aber dein restliches Privatleben und Umfeld nicht entsprechend anpasst, weil du denkst, auf allen Hochzeiten gleichzeitig sein zu können, führt das zu immer mehr Stress und Streit. Wenn du in einer Beziehung bist und dein Partner oder deine Partnerin nicht versteht, warum du so viel arbeitest und manchmal einfach keine Zeit für sie oder ihn hast, entsteht großes Konfliktpotenzial. Auch deine Verwandten und Freunde werden enttäuscht sein, wenn du für sie so wenig Zeit hast. In einer solchen Situation ist dein Scheitern vorprogrammiert und du versagst sowohl im Privatleben als auch in deinen beruflichen Ambitionen. Statt einer Win-Win-Situation schaffst du eine Lose-Lose-Situation.

## Richtige Entscheidungen können auch unangenehm sein

Wer ein Ziel mit höchster Priorität verfolgt und fest daran glaubt, es zu erreichen, trifft Entscheidungen, dem Ziel näher zu kommen, selbst wenn sie mit unangenehmen Konsequenzen verbunden sind. Jene, die ihr Ziel nicht mit gleicher Intensität verfolgen, schrecken eher vor möglichen negativen Auswirkungen zurück.

Zum Beispiel sind Menschen mit extrem hohen beruflichen Ambitionen oft bereit, trotz der hohen Kosten von mehreren Zehntausend Euro an renommierten Business Schools zu studieren. Manche nehmen Schulden auf oder arbeiten in mehreren Nebenjobs, um diesen Traum zu verwirklichen. Sie akzeptieren diese Opfer, da sie an ihre

Ziele und die langfristigen Vorteile ihrer Investitionen glauben. Im Gegensatz dazu fragen sich jene, die nicht sicher sind, ob sie wirklich so viel arbeiten wollen, um die Investition zu rechtfertigen, sich oft, ob es sich lohnt, so viel Geld für ein Studium auszugeben.

Das Gleiche gilt für Entscheidungen wie einen Umzug für einen Job. Haben der Beruf oder die berufliche Zukunft eine hohe Priorität, sind viele Menschen bereit, in eine andere Stadt, ein anderes Land oder gar auf einen anderen Kontinent zu ziehen, auch wenn sie ihr Privatleben dort neu aufbauen müssen. Viele sind auch bereit, die ersten Jahre ihrer Karriere in Jobs wie Investment Banking oder Strategieberatung zu verbringen, wo man aufgrund der extrem krassen Arbeitszeiten mehr oder weniger auf fast sein gesamtes Privatleben verzichtet – und all das nur, damit sie langfristig ihre Ziele erreichen können. Diese Bereitschaft, solche Entscheidungen zu treffen und die Konsequenzen zu tragen, bringt sie dann bis *nach ganz oben.*

Um festzustellen, wie ernst es dir mit deinen beruflichen Zielen ist, könntest du überlegen, ob du in der Vergangenheit bei wichtigen, karrierefördernden Entscheidungen gezögert hast. War dies der Fall, hat dein Beruf vielleicht nicht die höchste Priorität in deinem Leben. Das ist völlig in Ordnung, solange du dir darüber im Klaren bist, dass andere, die bereit sind, schwierige Entscheidungen zu treffen, möglicherweise bessere Jobchancen haben und dir die Positionen wegnehmen könnten, die du eigentlich gerne hättest.

## Kein Platz für Negativität

Menschen, für die der Beruf eine hohe Priorität hat, sind oft bereit, die schwierige Entscheidung zu treffen, andere Menschen, die ihre berufliche Ausrichtung nicht unterstützen, aus ihrem Leben zu entfernen. Dies können Freunde oder auch Lebenspartner sein, die es einfach nicht akzeptieren können, dass ihre Karriere für sie einen solch hohen Stellenwert hat. Ich habe schon mit vielen erfolgreichen Wirtschaftsführern gesprochen, die mir berichteten, enge Beziehungen seien an ihrer intensiven Karriereorientierung gescheitert.

Natürlich solltest du dich immer nur als letzte Maßnahme von Menschen distanzieren, die deine beruflichen Ambitionen nicht nachvollziehen können. Versuche zunächst dem anderen klar zu machen, warum deine Karriere für dich eine hohe Priorität hat und dass sie für dich wichtig ist.

Solltest du in die Situation kommen, dich zwischen einem Menschen und deinen beruflichen Zielen entscheiden zu müssen, liegt es ganz bei dir, welche Opfer du bereit bist zu bringen. Aber denke stets daran: Es gibt andere, die ihre Karriere an oberste Stelle setzen und bereit sind, ihr Privatleben völlig der Arbeit unterzuordnen.

# ERFOLGSPRINZIP 3: OFFEN FÜR UNTERSTÜTZUNG BLEIBEN

Auch das nächste Erfolgsprinzip ist charakteristisch für die Laufbahnen erfolgreicher Wirtschaftsführer und auch von Musikern, Sportlern und Schauspielern, die in ihrem Fachgebiet herausragende Leistungen erbracht haben. Sie alle haben es so weit gebracht, weil sie immer offen für Unterstützung waren – und es mit zunehmendem Erfolg auch geblieben sind. Dieses Erfolgsprinzip beruht auf drei wichtigen Grundsätzen.

Du darfst nicht den Fehler machen, alles alleine schaffen zu wollen. Vertraue darauf, dass andere vor dir bereits den Weg gegangen sind, den auch du gehen willst, und nutze ihren Erfahrungsschatz, um diesen Weg in kürzerer Zeit zu gehen. So hast du die Chance, eines Tages weiter zu kommen als sie und zu echtem Spitzenerfolg aufzusteigen.

Du musst immer am Boden bleiben, auch wenn du immer erfolgreicher wirst. Ansonsten vergisst du umzusetzen, was dich ursprünglich erfolgreich gemacht hat.

Verstehe, dass du unmöglich in jedem Bereich ein Experte sein kannst. Fokussiere dich auf deine Ziele und hole dir für andere Bereiche die Expertise von Fachleuten, die in ihrem jeweiligen Bereich spitze sind. So kannst du von Anfang an mit einem klaren Plan Vollgas geben.

Lass uns diese drei Grundsätze nun genauer ansehen.

## Alleine schafft es niemand nach ganz oben

Ein weit verbreiteter Fehler, der dich daran hindert, dein volles Potenzial auszuschöpfen, ist die Annahme, du müsstest alles alleine bewältigen. Du weißt, dass es Menschen gibt, die dir helfen könnten, deine beruflichen Ziele schneller, einfacher und sicherer zu erreichen. Dies können Karriereberater wie ich sein, die eine auf deine Bedürfnisse zugeschnittene Hilfestellung bieten, höhersemestrige Kommilitonen, die dir helfen, deine nächste Klausur zu bestehen, oder Bekannte deiner Eltern, die dir bei der Praktikumssuche unter die Arme greifen. Doch aus irgendeinem Grund glaubst du, ihre Hilfe anzunehmen sei ein Zeichen von Schwäche.

Vielleicht denkst du, weniger stolz auf dich sein zu können, wenn du dein Ziel nicht alleine erreichst. Aber hier übersiehst du eine wichtige Tatsache: Es gibt nicht das eine Ziel, das du erreichen kannst, und danach ist alles perfekt. Das Glas ist nie ganz voll. Selbst wenn du direkt nach deinem Bachelorstudium, das du in der Regelstudienzeit abgeschlossen hast, bei deinem Traumunternehmen einsteigst, könntest du mit der Hilfe von Mentoren während des Studiums ein größeres Netzwerk aufgebaut haben. Das hätte dir dann vielleicht nach drei Jahren einen noch besseren Karriereschritt ermöglicht. Oder du hättest im Studium ein Stipendium erhalten können, das dir viel Geld gespart hätte. Oder du hättest dein Studium in nur fünf statt sechs Semestern abschließen können und damit nicht nur einen legendären Status an deiner Universität erreicht, sondern auch ein halbes Jahr früher Geld verdient, wodurch du zu deinem 24. Geburtstag vermutlich um 35.000 € oder mehr reicher gewesen wärst.

Was ich damit sagen will: Selbst wenn du den scheinbar perfekten Weg völlig alleine gegangen wärst, hätte er vermutlich mit der Hilfe anderer noch besser sein können. Und kaum jemand, der dieses Buch liest, wird den perfekten Weg gehen – das ist schlichtweg unmöglich. Du kannst immer irgendetwas verbessern, und wenn du dir Hilfe suchst, ist das absolut kein Zeichen von Schwäche. Im Gegenteil: Es ist ein Zeichen von Stärke, weil es zeigt, dass du wirklich daran interessiert bist, so nahe wie möglich an das Maximum deines Potenzials zu kommen. Und genau das schuldest du dir selbst, deinem Potenzial und in meinen Augen auch der Gesellschaft, wenn du wirklich daran glaubst, dass du es bis *nach ganz oben* schaffen kannst.

Es ist eher ein Zeichen von Schwäche, eigene Begrenzungen nicht akzeptieren zu können und zu glauben, man könne von niemandem etwas lernen oder es könne einem niemand helfen. Natürlich argumentieren manche, es sei wichtig, Fehler zu machen, und gehöre zu einer gesunden Entwicklung dazu. Da kann ich nur entgegnen: Selbst wenn du jede verfügbare Unterstützung nutzt, wirst du Fehler machen. Doch es sind Fehler auf einem höheren Niveau, die dich insgesamt trotzdem viel weiter bringen.

Stell dir vor, du machst einen Fehler, der dich eine perfekte 1,0 in einer Klausur kostet, und du bekommst stattdessen eine 1,3. Ist das nicht besser, als so viele Fehler zu machen, dass am Ende nur eine 2,7 herauskommt? Ebenso ist es aus meiner Sicht besser, im vierten Semester ein Interview bei Goldman Sachs zu verpatzen, weil man trotz aller Unterstützung nicht perfekt vorbereitet war, und stattdessen ein Praktikum bei einer anderen, nur knapp weniger renommierten Investment Bank zu machen. Das wäre immer noch vorteilhafter, als konstant auf einem niedrigeren Niveau unterwegs zu sein und am Ende nur bei einer kleinen No-Name-Firma zu landen.

Es gibt noch zwei weitere Gründe, warum du das irrationale Denkmuster, alles alleine erreichen zu wollen, so schnell wie möglich ablegen solltest. Ich betone das hier so stark, weil dieser Denkfehler einer der häufigsten ist, den ich junge, ambitionierte und vielversprechende Menschen machen sehe, die in der Folge große Teile ihres Potenzials verschwenden. Dich möchte ich davor bewahren, also lass dir bitte Folgendes durch den Kopf gehen.

Zunächst einmal: Du machst nichts wirklich alleine, auch wenn du dir das vielleicht gerne vorgaukelst. Selbst wenn du meinst, auf jegliche Unterstützung zu verzichten – du keine Karriereberatung in Anspruch nimmst, keine Ratschläge von Mentoren aus höheren Semestern annimmst und keine Praktika durch Beziehungen anstrebst –, holst du dir bewusst oder unbewusst dennoch Unterstützung. Vielleicht recherchierst du im Internet, wie man ein ansprechendes Anschreiben verfasst oder welche Fragen in einem Vorstellungsgespräch auf dich zukommen könnten. Vielleicht siehst du dir ein YouTube-Video an, das dir zeigt, wie du deinen Studientag effektiv strukturierst oder ein bestimmtes Problem in deinem Mathe-Kurs löst. Selbst wenn du all das nicht tust, liest du gerade immer noch dieses Buch oder wirst vermutlich wenigstens versuchen, an einer guten Universität zu studieren und dort gute Noten zu erzielen, weil dir das bei der späteren Jobsuche helfen wird. Die einzige Unterstützung, auf die du verzichtest, ist hochqualitative, spezifische Hilfe, die einen realen Mehrwert bietet.

Statt auf Mentoren zu vertrauen, die dir genau sagen können, was dich im nächsten Vorstellungsgespräch erwartet, stützt du dich auf vage, anonyme und unverifizierbare Informationen, die du online findest. Statt genau zu erfahren, wie du dich optimal auf das nächste Semester vorbereiten kannst, versuchst du, allgemein gehaltene YouTube-Tipps auf deine Situation anzuwenden. Aber selbst wenn diese Ratschläge nicht perfekt sind und dir nicht wirklich weiterhelfen, handelt es sich immer noch um externe Unterstützung, die du in Anspruch nimmst.

Vermutlich studierst du an einer Universität in einem hochentwickelten Land wie Deutschland, Österreich oder der Schweiz. Dadurch hast du automatisch viele Vorteile, die andere, die etwa in Entwicklungsländern aufwachsen und keine Arbeitsgenehmigung für Deutschland haben, nicht besitzen. Wenn du also wirklich ernsthaft glaubst, du müsstest alles alleine schaffen, dann würde ich dir raten, all dein Geld und all dein Eigentum zu verschenken und für zehn Jahre in völliger Einsamkeit in einem Kloster in einem Entwicklungsland zu leben. Wenn du es von dort aus schaffst, innerhalb von zehn Jahren bei Goldman Sachs oder in der Strategieberatung zu landen, ohne die Vorteile unseres Bildungssystems und das Internet zur Informationsbeschaffung zu nutzen, dann kannst du mit Fug und Recht behaupten, du hättest es alleine geschafft. Aber solange du das nicht tust, belügst du dich in meinen Augen selbst und vergeudest dein eigenes Potenzial.

Auch die ganzen erfolgreichen Personen, zu denen du hoffentlich eines Tages zählen willst, haben ihren Erfolg nicht alleine erreicht. Hat je ein Fußball- oder Tennisprofi auf einen Trainer verzichtet? Hat je ein Top-Manager, der die Verantwortung für 10.000 Mitarbeiter trägt, ohne Weiterbildung oder Mentoren seinen Posten erreicht?

Auch die Jobs, die du später anstrebst, etwa in Investment Banken oder Strategieberatungen, existieren nur, weil Kunden, die sich ihrer eigenen Grenzen bewusst sind, auf die Expertise dieser Institutionen vertrauen, um sie bei wichtigen Prozessen zu unterstützen. Es ist also absurd, am Puls der Wirtschaft erfolgreich sein und alles alleine schaffen zu wollen.

Wann auch immer du mit Leuten sprichst, die bereits in den Positionen sind, die du dir für deine Zukunft vorstellst, gewinnst du eine wichtige Erkenntnis: Es gibt schon viele Menschen, die erreicht haben, was du anstrebst. Diese Tatsache kann dir helfen, einen Plan zur Erreichung deiner beruflichen Ziele zu erstellen. Du musst das Rad nicht neu erfinden, um Karriere zu machen. Zumindest bis zu einem bestimmten Punkt kannst du einfach den Fußstapfen anderer folgen, die den von dir angestrebten Karriereweg bereits gegangen sind.

Kaum jemand aus der heutigen Wirtschaftselite hat seinen Werdegang komplett eigenständig konstruiert. Auch diese Menschen haben sich an jenen orientiert, die vor ihnen ähnliche Karrieren gemacht haben, haben deren Schritte nachvollzogen, von ihnen gelernt und schließlich etwas noch besser gemacht, um noch höher aufzusteigen. Dies ist das Prinzip der Evolution angewandt auf die Karriere. Genau diesen Ansatz solltest du verfolgen, um bestmögliche Fortschritte zu erzielen.

Auch wir bei pumpkincareers haben uns einfach die Lebensläufe derjenigen angesehen, die es bis in die Top-Firmen in Investment Banking, Unternehmensberatung und Private Equity geschafft haben. Darauf basierend haben wir einen systematischen Ansatz entwickelt, um herauszufinden, wie man während des Studiums vorgehen sollte, um optimale Karrierechancen zu haben. Wir haben die Muster identifiziert, die bei uns, unseren Coaches und bei unserem Netzwerk zu diesen erfolgreichen Berufseinstiegen geführt haben, und darauf basierend Techniken und Systeme entwickelt, die Studierenden helfen, diese Anforderungen so effizient und sicher wie möglich zu erfüllen.

Aus eigener Erfahrung weiß ich, dass es zunächst unangenehm sein kann, zuzugeben, dass man nicht alle Weisheit mit Löffeln gefressen hat und alles perfekt alleine machen kann, sondern dass es sinnvoll sein kann, externe Unterstützung in Anspruch zu nehmen. Ich wünschte auch, ich wäre mit meinem allerersten Trade in meiner Daytrading-Zeit zum Multimilliardär geworden, aber ich hatte schlicht nicht genug Ahnung davon. Ebenso würde ich mir wünschen, im Fitnessstudio perfekte Leistungen zu erbringen. Aber auch hier muss ich zugeben, dass ich ein begrenztes Wissen und weder die Zeit noch die Energie habe, mir alles selbst beizubringen, weshalb ich persönlich auf einen Fitness- und Ernährungscoach vertraue.

Beginne damit, dieses Mindset zu überwinden, und übertrage die Bereitschaft, Hilfe anzunehmen, auch auf andere Lebensbereiche. Auch in zwischenmenschlichen Beziehungen kann es hilfreich sein, anzuerkennen, dass du nicht alles weißt und dass klärende Gespräche mit Personen, die dir in einigen Aspekten voraus sind, dir Lösungen erschließen könnten. Immer wenn etwas in deinem Leben wichtig ist, solltest du dir deiner eigenen Begrenzungen bewusst sein und auf die Unterstützung anderer vertrauen, die deine Probleme bereits mehrfach selbst gelöst haben. Die Alternative ist unnötiges Leiden und somit eine unzureichende Ausschöpfung deines Potenzials.

## Bodenhaftung behalten

Ein häufiger Fehler jener, die eigentlich auf einem guten Weg sind, ihre hohen beruflichen Ziele zu erreichen, dann aber scheitern, ist, dass sie nach den ersten Erfolgen im Studium nicht mehr voranko mmen, weil sie nicht mit ihrem Erfolg umgehen können und er ihnen zu Kopf steigt. Dieser Fehler hat viele Facetten.

Einige Studenten haben extrem hart gearbeitet und dabei auf viel Lebensqualität verzichtet, um ihre ersten Erfolge zu erzielen. So ging es mir im ersten Jahr meines Studiums. Hier passiert oft der Fehler, zu glauben, diesen Erfolg nur durch kontinuierlich übermäßige Arbeit aufrechterhalten zu können, was letztlich zur Motivationslosigkeit führt. Man beginnt, sich auszuruhen, und gibt sich mit weniger zufrieden, als man eigentlich erreichen könnte. Statt nach Möglichkeiten zu suchen, den gleichen Erfolg in Zukunft mit weniger Arbeitsaufwand zu erreichen, lässt man nach.

Bei anderen Studenten verhält es sich so, dass sie bereits mit den ersten Erfolgen in ihrem Studium völlig zufrieden sind. Erinnern wir uns an unsere Praktikanten-Bewertungsliste, so erleben wir regelmäßig, dass Leute ihr erstes oder zweites Praktikum in einer Firma absolvieren, die beispielsweise »nur« 10 (von 25) Punkten in unserer Bewertung erzielt. Solche Firmen können durchaus attraktive Arbeitgeber sein, doch für jene, die zu den Top 0,01 Prozent aller Jobs aufsteigen wollen, gibt es attraktivere Unternehmen mit höherem Rating.

Es passiert jedoch häufig, dass Praktikanten ihre Tätigkeit bei einer niedriger bewerteten Firma so sehr schätzen, dass sie beschließen, das reiche ihnen aus, und nicht mehr bereit sind, sich weiter anzustrengen. Grundsätzlich ist das in Ordnung, doch ich möchte dich auf einen Punkt hinweisen, den ich durch Gespräche mit vielen älteren Menschen erkannt habe, die im Verlauf ihres Studiums begonnen haben, sich mit weniger zufriedenzugeben, als sie ursprünglich als Ziel hatten – und die dies später bedauert haben.

Denn es ist so: Wenn du im Verlauf deines Studiums anfängst, dich mit weniger als ursprünglich geplant zufriedenzugeben, und aufhörst, den Weg an dein ursprüngliches Ziel weiterzuverfolgen, dann kann es sein, dass du die Chance, in einer Top-Firma einzusteigen, am Ende deines Studiums oder kurz nach dem Berufseinstieg bereits verpasst. Hättest du zu dem Zeitpunkt, als du realisiert hast, dass deine Ziele nicht so hoch sind, einfach weitergemacht, hättest du am Ende deines Studiums die Möglichkeit gehabt, in einer besseren Firma einzusteigen. Wenn du dann sagst, dass du lieber in einem Unternehmen mit einem Rating von 10 anfangen möchtest statt in einem mit einem Rating von 20, das dich theoretisch auch einstellen könnte, dann wäre das eine Entscheidung aus freien Stücken gewesen. Du würdest dich nicht ständig fragen, ob du in einer besseren Firma glücklicher gewesen wärst.

Hinterfrage also doppelt, wenn du beginnst, dich mit weniger zufriedenzugeben als ursprünglich geplant: Sonst könnte es sein, dass du diese Entscheidung eines Tages bereust.

Ein weiteres Phänomen, das ich bedauerlicherweise oft beobachte, ist eine ausgeprägte Charakterveränderung, die Personen nach den ersten Erfolgen im Studium durchlaufen. Sie entwickeln eine überhebliche Haltung und behandeln andere, die in ihrer Karriere nicht so erfolgreich sind, als minderwertig. Selbst Personen aus unseren Coaching-Programmen sind hiervon nicht ausgenommen. Plötzlich sind sie der Überzeugung, dass sie ihren Erfolg auch ohne unsere Unterstützung in der gleichen Zeit erreicht hätten, und ignorieren unsere Ratschläge für künftige Schritte. Meist kommt die Ernüchterung in Form von Rückschlägen bei Klausuren oder in wichtigen Bewerbungsverfahren schnell und bringt viele wieder auf den Boden der Tatsachen zurück. Dies beobachten wir am häufigsten bei Leuten, die durch die Zusammenarbeit mit uns außerordentlich überdurchschnittliche Erfolge erzielten. Vielleicht haben sie weit mehr erreicht, als sie sich ursprünglich zugetraut haben, und glauben nicht daran, dass auch Glück und Zufall eine Rolle spielen. Stattdessen sind sie völlig überzeugt, ihr Erfolg sei ausschließlich auf ihre eigene Leistung zurückzuführen, und betrachten sich selbst daher als überlegen.

Das Gleiche passiert übrigens auch oft Personen, die auf einmal unternehmerisch erfolgreich werden, Sportlern, die ihren ersten Profi-Vertrag unterschrieben haben, und Musikern oder Schauspielern, die ihren ersten Medien-Hype genießen. Man hebt leicht ab und hält sich selbst für deutlich wichtiger und klüger, als man eigentlich ist.

Vielleicht ist diese Art von Egoentwicklung unvermeidlich, aber ich warne dich vor: Solltest du in Zukunft plötzlich beachtliche Erfolge erzielen, vergiss bitte nicht, wo du herkommst und was dir geholfen hat, deine Ziele zu erreichen. Vergiss nicht, wie du dich am Anfang gefühlt hast, und erinnere dich daran, dass es auch einmal eine Version von dir gab, die noch nicht so erfolgreich war. Behandle alle anderen Menschen, bei denen es noch nicht so gut läuft wie bei dir, weiterhin mit dem Respekt, den du dir selbst gewünscht hättest.

Solltest du diese aufkommende Arroganz nicht in den Griff bekommen, wirst du zu einer unangenehmen Person und irgendwann stagnieren, weil dich viele Menschen nicht mögen, unabhängig von deinem Erfolg auf dem Papier. Außerdem wird dein überdimensioniertes Ego dir im Weg stehen, wenn du nicht mehr auf die Menschen hörst und die Methoden anwendest, die dir zu deinem Erfolg verholfen haben.

## Expertise erlangen und nutzen

Menschen, die es bis an die absolute Spitze geschafft haben, verstehen, dass sie besonders weit kommen, wenn sie sich auf das konzentrieren, was sie selbst gut können, und sich in anderen Bereichen von Experten unterstützen lassen. Das ist das Prinzip der Arbeitsteilung, angewendet auf die persönliche Weiterentwicklung – ein Prinzip, das alle Industrienationen erfolgreich gemacht hat. Statt wie früher alles selbst zu erledigen, leben wir heute in einer spezialisierten Welt, in der wir auf die Hilfe vieler verschiedener Personen angewiesen sind, um unseren Alltag zu meistern. Wenn du dich selbst darum kümmern würdest, dein Smartphone zusammenzustellen, dein Haus zu bauen, deine Kleidung zu nähen und dein Essen zu züchten, wäre dein aktueller Lebensstandard vermutlich wesentlich geringer als aktuell. Gemeinsam kommen wir deutlich weiter.

Auch Führungspersönlichkeiten in der Wirtschaft nutzen die Unterstützung von Experten in vielen Bereichen außerhalb ihrer Kernkompetenz. Sie haben oft Personal Trainer und Ernährungsberater, die sich um ihre Fitness kümmern, und Haushaltshilfen, die alltägliche Aufgaben wie Kochen, Putzen oder Einkaufen übernehmen. Selbst in ihrem eigenen Fachgebiet stellen sie Mitarbeiter ein, um Aufgaben zu erledigen, in denen sie selbst nicht so gut sind oder für die sie keine Zeit haben. So können sie sich mit dem Großteil ihrer Zeit und Energie auf den Bereich konzentrieren, in dem sie den maximalen Mehrwert liefern können.

Unternehmen holen sich ebenfalls externe Unterstützung durch Unternehmensberatungen oder Investment Banken, wenn sie vor Problemen stehen, für deren Lösung sie nicht die erforderliche Expertise haben. Die Lösung dieser Probleme würde sie sonst sehr viel Zeit kosten und das Ergebnis wäre weniger zufriedenstellend, als wenn sich Profis darum kümmern.

Während des Studiums oder in den ersten Berufsjahren ist es natürlich noch nicht möglich, alle Lebensbereiche an Experten abzugeben. Du solltest also, abhängig von deinem Budget, damit beginnen, dir in den Bereichen Unterstützung von Experten zu suchen, in denen du einen direkten, finanziell messbaren Mehrwert versprichst. Ein Coaching von pumpkincareers war für viele unserer Kunden auch die allererste Gelegenheit in ihrem Leben, sich externe Unterstützung einzukaufen. Ein großer Teil von ihnen hat die gesamte Investition für die Zusammenarbeit nach weniger als zwölf Monaten wieder eingespielt.

Je mehr Budget du zur Verfügung hast, desto eher kannst du auch in anderen Bereichen Expertise einkaufen. Investitionen in deine Gesundheit oder in Dinge, die dir Alltagsaufgaben abnehmen, werden sich langfristig für dich lohnen. So hast du genug Zeit, um dich auf das zu fokussieren, was dir einen wirklichen Mehrwert bringt.

Spitzenstudenten verfügen über ein fest verankertes Wachstums-Mindset. Sie arbeiten kontinuierlich an ihrer Selbstverbesserung, um ihr volles Potenzial auszuschöpfen, und verstehen, dass sie nie etwas völlig perfekt machen können. Sie könnten stets bessere Noten erzielen, ein größeres Netzwerk aufbauen, mehr Stipendien erlangen, früher und bessere Praktika absolvieren und mehr Zeit für ihr Privatleben, ihre Beziehungen, Freunde und Familie haben. Wer sich mit Stillstand zufriedengibt, kann in unserem derzeitigen Wirtschaftssystem nicht erfolgreich sein, da es immer darum geht, wie man noch schneller und effizienter wachsen und mehr erreichen kann.

Niemand, der auf einem hohen Niveau agiert, ist alleine dorthin gelangt. Ob Mitglieder der Wirtschaftselite, Profisportler, Spitzenpolitiker, Ärzte oder Wissenschaftler – sie alle hatten und haben Mentoren, die ihnen dabei helfen, täglich über sich hinauszuwachsen und das Maximum aus ihrem Potenzial herauszuholen.

Es wäre ein schwerwiegender Fehler zu glauben, man hätte ausreichend Zeit, sich in jedem Lebensbereich so stark zu entwickeln, dass einem niemand das Wasser reichen kann. Selbst wenn du in vielen Bereichen eine hohe Begabung hast, kannst du nicht genügend Zeit in alle Dinge investieren, um ausreichend Erfahrungen zu sammeln und dein Talent voll auszuschöpfen. Noch vor einigen Hundert Jahren hatte die breite Bevölkerung keine Möglichkeit, auf das Wissen anderer zurückzugreifen. Heute hingegen hast du die einmalige Chance, dir Wissen anzueignen, das Millionen wert ist, durch das Internet, durch kostengünstige Bücher und durch Trainings. Wenn du glaubst, darauf verzichten zu können, wirst du früher oder später von jenen überholt, die auf die Erfahrungen anderer vertrauen und nicht alles auf die harte Tour selbst lernen wollen oder müssen.

# ERFOLGSPRINZIP 4: FOKUS AUF DIE MASSNAHMEN MIT DEM GRÖSSTEN NUTZEN

Wir alle verfügen über die gleiche Menge an Zeit – 24 Stunden pro Tag. Was wirklich erfolgreiche Menschen jedoch von jenen unterscheidet, die auf ihrem Weg scheitern, ist die Art und Weise, wie sie ihre Zeit nutzen, um den größtmöglichen Nutzen zu erzielen. Sie erreichen dies durch drei Schlüsselelemente: die korrekte Priorisierung ihrer Aufgaben, ein tiefes Verständnis für Selbstvermarktung und eine Offenheit für unkonventionelle Maßnahmen.

## Die richtige Priorisierung von Aufgaben

Top-Studierende fokussieren sich stets auf den Hebel, der ihnen den größten Mehrwert bietet. Sie setzen ihre Prioritäten so, dass sie ihre Energie in die richtigen Bereiche investieren. Was du mit deiner Zeit am besten anfangen kannst, hängt immer von deiner individuellen Situation ab. Daher solltest du durch den Austausch mit Gleichgesinnten und Mentoren stets wissen, wo du im Vergleich zu anderen, die die gleichen Ziele haben, stehst und welche Optimierung in deiner Situation gerade am sinnvollsten ist. Entscheide dich für den Bereich, in dem jede investierte Stunde den größten Mehrwert bietet, um dein Ziel zu erreichen. Bei manchen Studenten mag es am meisten Sinn ergeben, sich auf das Lernen zu konzentrieren, um ihren Notenschnitt zu verbessern, während andere mehr Zeit in ihre Bewerbung investieren sollten. In anderen Situationen mag der größte Hebel darin bestehen, an einem Networking-Event teilzunehmen, sich für ein Stipendium zu bewerben oder ein Auslandssemester zu absolvieren.

Viele Menschen, die es trotz des Ziels, zur Wirtschaftselite zu gehören, nicht schaffen, scheitern, weil sie zu viel Zeit in unwichtige Dinge investieren. Dazu könnten extracurriculare Aktivitäten zählen, für die sie zu viel Zeit aufwenden, oder auch das übermäßige Fokussieren auf Lernen, ohne sich ausreichend Gedanken zu machen, wohin sie beruflich wollen. Dadurch übersehen sie möglicherweise die Notwendigkeit des Netzwerkens oder der Bewerbungen für Praktika.

Die Fähigkeit zu erkennen, in welchen Bereich du den Großteil deiner Ressourcen investieren solltest, ist ein entscheidender Faktor für eine langfristig erfolgreiche Karriere oder die eventuelle Gründung eines eigenen Unternehmens. Oft neigen wir dazu, uns in unwichtigen Themen zu verlieren, und sind nicht bereit, die Themen anzugehen, die uns tatsächlich weiterbringen, die vielleicht mit einer größeren Herausforderung verbunden sind. Nur wenn du in der Lage bist, deine Entscheidungen und Handlungen immer auf den größten Nutzen auszurichten, kannst du dein volles Potenzial ausschöpfen. Wo auch immer du arbeitest, wird von dir erwartet, mit begrenzten Ressourcen das bestmögliche Ergebnis für dein Unternehmen oder deine Kunden zu erzielen.

Zur erfolgreichen Umsetzung dieser Prioritäten hilft dir der Austausch mit Gleichgesinnten und Vorbildern enorm. Sie können deine Situation von außen betrachten, sie realistisch beurteilen und dich darauf hinweisen, wenn du dich irrational verhältst. Plane regelmäßige Treffen mit Menschen, die deinen bisherigen Werdegang und deine Ziele genau kennen, um deine nächsten Schritte zu besprechen. Bitte sie um ein offenes und ehrliches Feedback zu deinen Plänen. Dabei ist es wichtig, dass sie zugeben, wenn sie bei einem Thema unsicher sind, damit du dich an echte Experten wenden kannst.

Die Teilnehmer unserer Coaching-Programme profitieren enorm davon, weil wir ihnen immer genau sagen können, an welchen Aspekten sie im Vergleich zu anderen, die dieselben Ziele verfolgen, am meisten arbeiten müssen. Wir unterstützen sie dabei, ihre Schwachstellen schnellstmöglich zu beheben, damit sie ihre kostbare Zeit am sinnvollsten einsetzen können.

Darüber hinaus können wir verhindern, dass sie sich in unnötige, ressourcenintensive Projekte stürzen, von denen sie glauben, dass sie den nächsten großen Hebel darstellen, obwohl dies nicht der Fall ist. Beispielsweise kann man eine Vielzahl von Online-Weiterbildungen buchen, aber nur wenige bieten einen wirklichen Vorteil in künftigen Bewerbungsverfahren.

Stelle also sicher, dass du wichtige Entscheidungen immer mit jemandem besprichst, der Ahnung davon hat und dich warnen kann, wenn du dich in eine falsche Richtung bewegst.

## Relevanz von Selbstvermarktung

Wenn wir darüber sprechen, wie du sicherstellen kannst, dass dir jede investierte Stunde maximalen Nutzen bringt, müssen wir zwangsläufig das Thema Selbstmarketing einbeziehen. Dieser Bereich ist für Studierende und Unternehmen von größter Wichtigkeit, wenn es darum geht, die eigene Position schnell zu verbessern. Das beste Produkt nützt einem Unternehmen nichts, wenn niemand davon weiß oder sich seiner Vorteile bewusst ist. Wenn jedoch ein Unternehmen mit einem mittelmäßigen Produkt großartiges Marketing betreibt, wird dieses Produkt oft verkauft und trägt zum Unternehmenserfolg bei.

Ebenso ist es in deiner Karriere: Es geht nicht nur darum, gute Arbeit zu leisten und das Unternehmen voranzutreiben. Entscheidend ist auch, dass die Entscheider über deine Karriere sich der Mehrwerte bewusst sind, die du für das Unternehmen generierst. Wenn ein Kollege sich besser selbst vermarkten kann und deine Vorgesetzten davon überzeugt sind, dass er der bessere Kandidat für die nächste Beförderung ist, steigt er auf und nicht du.

Mitglieder der Wirtschaftselite sind Meister im Selbstmarketing. Sie haben es geschafft, schnell aufzusteigen, bedeutende Kapitalmengen anzuhäufen und wichtige Entscheidungsträger in der Wirtschaft als wertvolle Kontakte zu gewinnen. Mach dieses Erfolgsgeheimnis zu deinem und konzentriere dich auf den wichtigsten Weg der Selbstvermarktung, den du als Student hast: deinen Auftritt im Bewerbungsverfahren.

Top-Studenten erkennen, dass ihre Performance bei der Bewerbung der entscheidende Faktor ist, um schnell zu Top-Unternehmen in der Wirtschaft zu gelangen. Sie bereiten sich intensiv auf jedes Bewerbungsverfahren vor, sei es für Praktika, Stipendien, Universitäten oder den Berufseinstieg, da sie wissen, dass hier alles zusammenkommt, was sie lange und hart erarbeitet haben. Sie sind sich bewusst, dass sie mit ihrer Performance Bewerber ausstechen können, die vielleicht qualitativ besser für die Position geeignet wären. Denn gute Noten oder beeindruckende Praktika sind nutzlos, wenn man im Vorstellungsgespräch nicht überzeugen kann oder die eigenen Qualifikationen nicht effektiv in den Bewerbungsunterlagen präsentiert.

Du musst bedenken, dass Personalverantwortliche dich nicht persönlich kennen und nur das Bild von dir bekommen, das du bei deiner Bewerbung zeichnest. Auf jeweils einer DIN-A4-Seite für Lebenslauf und Anschreiben musst du Jahre deines Lebens zusammenfassen und deutlich machen, warum du der ideale Kandidat für die ausgeschriebene Stelle bist. Auf dieser Basis laden sie dich zu einem Vorstellungsgespräch ein oder eben nicht. Wenn die Personalabteilung aufgrund deiner Bewerbungsunterlagen das Gefühl hat, andere Bewerber seien professioneller oder sorgfältiger, werden diese bevorzugt – selbst wenn ihre Qualifikationen auf dem Papier weniger beeindruckend sind.

Dies gilt ebenso für das Vorstellungsgespräch. Wenn es dir nicht gelingt, in deinen Antworten klar darzulegen, warum du alle Anforderungen perfekt erfüllst und dabei sympathisch wirkst, wird jemand anderes bevorzugt, selbst wenn er theoretisch weniger geeignet ist. Du musst dich im Verlauf deiner Bewerbung in all ihren Phasen effektiv verkaufen. Das beste Produkt nützt nichts, wenn es nicht gut vermarktet ist – genauso verhält es sich auch auf dem Arbeitsmarkt. Die gute Nachricht: Mit genug Engagement, Zeit und den richtigen Techniken kannst du es schaffen, den besten Eindruck von allen zu hinterlassen – ob gerechtfertigt oder nicht.

Wenn du zusätzliche Motivation benötigst, um künftige Bewerbungen mit mehr Energie anzugehen, denke daran: Verglichen mit der Zeit, die du für andere Aktivitäten wie Schule, Studium und Praktika aufwendest, um einen guten Job zu bekommen, ist die Energie, die die meisten Studenten in Bewerbungen investieren, außerordentlich gering.

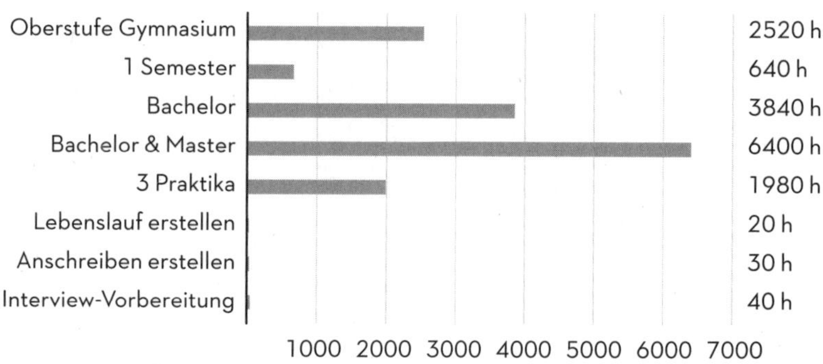


**Die meisten ambitionierten Studenten investieren viel zu wenig Zeit und Fokus in ihre Bewerbungsprozesse.**

Die Studierenden, mit denen wir in unseren Coaching-Programmen arbeiten, erkennen die Relevanz des Bewerbungsprozesses und nehmen diesen daher sehr ernst. Sie sind bereit, eine vierstellige Summe in unsere Zusammenarbeit zu investieren, um zu lernen, wie sie sich im Verlauf einer Bewerbung optimal präsentieren können. Darüber hinaus investieren sie zahlreiche Stunden in die Erstellung ihrer Bewerbungsunterlagen und üben teilweise über 50-mal für ein Vorstellungsgespräch.

Mir ist noch nie jemand begegnet, der zu viel Zeit in seine Bewerbung investiert hat, wenn er unter Anleitung und mit kompetenter Unterstützung agiert hat. Selbstverständlich kannst du auch zu viel Zeit in dein Bewerbungsschreiben investieren, wenn du keine Ahnung von sinnvollen Techniken zur Erstellung hast. Ebenso kann die Vorbereitung auf ein Vorstellungsgespräch Zeit verschwenden, wenn du nicht genau weißt, welche Fragen gestellt werden. Aber wenn du die richtigen Werkzeuge zur Hand hast, gibt es eigentlich nie zu viel Vorbereitung, da immer noch Verbesserungspotenzial besteht. In einem Vorstellungsgespräch kann man schließlich nicht 100 von 100 Punkten erreichen. Entweder hinterlässt du einen positiveren Eindruck als alle anderen Bewerber und bekommst den Job oder jemand anders war besser als du und schnappt dir den Job weg – egal wie gut du warst. Da du immer im Wettbewerb mit anderen stehst und nie genau weißt, wie gut sie sind oder wie gut sie sich vorbereiten, lohnt sich jede zusätzliche Stunde, die du in das Bewerbungsverfahren investierst.

Nimm daher jede Bewerbung und die damit verbundenen Gespräche und Tests ernst und sei dir ihrer Bedeutung bewusst. Sei dir auch bewusst, dass andere, die mit dir konkurrieren, wahrscheinlich bereit sind, mehr Geld und Zeit zu investieren, um sich besser präsentieren zu können – also gib extra Gas, wenn du sie ausstechen willst. Dein Lebenslauf ist das Herzstück deiner Bewerbungsunterlagen. Verwende bitte keine 08/15-Vorlage aus einem Online-Lebenslaufgenerator, sondern überlege dir sorgfältig, welche Qualifikationen du aus deinen bisherigen Stationen ableiten kannst, die für die angestrebte Position relevant sind. Auch das Anschreiben sollte individuell auf das Unternehmen und die Position abgestimmt sein. Wenn du das Glück hast, zu einem Vorstellungsgespräch eingeladen zu werden, bereite dich intensiv vor und bringe in Erfahrung, welche Fragen anderen Bewerbern in der Vergangenheit bei dieser Firma gestellt wurden. Erwarte, dass andere Interviewpartner potenziell besser für den Job geeignet sind.

Um sie zu übertreffen, musst du besonders positiv überzeugen, und das geht nur mit der richtigen Vorbereitung.

Wenn du die Kunst der Selbstvermarktung im Rahmen der Bewerbung oder auch bei Networking-Events schon während deines Studiums immer weiter perfektionierst, hilft dir das im weiteren Verlauf deiner Karriere oder auch bei einer potenziellen Selbstständigkeit extrem dabei, erfolgreich zu werden.

## Unkonventionelle Wege zum Ziel

Es ist zwar wichtig, dass du dich an den Fußstapfen jener orientierst, die den Weg bereits gegangen sind – doch sei parallel dazu immer offen, auch mal einen unkonventionellen Weg auszuprobieren, wenn du dir davon mit hoher Wahrscheinlichkeit versprichst, schneller ans Ziel zu kommen.

Ein gutes Beispiel ist die Lernstrategie, die ich während meines Studiums angewendet habe und die nun auch Tausende andere Studierende nutzen. Ich stellte mir die Frage: Was wird in der Prüfung wirklich abgefragt? Üblicherweise wird nicht die Anwesenheit in den Vorlesungen oder die Zeit, die man mit dem Auswendiglernen von Karteikarten verbracht hat, getestet, sondern das Verständnis des Lernstoffs. Mir wurde klar, dass ich effizienter lerne, wenn ich das Skript in meinem eigenen Tempo durcharbeite und Unklarheiten online recherchiere, statt brav jede Vorlesung zu besuchen.

Als ich das zum ersten Mal mit meiner Community teilte, wurde ich für verrückt erklärt. Nachdem es jedoch einige ausprobierten und feststellten, dass sie mit weniger Aufwand bessere Noten erzielten, gewann die Methode an Akzeptanz.

Viele Studierende denken, sie müssten immer hart arbeiten, um ihre Ziele zu erreichen, und Abkürzungen auf dem Weg zum Erfolg gebe es nicht. Von diesem Gedanken musst du dich lösen. Es gibt durchaus Abkürzungen. So könnte es beispielsweise effektiver sein, einen Networking-Event zu besuchen und von jemandem Insiderinformationen für dein anstehendes Vorstellungsgespräch zu erhalten, statt viele Stunden mit öffentlich verfügbaren Informationen aus Google zu verbringen.

Die wirklich sehr Erfolgreichen haben es *nach ganz oben* geschafft, weil sie sich lange Zeit an den Erfolgstechniken ihrer Vorgänger orientiert haben und, um diese zu übertrumpfen, an irgendeinem Punkt ihrer Karriere begonnen haben, einiges anders – und damit auch besser zu machen. Selbstverständlich liegt nun die Herausforderung darin, herauszufinden, wann dein »anders machen« auch dafür sorgt, dass du schneller an dein Ziel kommst, und nicht zur Folge hat, dass du grandios scheiterst. Die Antwort auf diese Frage findest du am ehesten heraus, indem du deine Idee mit erfahrenen Mentoren besprichst. Und wenn sie dir nicht nachvollziehbar erklären können, warum deine Ideen nicht funktionieren, kannst du den Schritt wagen, einmal selbst etwas Neues auszuprobieren.

# ERFOLGSPRINZIP 5: LANGFRISTIG DENKEN – DEINE KARRIERE IST EIN MARATHON, KEIN SPRINT

Ein weiteres Erfolgsprinzip, das alle führenden Wirtschaftspersönlichkeiten verinnerlicht haben, ist die Erkenntnis, dass Erfolg nicht über Nacht kommt. Deine Karriere ist eher ein Marathon als ein Sprint. Du wirst vor allem dann wirklich erfolgreich, wenn du jahrzehntelang kontinuierlich daran arbeitest, dich zu verbessern und immer mehr Wert zu schaffen. Nicht ohne Grund sind nahezu alle Beispiele (mit Ausnahme einiger Gründer) erfolgreicher Personen aus dem zweiten Kapitel dieses Buches deutlich über 50 Jahre alt.

Beziehe diese Erkenntnis von Anfang an in deine Karriereentscheidungen ein und baue auf einem soliden Fundament auf. Die folgenden drei Schritte helfen dir dabei, dieses Erfolgsprinzip in dein Leben zu integrieren.

## Erholung und Hobbys

Ein massiver Fehler, den viele junge, ambitionierte Studenten machen: Ihr Leben dreht sich nur noch um die Karriere und sie kümmern sich um nichts anderes mehr. Doch auch wenn deine Karriere eine hohe Priorität in deinem Leben hat, sollte sie nicht dein einziger Lebensinhalt sein.

Grundsätzlich ist es natürlich nicht schlimm, wenn du gerne über dein nächstes Praktikum oder eine neue Lerntechnik sprichst, aber wenn das wirklich das Einzige ist, für das du dich interessierst, wirst du mittel- und langfristig keinen Erfolg haben. Solche Leute werden etwa auf Networking-Events schnell als eigenartig und übertrieben wahrgenommen. Auch in Vorstellungsgesprächen erwarten viele Firmen von ihren Kandidaten, dass sie sich auch jenseits ihrer Karriere für andere Dinge interessieren.

Langfristig erfolgreiche Menschen entwickeln auch durch ihre Interessen außerhalb ihrer Karriere eine abgerundete Persönlichkeit. Ein Beispiel ist der 2023 amtierende CEO von Goldman Sachs, David Solomon. Er legt in seiner Freizeit unter dem Namen »DJ D-Sol« gerne bei Elektro-Festivals auf.

Ein dauerhafter vollkommener Fokus auf die Karriere, ohne jegliche Ablenkung, kann zu psychischen oder physischen Problemen führen, insbesondere wenn du deine Gesundheit unterordnest. Sobald du denkst, dass du aufgrund deines Studiums oder deiner Karriere nicht mehr genug Zeit dafür hast, dich gesund zu ernähren oder Sport zu betreiben, solltest du deinen aktuellen Weg dringend hinterfragen.

Sei nicht zu verbissen, gönne dir und deinem Körper nach 60-Stunden-Wochen Erholung und suche dir auch außerberufiche Interessen. Glaube mir, auch das ist förderlich für deine Karriere und wird sich langfristig wahrscheinlich mehr auszahlen, als wenn du all deine Zeit in Lernen und Bewerbungen investierst.

## Langfristige Karrierechance sticht Einstiegsgehalt

Viele, die nach einigen Jahren in hochrangige Top-Wirtschaftspositionen aufsteigen, starten ihre Karriere bei international renommierten Tier-1-Unternehmen. Sie bieten allerdings meist nicht die höchsten Einstiegsgehälter, die es stattdessen bei einigen Firmen mit geringerem Renommee gibt, die dennoch Top-Absolventen anziehen wollen. Wer aber langfristig denkt und nicht vorhat, nach drei Jahren im Job einen völlig anderen Lebensweg einzuschlagen, sollte sein Augenmerk in den ersten Karrierejahren nicht auf das Anfangsgehalt lenken. Viel interessanter sind die langfristigen Möglichkeiten, die dir dein Berufseinstieg in 10, 15 oder 20 Jahren bieten könnte.

Ähnliches gilt für Praktikumsgehälter. Häufig zahlen Firmen, die in unseren Praktikumslisten einem mittleren Ranking zugeordnet sind, höhere Praktikumsgehälter (teilweise 4000 bis 6000 Euro pro Monat) als die Firmen ganz oben auf der Liste. Doch auch das Praktikumsgehalt sollte für dich keine maßgebliche Entscheidungsgrundlage dafür sein, bei welcher Firma du deine Praktika im Studium absolvierst. Denk immer daran, welche immensen Gehälter du nach einigen Jahren im Job verdienen kannst und wie schnell dein Jahresgehalt bei den richtigen Firmen später im mittleren sechsstelligen Bereich liegen kann. Sowohl die Praktikums- als auch die Einstiegsgehälter sind im Vergleich dazu marginal.

Wähle deinen Arbeitgeber für den Berufseinstieg nach zwei Kriterien aus: dem Prestige der Firma und der Lernkurve, die sie dir bieten kann.

Das Prestige der Firma wird vor allem dadurch beeinflusst, wie bedeutend ihre Projekte und Deals sind. Damit gehen meist bessere Kontakte zu Top-Wirtschaftsentscheidern, bessere Ausstiegsmöglichkeiten in andere Branchen sowie eine steilere Lernkurve einher.

Deine Lernkurve wird auch durch die Team-Konstellation sowie die dir zugeteilten Aufgabenbereiche beeinflusst. Wenn du Vorgesetzte hast, die dich gerne fördern und dir wertvolle Karrieretipps geben, bringt dich das langfristig stark voran, ebenso wenn du an besonders spannenden Aufgaben mitarbeiten darfst, bei denen du einzigartige Kenntnisse gewinnst, die deinen langfristigen Marktwert massiv steigern.

Wenn du auf diese Kriterien achtest, kannst du langfristig viel mehr Geld verdienen und deutlich glücklicher und erfolgreicher werden, als wenn du nur auf dein Einstiegsgehalt schaust.

## Fokus auf langfristigen Mehrwert

Wenn du wirklich eine langfristige Karriere anstrebst, solltest du schon heute Entscheidungen treffen, deren Vorteile du vielleicht erst in Monaten, Jahren oder gar Jahrzehnten realisieren wirst. Ähnlich wie eine Investition von 100 Euro in den DAX vor 40 Jahren heute eine beachtliche Summe darstellen würde, zahlen sich die Entscheidungen, die du heute für deine Karriere mit Weitblick triffst, in Zukunft vielfach aus. Ein hervorragendes Beispiel hierfür ist das Networking. Wenn du planst, über Jahrzehnte hinweg in der gleichen Branche tätig zu sein, wird es deinen beruflichen Erfolg enorm steigern, wenn du frühzeitig anfängst, sämtliche relevanten Akteure in dieser Branche kennenzulernen.

Eine Investition in ein Studium an einer renommierten Business School macht unter dieser langfristigen Karriereperspektive ebenfalls extrem viel Sinn. Der Abschluss kann nicht nur zu einem besseren Berufseinstieg führen, sondern du triffst in dieser Zeit auch viele Menschen, die es wahrscheinlich zu wichtigen Positionen in der Wirtschaft bringen werden. Zudem hast du dein Leben lang Zugriff auf das umfangreiche Alumni-Netzwerk deiner Business School. Allein das kann für deine künftige Karriere einen sieben- oder achtstelligen Wert haben. Gleiches gilt beispielsweise auch für eine Teilnahme an einem Coaching-Programm.

Unabhängig davon, in welchem Bereich du erfolgreich sein möchtest, sei darauf vorbereitet, dass du möglicherweise Jahrzehnte brauchen wirst, um echte Exzellenz zu erreichen. Jedes weitere Jahr, das du in diesem Bereich verbringst, kann sich jedoch sehr auszahlen. Beginne daher von Anfang an, Entscheidungen zu treffen, die dir auf deiner langen Reise von Nutzen sein werden.

# ERFOLGSPRINZIP 6: ZU 100 PROZENT AN DIE HOHEN ZIELE GLAUBEN

Alle Mitglieder der Wirtschaftselite glauben an sich selbst und ihre Fähigkeit, ihre hochgesteckten Ziele zu erreichen. Man sagt, Glaube könne Berge versetzen – und so wirst auch du in der Lage sein, Lösungen für alle deine Herausforderungen zu finden, solange du fest davon überzeugt bist, dass du es schaffen kannst. Ich habe schon viele Menschen gesehen, die eigentlich in einer sehr guten Ausgangsposition waren, aber dann doch scheiterten, weil sie entweder nicht völlig an sich selbst glaubten oder nicht entschlossen genug waren, ihr Ziel zu 100 Prozent zu erreichen.

Um sicherzustellen, dass du nicht auf dieselben Hindernisse stößt und das in diesem Buch Gelernte bestmöglich umsetzen kannst, empfehle ich dir die folgenden drei Schritte.

## Nach den Sternen greifen

Eine Eigenschaft, die Wirtschaftsführer auszeichnet, ist die Abwesenheit falscher Bescheidenheit. Sie kennen ihre Fähigkeiten genau und wagen manchmal mehr, als vielleicht gut für sie ist. Aber gerade diese Denkweise ist notwendig, um hochgesteckte Ziele zu erreichen. Nur wenn du an dich selbst glaubst, traust du dich, dich bei einem Unternehmen wie Goldman Sachs zu bewerben, obwohl dir bewusst ist, dass nur etwa 2 Prozent aller Bewerber angenommen werden. Dennoch besteht deine einzige Chance darin, zu diesen 2 Prozent zu gehören, wenn du dich bewirbst. Bewirbst du dich erst gar nicht, sinkt die Zusagewahrscheinlichkeit automatisch auf extakt null.

Leute, die es bis *nach ganz oben* schaffen wollen, stecken nicht den Kopf in den Sand. Sie denken auch bei weniger günstiger Ausgangslage darüber nach, wie sie ihre ambitionierten Ziele erreichen können, und entwickeln entsprechend individuelle Lösungen für ihre Probleme, die sie dann auch umsetzen können. Und selbst wenn sie ihr Ziel einmal nicht erreichen – nach den Sternen greifen und doch nur auf dem Mond landen –, sind sie weiter gekommen als die meisten anderen. Genau so musst du später auch im Job agieren – du wirst nie eine Situation haben, wo alles »perfekt« läuft, sondern mit den limitierten Ressourcen, die dir zur Verfügung stehen, immer das optimale Ergebnis anpeilen müssen. Wie kannst du diese Denkweise in dein Leben integrieren?

Ich empfehle dir, dafür ein Experiment zu wagen. Plane einen Tag so, wie er optimalerweise verlaufen sollte, um alles für deine Karriere zu tun. Inspiration dafür solltest du aus diesem Buch gezogen haben. Sobald du das getan hast, versuche es mit einer ganzen Woche. Gib eine Woche lang Vollgas und konzentriere dich ausschließlich darauf, deine Karriere voranzubringen und deine Zeit nicht mit Unwichtigem zu verschwenden.

Schon nach einer Woche stellst du Unterschiede im Vergleich zu dem fest, was du sonst in einer Woche erreicht hast. Stell dir vor, du könntest diese Energie und dieses Engagement auf einen Monat, ein Jahr oder gar ein Jahrzehnt ausdehnen. Fast niemand kann abschätzen, was er erreichen könnte, wenn er wirklich alles gibt, um seine Ziele zu verwirklichen.

Du bist wie ein Fußballspieler in der Kreisliga, der nicht weiß, wie gut er tatsächlich sein könnte, hätte er den gesamten Trainerstab von Real Madrid zur Verfügung, um sein taktisches Verständnis, seine Ernährung und sein Training Tag für Tag zu optimieren. Genauso verhält es sich mit deiner Karriere. Wenn du nicht mindestens ein Semester lang alles gibst, weißt du nicht, welches Potenzial in dir schlummert.

Natürlich ist es eine Herausforderung, sich vorzustellen, diese hochfliegenden Ziele wirklich erreichen zu können, besonders wenn man noch nie länger als ein paar Tage wirklich alles dafür getan hat. Aber ich kann dir aus eigener Erfahrung und aus der Arbeit mit Hunderten ambitionierten Studenten sagen, wie viel Potenzial entfesselt werden kann, wenn man bereit ist, für seine Ziele alles zu geben.

Lass dir von niemandem einreden, es lohne sich nicht, nach den Sternen zu greifen. Keiner der Wirtschaftsführer, die wir heute kennen, hatte zum Karrierebeginn Gewissheit, die gesteckten Ziele wirklich zu erreichen. Und doch haben sie es gewagt und es geschafft.

Vielleicht gab es sogar einige, die in deinem Alter eine schlechtere Ausgangslage als du hatten. Wenn nur eine einzige Person auf der Welt es mit schlechteren Voraussetzungen als du zu ihrem Ziel geschafft hat, dann ist das auch für dich möglich. Und wenn du niemanden findest, der es mit schlechteren Voraussetzungen geschafft hat, dann bist du eben die erste Person, die es schafft.

Selbst wir bei pumpkincareers hätten nie gedacht, dass man mit einer Karriereberatung für Studenten in Deutschland Millionenumsätze erzielen kann, bis wir es getan haben. Viele unserer Coaching-Mitglieder, die an kleinen, eher unbekannten Hochschulen studieren, hätten nie gedacht, dass sie es zu einer Top-Investment-Bank oder einer Top-Strategieberatung schaffen können – bis sie es geschafft haben.

Indem du dir wirklich hohe Ziele setzt, entwickelst du logischerweise ganz andere Schritte, um dieses Ziel zu erreichen, als wenn du dir nur 08/15-Schritte setzt. Wenn du diese ambitionierten Schritte mit voller Energie und Leidenschaft gehst, wirst du garantiert weiter kommen, als wenn du so weitermachst wie bisher – selbst wenn du dein Ziel knapp verfehlen solltest.

Es gibt jedoch viele Leute – möglicherweise zählst du dazu –, die immer noch Selbstzweifel haben. Sie lesen dieses Buch und behaupten oberflächlich, sie wollten zur wirtschaftlichen Elite gehören. Tief im Inneren trauen sie sich jedoch nicht zu, diese Ziele zu erreichen. Wenn es um die Umsetzung geht, streben sie oft weniger ehrgeizige Ziele an, als sie tatsächlich erreichen könnten.

Es gibt viele Gründe für dieses Verhalten. Zum einen ist das Risiko des Scheiterns natürlich geringer, wenn du dir weniger hohe Ziele setzt. Wenn du nicht versuchst, in eine Top-Investment-Bank zu gelangen, sondern nur in eine kleinere mittelständische Bank, ist dieses Ziel deutlich leichter erreichbar.

Ein anderer Grund kann sein, dass du dich selbst vielleicht für nichts Besonderes hältst und dich deshalb selbst ausbremst, wenn es um bedeutende Karriereschritte geht. Dieses Phänomen ist schwer in Worte zu fassen, doch ich habe oft erlebt, wie sich Menschen selbst im Weg standen, obwohl ihnen großartige Möglichkeiten angeboten wurden. Insbesondere unter Leuten, die immer gute Leistungen erbracht haben, ohne sich besonders anzustrengen, ist dies häufig zu beobachten. Man nennt sie »Insecure Overachievers« – Menschen, die formal alle Ziele erreichen, sich aber tief im Inneren unsicher sind, weil sie nicht wirklich verstehen, warum sie so weit gekommen sind.

Ein dritter Grund kann sein, dass deine momentane Ausgangslage nicht besonders vielversprechend ist oder dir deine Ziele derzeit so fern erscheinen, dass sie unrealistisch wirken. Es kann vorkommen, dass du nach dem Lesen des letzten Kapitels glaubst, du könntest es niemals zu einer großen Investment Bank schaffen, weil du dein Abitur mit einem Schnitt von 2,7 abgeschlossen hast und gerade im 5. Semester an einer weniger renommierten Fachhochschule studierst und einen aktuellen Notendurchschnitt von 2,2 hast. Zudem hast du noch kein einziges Praktikum absolviert. Im Vergleich zu Hunderten oder Tausenden anderen Studierenden, die dasselbe Ziel verfolgen und in deinem Alter sind, scheinst du nicht besonders gut dazustehen. Dennoch gibt es in unserem Coaching-Programm viele Beispiele von Leuten mit ähnlicher Ausgangslage, die sich nicht entmutigen ließen und zielstrebig ihren Weg zu einer Top-Investment-Bank eingeschlagen haben.

In solchen Fällen könnte man beispielsweise einen GMAT absolvieren, um den Zugang zu einer renommierten Business School für den Master zu erlangen. Einmal dort, könnte man erste Praktika absolvieren und durch Networking rasch Fortschritte erzielen. Es ist eine Herausforderung, mit dieser initialen Ausgangslage eine Spitzenfirma zu erreichen, aber es ist machbar. Die einzige Garantie, dieses hohe Ziel nicht zu erreichen, ist, es gar nicht erst zu versuchen.

Um zu ermitteln, ob du dich in dieser Situation wiedererkennst, empfehle ich dir, deine vergangenen Monate und Jahre Revue passieren zu lassen. Überprüfe, ob du deine wichtigsten Entscheidungen in der festen Überzeugung getroffen hast, dass du deine ambitionierten beruflichen Ziele wirklich erreichst.

Hast du zum Beispiel gezögert, in deine berufliche Zukunft zu investieren, weil du unsicher warst, ob sich diese Investition wirklich lohnt, obwohl es genügend Beispiele gibt, bei denen sich solche Investitionen ausgezahlt haben? Dies könnte ein Indiz dafür sein, dass du nicht wirklich an die Erreichbarkeit deines Ziels glaubst. Dies bemerken wir bei pumpkincareers regelmäßig, wenn wir uns mit potenziellen neuen Coaching-Mitgliedern über eine mögliche Zusammenarbeit austauschen und sich dann herausstellt, dass sie tief im Inneren Selbstzweifel haben und daher zögern, sich final für unser Coaching anzumelden.

Ein weiteres Beispiel könnte der Umzug in eine neue Stadt sein. Wenn du fest daran glaubst, dass du deine beruflichen Ziele erreichen wirst und dass ein Umzug in eine andere Stadt dir ermöglicht, an einer besseren Universität zu studieren und dadurch attraktivere Jobs zu erlangen, würdest du diesen Umzug in Kauf nehmen. Solange du allerdings noch an dir zweifelst, zögerst du, diesen Schritt zu wagen.

Auch in vielen anderen Lebenssituationen findest du diese Symptome von Selbstzweifel. Wer als Jugendspieler im Fußball nicht wirklich daran glaubt, dass er das Zeug dazu hat, eines Tages in der Bundesliga zu spielen, wird deutlich weniger intensiv trainieren und daran arbeiten, sich zu verbessern, als jemand, der komplett überzeugt ist, diese Ziele erreichen zu können.

Sehr wahrscheinlich wirst du feststellen, dass das in deinem Leben auf einige Lebensbereiche zutrifft. Ich empfehle dir für dieses Problem Folgendes: Überlege dir, ob es jemanden geben könnte, der sein Ziel erreicht hat, obwohl er in einer schlechteren Ausgangslage war als du. Wenn ja, kannst du dir sicher sein, dass es auch für dich absolut realistisch ist, dein Ziel zu erreichen. Selbst wenn du bisher noch nicht so gute Noten geschrieben hast, wird es Leute geben, die deine Ziele erreicht haben, obwohl sie schlechtere Noten hatten. Auch wenn du bis zum dritten Semester kein Praktikum bekommen hast, wird es Leute geben, die ihr erstes Praktikum erst im Master absolvierten und dennoch Erfolg im Berufsleben hatten. Es geht immer weiter, du musst nur proaktiv nach Lösungen suchen und du wirst sie finden.

Und vergiss nie: Wenn du es gar nicht erst versuchst, wirst du deine hohen Ziele garantiert NICHT erreichen.

## Keine Angst vor Rückschlägen

Es ist leider sehr häufig zu beobachten, dass Menschen von enttäuschenden Ereignissen stark entmutigt werden. Unabhängig davon, wie engagiert du bist und welche Techniken du anwendest, kann es vorkommen, dass du eine Prüfungsphase verpatzt oder nur ein Praktikum bekommst, das deinen Erwartungen nicht entspricht. Vielleicht erhältst du nach jahrelanger Anstrengung eine Absage für ein Stipendium oder musst dir eingestehen, dass eine bestimmte Berufsbranche nichts für dich ist. Was auch immer für Rückschläge du erlebst: Du musst immer das Licht am Ende des Tunnels sehen.

Es ist verführerisch, nach einem Misserfolg zu glauben, nun deutlich schlechter dazustehen als andere und keine Chance mehr auf eine ideale Karriere zu haben. Du suhlst dich in Selbstmitleid und schimpfst, wie ungerecht alles ist. Hierbei musst du jedoch verstehen, dass gelegentliche Misserfolge auch zum Karriereweg gehören. Natürlich sollten sie nicht durch unnötige und vermeidbare Fehler entstehen, doch selbst mit allen verfügbaren Ressourcen kann es mal passieren, dass etwas nicht wie geplant läuft.

Ein Rückschlag kann deine Karriereziele dann wirklich gefährden, wenn du dich davon final entmutigen lässt. Das klingt paradox, macht aber bei genauer Betrachtung viel Sinn. Wenn du Rückschläge schnell und effizient analysierst, den Fehler, der dazu geführt hat, ergründest und eine Strategie entwickelst, wie du diesen Fehler in Zukunft vermeiden kannst, dann kannst du einfach weitermachen. Es gilt die Devise: Stehe einmal mehr auf, als du hingefallen bist.

Ich kann das aus meiner persönlichen Erfahrung nur bestätigen. In meinem Studium hatte ich zahlreiche Rückschläge. Ich bekam beispielsweise in meiner ersten Klausur nur eine 2,3, aber ich habe nichts unversucht gelassen, um diese Note zu verbessern. Nach meinem Interview bei der UBS erhielt ich zunächst eine Absage, ließ mich jedoch nicht entmutigen und bekam schließlich doch noch eine Zusage.

Auch in meiner unternehmerischen Karriere erlebe ich Woche für Woche und Monat für Monat neue Rückschläge, aber ich mache einfach weiter. Und eins kann ich aus eigener Erfahrung und der Zusammenarbeit mit Tausenden Studenten sagen: Harte Arbeit zahlt sich immer aus. Egal wie oft du scheiterst, wenn du am Ball bleibst, wird sich deine harte Arbeit früher oder später lohnen. Du wirst definitiv eine bessere Position bekommen, als wenn du einfach aufgibst und den Kopf in den Sand steckst. Merke dir immer: Aufgeben ist keine Option. Es gibt immer Licht am Ende des Tunnels.

Falls du in einer Situation bist, in der du das Gefühl hast, aus der Bahn geworfen worden zu sein, zögere nicht, mich persönlich zu kontaktieren. Du kannst mich über LinkedIn oder Instagram erreichen, wenn du eine persönliche Einschätzung zu den optimalen nächsten Schritten für dich erhalten möchtest. Ich helfe dir gerne weiter.

Vergiss bitte auch nie, dass sämtliche Rückschläge nichts mit dir als Person zu tun haben. »It is just business.« Natürlich ist es in Ordnung, wenn du mal schlecht gelaunt bist, wenn alles nicht so läuft, wie du es dir vorstellst, aber am Ende des Tages gibt es da draußen immer noch viele Menschen, denen es deutlich schlechter geht als dir. Auch ihnen bist du es schuldig, bei Niederlagen nicht herumzuheulen, sondern alles dafür zu geben, wieder auf die Bahn zu kommen.

## Leidenschaft ist alles

Der allerwichtigste Schritt, der die gesamte Umsetzung aller Techniken und Hinweise aus diesem Buch massiv erleichtern wird: Finde einen Karriereweg, für den du wirklich brennst und der dich inhaltlich interessiert.

Ein Fehler, den enorm viele junge Menschen machen, die dann enttäuscht scheitern, ist: Sie geben nach außen vor, sehr ambitionierte Ziele zu haben – in Wirklichkeit sind diese Ziele jedoch nur vorgespielt, und wenn es darum geht, die nötigen Schritte zur Zielerreichung zu unternehmen, kneifen sie.

Diesen Fehler haben wir bei pumpkincareers im Verlauf der Jahre am häufigsten beobachtet. Wenn du deine hohen Ziele ungeachtet der Umstände wirklich erreichen wolltest, würdest du zum Beispiel nicht darauf bestehen, diese Ziele ganz alleine erreichen zu wollen, oder erst »auf die Schnauze fallen« müssen, bevor du dir endlich Unterstützung zur Zielerreichung holst. Wenn du deine Ziele wirklich erreichen wolltest, würdest du Wege finden, sie mit deinem Privatleben zu vereinbaren, und bereit sein, Opfer in anderen Lebensbereichen zu bringen. Wenn du deine hohen beruflichen Ziele wirklich erreichen wolltest, würdest du nach Beweisen suchen, warum du es verdienst und in der Lage bist, wirklich hochgesteckte Ziele zu erreichen, statt nicht an sie zu glauben und dich dadurch ständig unter deinem Wert zu verkaufen. Jemand, der fest davon überzeugt ist, eines Tages ein bedeutender

Unternehmenschef, ein einflussreicher Wirtschaftspolitiker oder ein erfolgreicher Start-up-Gründer zu werden, verhält sich auch im Studium so diszipliniert, dass er nicht ständig durch Social-Media-Ablenkungen gestört wird. Wer sich jedoch diese Ziele nicht zutraut, wird weniger Anreiz darin sehen, kurzfristige Anstrengungen auf sich zu nehmen und der Versuchung, Zeit auf Social Media zu verbringen, zu widerstehen.

Häufig trifft man auf Menschen, die nach außen hin hochfliegende Ziele darstellen, sie in Wirklichkeit jedoch nicht besitzen, weil sie von externen Faktoren in diese Richtung gedrängt wurden. Es könnte sein, dass ihre Eltern ihnen gesagt haben, sie sollten in diese Branchen einsteigen, oder dass alle ihre Universitätsfreunde sich bei großen Investment Banken oder Strategieberatungen bewerben. Um nicht als Verlierer dazustehen, möchten sie mitmachen, identifizieren sich aber nicht wirklich mit diesen Zielen.

Ein weiterer Grund könnte sein, dass sie von den schillernden, prestigeträchtigen Vorteilen eines solchen Karrierewegs angelockt werden. Und während finanzielle Ziele meiner Meinung nach definitiv EIN Grund dafür sein können, dass du hohe Karriereziele hast, sollte es bei Weitem nicht der einzige Grund sein. Kein Geld der Welt ist es wert, die besten Jahre deines Lebens mit vollem Fokus auf eine Karriere zu verbringen, an der du kein Interesse hast und die dich nicht erfüllt. Gleichzeitig wirst du umso motivierter sein und umso härter an dir arbeiten, wenn du merkst, dass genau dieser Karriereweg das Richtige für dich ist.

Ich wünsche dir von Herzen, dass du genau so eine Karriere für dich findest. Deine Karriere nach dem Studium hat massive Auswirkungen auf dein gesamtes Leben. Sie bestimmt, an welchem Ort, mit welchen Aufgaben und mit welchen Kollegen du einen Großteil deiner wachen Lebenszeit verbringen wirst. Sie beeinflusst maßgeblich deine Stimmung am Abend und am Wochenende, sie hat einen direkten Einfluss auf deinen Lebensstil und auch auf die Möglichkeiten deiner (künftigen) Familie.

Diese Welt ist ein faszinierender Ort und dein Leben ist zu kurz, um es mit Dingen zu verbringen, die dir nicht gefallen. Gleichzeitig schlummert in dir unglaublich viel Potenzial, das nur darauf wartet, ausgeschöpft zu werden. Wenn du bereit bist, hart an dir zu arbeiten, dein Ego beiseitezulegen und von den Erfahrungen anderer zu profitieren, dann kannst du Dinge erreichen, die du dir heute noch nicht vorstellen kannst.

Falls der in diesem Buch vorgestellte Weg dein Interesse geweckt hat, freue ich mich darauf, wenn ich dich über meine Social-Media-Kanäle und mit einem unserer Coaching-Programme bei pumpkin-careers dabei unterstützen kann, ihn so erfolgreich wie möglich zu beschreiten.

Wenn du einen anderen Weg wählen möchtest, um dein berufliches Potenzial zu entfalten, dann wünsche ich dir auch dabei viel Erfolg!

# NACHWORT

Ich hoffe sehr, dass dieses Buch deine Erwartungen erfüllt hat.

Solltest du schon hohe berufliche Ziele gehabt haben und den Wunsch, eines Tages ganz oben in der Wirtschaft zu stehen, bin ich mir sicher, dass es dir viele wertvolle Impulse gegeben hat. Diese kannst du auf deinem Weg nach oben nutzen, um deine ehrgeizigen Ziele mit größtmöglicher Wahrscheinlichkeit zu erreichen.

Falls du zu Anfang des Buches noch unschlüssig warst, was du später einmal erreichen möchtest, und nun den Wunsch hast, an dir zu arbeiten und dein Potenzial auszuschöpfen, dann hast du nun einen klaren Leitfaden an der Hand. Er kann dir in den kommenden Monaten und Jahren als Orientierung dienen, bis es Zeit wird, deinen ganz eigenen Weg zu gehen.

Und falls du zu Beginn dieses Buches ein Unverständnis oder sogar eine Abneigung gegenüber karriereorientierten Menschen verspürt hast, die hohe berufliche Ziele verfolgen und in ihrem Leben großen Wert darauf legen, an der Spitze der Wirtschaft zu stehen, hoffe ich, dass dieses Buch dir mehr Verständnis für diese Menschen vermittelt hat. Vielleicht kannst du ihre Arbeit nun mehr wertschätzen.

Wenn dich meine persönliche Geschichte inspirieren konnte, dann freut mich das natürlich ebenfalls und ich ermutige dich hiermit, auch deine Geschichte, deine Ziele und deine Probleme anderen Menschen in deinem Umfeld mitzuteilen.

Wir alle sitzen im gleichen Boot und gemeinsam kommen wir deutlich schneller voran, als wenn jeder seinen Weg ganz alleine geht.

Wenn du weitere Fragen zu den Inhalten dieses Buches oder darüber hinaus hast, stehe ich dir gerne über meine Social-Media-Kanäle zur Verfügung.

Vielen Dank, dass du dir die Zeit für dieses Buch genommen hast.

Herzliche Grüße
dein David

# ZUSÄTZLICHE INFORMATIONEN

## Online-Kurs zum Buch

Parallel zu diesem Buch habe ich einen Online-Kurs erstellt, zu dem du dir als Leser dieses Buches einen kostenfreien und exklusiven Zugang sichern kannst. In diesem Online-Kurs findest du viele verschiedene Video-Lektionen, Selbstanalysen und weitere Materialien wie Bewerbungsvorlagen, die dir dabei helfen werden, die in diesem Buch gelernten Prinzipien umzusetzen. So erfährst du von verschiedenen Experten, wie es wirklich ist, in den in diesem Buch behandelten Branchen zu arbeiten, und wie dir dort ein bestmöglicher Berufseinstieg gelingen kann. Außerdem bekommst du dort Zugriff auf unsere Reports, für die wir hunderte LinkedIn-Profile ausgewertet haben und die dir einen ganz genauen Überblick darüber geben, welche Anforderungskriterien du statistisch gesehen mitbringen musst, um zu den Top-Firmen zu kommen. Du kannst dir deinen kostenfreien Zugang zum Online-Kurs über diesen Link sichern: https://nach-ganz-oben.de/online-kurs/ oder alternativ diesen QR-Code nutzen:

# Status-Quo-Analyse

Solltest du Interesse an einer persönlichen Zusammenarbeit in einem unserer Coaching-Programme haben, kannst du dich gerne auf unserer Webseite für eine kostenfreie Status-Quo-Analyse bewerben. Im Rahmen dieser Analyse prüfen wir genau, wo du gerade stehst, wohin du möchtest und ob und wie wir dir mit einem unserer Programme weiterhelfen können. Du erhältst dabei einen Vergleich deiner Situation mit anderen Studierenden, die ähnliche berufliche Ziele verfolgen, und wir empfehlen dir die nächsten Schritte. Zudem bekommst du einen Überblick über die Inhalte und den konkreten Ablauf unserer Coaching-Programme sowie die Kosten einer Zusammenarbeit mit uns. Diese Analyse ist vollkommen kostenfrei und unverbindlich. Wir bieten sie allen motivierten Studierenden an, die ihr berufliches Potenzial maximieren möchten und grundsätzlich für eine Zusammenarbeit mit uns in Frage kommen: https://pumpkincareers.com/status-quo-analyse

# STICHWORTVERZEICHNIS

70/100-Lernstrategie 145–148

**A**

Abitur 38 f.
Ackman, Bill 83
Advent International 119
AIG 82
AISEC 41, 57
AlixPartners 98
Allianz 77, 111
Alumni-Netzwerk 131
Amazon 79 f.
Amorelie 80
Andreessen Horowitz 120
Anforderungskriterien 133 f., 140–204
Anschreiben 177–180, 214, 260
Appaloosa Management 83
Appel, Frank 77
Assessment Center 46, 56, 135, 148, 159, 208, 225
Auslandserfahrung 169 f.
Auslandspraktikum 169
Auslandssemester 169

**B**

Bain & Company 24, 77, 98, 131, 169, 206, 216, 221
Bank of America 67, 83, 110, 217
Bäte, Oliver 77
Bayer 72, 103, 111
Bear Sterns 83
Begabtenförderungsnetzwerke 167
Bewerbung (Bachelorstudium) 159 f.
Bewerbung (Masterstudium) 160
Bewerbung 41, 44, 47 f., 60 f., 64, 67, 131 f., 140 f., 158 f., 168, 177–194
Bezos, Jeff 79 f.
Blackstone 26, 81 f., 84, 87, 118
Blankfein, Lloyd 82
Bocconi-Universität 162
Boston Consulting Group (BCG) 24, 64, 68, 77 f., 85 f., 88, 98, 131, 157, 169, 209, 216
Branchenspezifische Stipendien 168
Branson, Richard 72
Bulge Bracket Investment Banken 110 f.
Burry, Michael 82
Buttigieg, Pete 75
Buy-Side 100

**C**

Carlyle Group 26, 75
Centerview Partners 110
CFD-Trading 37
Chancenungleichheit 134–138

Chartanalyse 37 f.
Cinven 119
Coach 237 f.
Copenhagen Business School (CBS) 163
Corona-Pandemie 67, 83, 207
Cramer, Lea-Sophie 80
CVC Capital Partners 26, 119

**D**
Daytrading 37
Dean's List 46, 57, 157
Definition von Zielen 231–238
Deutsche Bahn 90
Deutsche Bank 25, 110
Deutsche Börse 77
Deutsche Post 77
Deutsche Telekom 111
Disziplin 154 f.
Draghi, Mario 72, 74

**E**
EBS Universität für Wirtschaft und Recht 162
Ehrenamt 165 f.
Ellison, Larry 79
Emma Sleep 80
Erholung 264 f.
ESADE 163
ESB Business School Reutlingen 162
Europäische Zentralbank (EZB) 74
Evercore 110
Exzellenz in (sportlichem) Wettbewerb 170 f.
EY-Parthenon 98, 221

**F**
Facebook 37, 61, 78, 103
Federal Reserve 74
Flixbus 80
Frankfurt School of Finance & Management 16, 65, 161, 223
Freiwilligenarbeit im Ausland 169
Fresenius 77

**G**
Gates, Bill 79
General Atlantic 119
Gentz, Robert 80
Global Founders Capital 120
Goethe-Universität Frankfurt 36, 39, 43, 46, 63 f., 158, 162
Goldman Sachs 20, 22 f., 25, 68, 74 f., 77, 80, 82 f., 85, 87, 104, 110, 132, 173, 212, 214, 247 f., 265, 269
Google 61, 79, 120
Google Ventures 120
Gorman, James 78
Growth Equity 26, 118 f.

**H**
Harris Williams 111
HEC Paris 162
Hedgefonds 25, 36, 82 f., 85, 101
HireVue-Interview 182 f.
Hobby 264 f.

**I, J**
IE University 163
Imperial College London 163
INSEAD 162
Insight Venture Partners 119
Intel Capital 120

Investment Banking
- Arbeitsalltag 107
- Attraktivität 101 f., 104 f.
- Aufgabe 105
- Begriffserklärung 25
- Beispiele 103
- Debt Capital Markets (DCM) 101
- Einflussnahme 105
- Equity Capital Markets (MCM) 100
- Erwartungen 105
- Gehalt 106
- Kapitalmarktgeschäft 100
- Karrierechancen 106
- Mergers & Acquisitions (M&A) 100
- Sales & Trading 101

J.P. Morgan 15, 25, 68, 85, 87, 110, 222, 225

**K**

Kearney 98
King's College London 163
KKR 26, 83, 85, 87, 119
Klausur 43, 50, 52, 61 f., 144, 146 f., 149 f., 207
Kravis, Henry 83
Kukies, Jörg 75

**L**

L.E.K. 98
Lazard 110
Lebenslauf 177–180
Lernphasen 151–154
Lightspeed Venture Partners 21, 23, 120
Lincoln International 111
Little, Arthur D. 98
LMU München 162
London School of Economics and Political Science (LSE) 57, 162

**M**

Maastricht University 162
Macron, Emmanuel 72, 75
McKinsey & Company 20, 24, 75, 77 f., 85 f., 88, 90, 98, 131, 133, 169, 173, 187, 194, 216, 220 f.
Mentor 22, 63, 106, 137 f., 165 f., 203, 235 f., 246, 248 f., 256
Mid-Market-M&A-Boutiquen 111
Mnuchin, Steven 75
Moelis & Company 110
Monitor Deloitte 98
Morgan Stanley 15, 25, 78, 104, 110
Motivation 122 f.
Musk, Elon 21, 72, 79

**N**

N26 80
Negativität 243 f.
Netzwerk 194–204
New York 20, 34 f.
Nooyi, Indra 78
Noten 142–147

**O**

OC&C 98
Oliver Wyman 98
Online-Test 181 f.
Oracle 79

**P, Q**

Page, Larry 79
Paulson, Henry 75
Paypal 79

PepsiCo 78
Perella Weinberg Partners 110
Pershing Square Capital Management 83
Personal-Fit-Interview 184
Pichai, Sundar 78
Podzuweit, Erik 72, 80
Powell, Jerome 74
Praktikum 37, 41–58, 171–177, 181, 194, 20 f., 206 f., 211, 213, 216, 218, 224, 238, 266, 273
Prestige der Hochschule 157–164
Priorisierung von Zielen 239–244
Private Equity
- Arbeitsumfeld 117
- Attraktivität 116 f.
- Begriffserklärung 26
- Deal 114 f.
- Einfluss 116
- Gehalt 117
- Growth Equity 119
- Karrierechancen 117
- Klassisches 118
- Überblick 112 f.
- Venture Capital 119

Pumkincareers
- Gründung 59–70
- Coaching-Programm 47, 56 f., 66 f., 68, 150, 160, 166, 168, 173, 180 f., 185, 192, 196, 199, 267, 272, 282
- Beispiele 205–227

Quantum 82

**R**

Raymond James 111
Roberts, George 83
Roland Berger 24, 64, 88, 90, 98, 131, 157
Romney, Mitt 75
Rotterdam School of Management 162
Rubin, Robert 75

**S**

Salesforce Ventures 120
Sandberg, Sheryl 78
Scalable Capital 80
Schmoltzi, Dennis 80
Schneider, David 80
Scholz, Olaf 72, 75
Schwämmlein, André 80
Schwarzman, Stephan A. 81
Selbstvermarktung 258–262
Sell-Side 100
Semesterplanung 148–151
Sequoia Capital 120
Siemens 72, 98, 111
Small-Cap-M&A-Beratung 111
SoftBank Investment Advisers 120
Soros, George 82
SpaceX 79
St. Andrews University 163
Startbedingungen 134–138
Stegh, Jonas 11, 50, 63 f., 65 f., 207
Stern Stewart 98
Stiftung der Deutschen Wirtschaft 42, 44, 46 f., 56, 225
Stipendium 42, 44, 59, 64, 142, 166 f., 207 f., 226, 246, 257
Stockholm School of Economics (SSE) 163
Strategieberatung
- Arbcitsalltag 96 f.
- Arbeitsumfeld 93

- Arten 89
- Attraktivität 92–96
- Begriffserklärung 24
- Boutique-Strategieberatung 98
- Firmen 110
- Firmen 98
- Gehalt 95
- Inhouse Consulting 98
- Karrierechancen 94
- Karriereentwicklung 94 f.
- Praxisbeispiele 90
- Privatleben 95 f.
- Projektdauer 92 f.
- Relevanz 92

Strategy& 98, 208
Stress 54 f., 94, 144
Sturm, Stephan 77
Summit Partners 119
Sunak, Rishi 75

**T**

TA Associates 119
Tagesplanung 148–151
Target-Universität 157–164
Technischer Teil 185–188
Technology Crossover Ventures (TCV) 119
Tepper, David 83
Tesla 21, 79, 104
The Big Short 82
Tier 1 98, 208, 221 f., 265
Tier 2 98, 175 f., 192, 208, 221
Tier 3 98, 175 f., 192, 208, 211, 221
Trenk, Joe 46 f., 56, 59 f., 67
TU München 162
Turnbull, Malcolm 75

**U**

UBS 15, 47–58, 77, 110, 135, 145, 178, 201
UBS Health Day 53
Unicorn 79 f.
Universität Mannheim 145, 161, 163
Universität St. Gallen (HSG) 37, 67, 161, 213 f.
Universität zu Köln 162
Universitätsstipendien 167
University of Cambridge 163
University of Oxford 163
Unterstützung 245–255

**V**

Venture Capital 15, 19, 21, 23, 26, 68, 80, 119 f.
Volkswagen 72, 98
Vorstellungsgespräch 41, 44 f., 48 f., 140 f., 179 f., 183 f., 190 f., 193 f.

**W**

Warwick University 163
Weimer, Theodor 77
WHU Otto Beisheim School of Management 37, 161, 221
William Blair 111
Windows 79
Wochenplanung 148–151
World Economic Forum 81
WU Wien 145, 162
WWU Münster 145, 162

**Y, Z**

YouTube 37, 46, 59 f., 62 f., 145, 210, 223, 235, 248
Zalando 80
Zeit Campus 42